普通高等院校物联网工程专业面向应用系列规划教材

嵌入式物联网应用技术实践教程
——基于 6LoWPAN

陈君华　罗玉梅　刘　珺　罗　玲　主编

北京理工大学出版社
BEIJING INSTITUTE OF TECHNOLOGY PRESS

内容简介

本书面向立志于进行嵌入式物联网应用开发的初学者以及向物联网应用技术开发转型的工程师，以联创中控（北京）科技有限公司的物联网综合实验开发套件为硬件平台，按照理论与实践相结合的思想，介绍物联网中嵌入式系统开发的基础理论和开发技术，并给出了具体的实例。

本书针对嵌入式物联网开发过程中的重点、难点问题，既有基础知识的讲述，又有相关配套实例，使读者能容易、快速、全面地掌握嵌入式物联网应用产品的开发过程。本书从 STM32 MCU 基本接口讲起，逐步讲解传感器接口、无线射频技术、嵌入式 Contiki OS 基础与系统移植、Contiki 无线网络的工作原理和开发技术，最后给出基于 6LoWPAN 的 IPv6、WiFi、蓝牙 3 种无线技术的嵌入式物联网应用开发综合实例，让读者可以充分学习这些模块的原理、设计、应用，实现对嵌入式物联网应用技术知识点的深度掌握。

本书可供从事无线传感器网络开发与应用的工程技术人员学习和使用，也可作为高等院校电子、通信、自动化等专业高年级本科生或研究生的教材使用。

版权专有　侵权必究

图书在版编目（CIP）数据

嵌入式物联网应用技术实践教程：基于 6LoWPAN / 陈君华等主编. —北京：北京理工大学出版社，2017.8（2017.9 重印）
ISBN 978-7-5682-4805-1

Ⅰ.①嵌…　Ⅱ.①陈…　Ⅲ.①互联网络-应用-教材②智能技术-应用-教材　Ⅳ.①TP393.4②TP18

中国版本图书馆 CIP 数据核字（2017）第 217931 号

出版发行 / 北京理工大学出版社有限责任公司	
社　　址 / 北京市海淀区中关村南大街 5 号	
邮　　编 / 100081	
电　　话 /（010）68914775（总编室）	
（010）82562903（教材售后服务热线）	
（010）68948351（其他图书服务热线）	
网　　址 / http://www.bitpress.com.cn	
经　　销 / 全国各地新华书店	
印　　刷 / 三河市华骏印务包装有限公司	
开　　本 / 787 毫米×1092 毫米　1/16	
印　　张 / 17.25	责任编辑 / 钟　博
字　　数 / 410 千字	文案编辑 / 钟　博
版　　次 / 2017 年 8 月第 1 版　2017 年 9 月第 2 次印刷	责任校对 / 周瑞红
定　　价 / 39.80 元	责任印制 / 施胜娟

图书出现印装质量问题，请拨打售后服务热线，本社负责调换

前 言

随着过去 10 年工业在微控制器、低功耗无线电、电池和微电子技术方面取得的进步，支持 IP 的智能嵌入式设备成为主要发展趋势，其数量正在迅速增长，并成为互联网上最新服务中不可分割的一部分，将来肯定会超过 PC 和服务器的数量。无线嵌入式物联网是由许多无线低功耗嵌入式设备组成的最前沿互联网，它所支持的应用对社会有效、安全和可持续发展至关重要，比如智慧家居和楼宇自动化、医疗保健、能源效率、智能电网和环境监测。本书正是为了适应形势发展的迫切需要，为关注嵌入式物联网技术发展的读者而写，尽量对基于 6LoWPAN 的嵌入式物联网技术的特点、内涵和应用作一个详尽而全面的介绍。

本书特点表现在：一是以实例为基础，详细阐述物联网中低功耗嵌入式系统的构建和开发所需要的基础知识，同时恰当地摒弃部分对于初学者而言暂时不用或很少用到的知识点，目的是突出学习重点。二是理论与实践相结合，在介绍低功耗嵌入式物联网应用技术的基础之上，还对嵌入式物联网应用系统的构建与测试进行介绍，努力做到理论深刻而又浅显易懂，使读者不但能够掌握 6LoWPAN 技术，而且能够设计和搭建实际的嵌入式物联网应用系统。三是将模块化设计与系统设计相结合，力求做到由浅入深，由简到繁，各章既自成体系，前后又有所兼顾，避免重复。

本书共分为 13 章。

第 1 章主要介绍嵌入式物联网系统；第 2 章主要介绍开发平台和编译环境；第 3~8 章深入讨论基于 STM32 MCU 物联网中嵌入式系统的常见接口技术和相关实例；第 9 章介绍嵌入式物联网中常见温湿度采集系统的设计与开发过程；第 10 章主要介绍 Contiki OS 开发基础；第 11 章主要介绍 Contiki 系统移植；第 12 章主要介绍 Contiki 无线通信技术；第 13 章给出基于 6LoWPAN 的 IPv6、WiFi 和蓝牙 3 种无线通信融合的物联网综合应用案例，供读者参考。

本书只是嵌入式物联网的入门级读物，阅读完本书后，读者需要结合自己的项目要求，对相应源代码进行修改，只有通过不断实践，才能真正掌握嵌入式物联网应用开发技术。

本书的第 1~4 章由罗玉梅编写，第 5~9 章由陈君华编写，第 10、11 章由刘珺编写，第 12、13 章由罗玲编写。全书由陈君华统稿审校。参与本书编写的还有计海锋、谢义、张建伟、武学文、陈晓燕、潘宏斌、卢斯等几位技术专家，余扬、金青海、代娜等几位同学也参与了本书部分代码测试仿真与绘图。感谢联创中控（北京）科技有限公司提供优质的硬件平台。本书的出版得到了云南省高校物联网应用技术重点实验室建设项目、昆明市中青年学术和技术后备人才项目和高水平民族大学建设项目的资助，同时北京理工大学出版社有限责任公司为本书的编辑和出版做了大量工作，在此表示感谢。此外，本书在编写过程中，参考了众多的书籍和资料，在此对书籍和资料的作者一并表示感谢！

由于编者水平有限，书中难免有不妥当的地方，恳请广大读者批评指正。

编 者

目录

第 1 章 嵌入式物联网系统概述 (1)
- 1.1 为什么物联网需要 IP 技术 (2)
  - 1.1.1 智能设备简介 (2)
  - 1.1.2 物联网——基于 IP 技术的智能设备 (2)
- 1.2 嵌入式系统的定义 (6)
- 1.3 嵌入式系统的常用术语 (8)
  - 1.3.1 与硬件相关的术语 (8)
  - 1.3.2 与通信相关的术语 (9)
  - 1.3.3 与功能模块及软件相关的术语 (10)
- 1.4 嵌入式系统 C 语言编程 (11)
  - 1.4.1 软件架构 (12)
  - 1.4.2 内存操作 (16)
  - 1.4.3 屏幕操作 (20)
  - 1.4.4 键盘操作 (25)
  - 1.4.5 性能优化 (27)
- 1.5 STM32 MCU 简介 (29)
  - 1.5.1 STM32 MCU 结构 (30)
  - 1.5.2 STM32 MCU 存储器映像 (31)
  - 1.5.3 STM32 MCU 系统时钟树 (32)
  - 1.5.4 Cortex-M3 简介 (33)

第 2 章 开发平台和编译环境 (34)
- 2.1 开发板的硬件结构 (34)
  - 2.1.1 电路原理图 (34)
  - 2.1.2 原理图说明 (34)
- 2.2 编译开发环境的建立 (37)
  - 2.2.1 安装 EWARM (37)
  - 2.2.2 配置项目选项 (37)
  - 2.2.3 安装 JLINK 仿真器驱动程序 (39)
  - 2.2.4 编译和下载程序 (39)

2.2.5　串口调试助手介绍 …………………………………………………………(40)

第 3 章　通用并行接口 GPIO …………………………………………………………(41)
3.1　GPIO 的结构及寄存器说明 ………………………………………………………(41)
3.2　GPIO 库函数 ………………………………………………………………………(43)
3.3　GPIO 设计实例——控制 LED 灯 …………………………………………………(45)

第 4 章　中断和事件 ……………………………………………………………………(49)
4.1　嵌套向量中断控制器（NVIC）……………………………………………………(49)
4.2　外部中断/事件控制器（EXTI）……………………………………………………(52)
4.3　EXTI 寄存器描述 …………………………………………………………………(54)
4.4　中断库函数 …………………………………………………………………………(55)
　　4.4.1　NVIC 库函数 ……………………………………………………………(55)
　　4.4.2　EXTI 库函数 ……………………………………………………………(57)
4.5　设计实例——按键中断 ……………………………………………………………(57)

第 5 章　USART 串口通信 ……………………………………………………………(61)
5.1　串口简介 ……………………………………………………………………………(61)
5.2　USART 寄存器说明 ………………………………………………………………(62)
5.3　USART 库函数 ……………………………………………………………………(67)
5.4　设计实例——按键中断 ……………………………………………………………(69)

第 6 章　串行设备接口 SPI ……………………………………………………………(72)
6.1　SPI 结构及寄存器说明 ……………………………………………………………(73)
6.2　SPI 库函数 …………………………………………………………………………(74)
6.3　设计实例——LCD 显示 ……………………………………………………………(75)

第 7 章　定时器 TIM ……………………………………………………………………(83)
7.1　通用定时器 …………………………………………………………………………(83)
7.2　TIM 寄存器结构 ……………………………………………………………………(84)
7.3　TIM 库函数 …………………………………………………………………………(85)
7.4　设计实例 1——通用定时器 ………………………………………………………(87)
7.5　设计实例 2——SysTick 定时器 ……………………………………………………(90)

第 8 章　看门狗 …………………………………………………………………………(92)
8.1　独立看门狗 …………………………………………………………………………(92)
　　8.1.1　IWDG 功能描述 …………………………………………………………(93)
　　8.1.2　IWDG 寄存器与库函数 …………………………………………………(93)
　　8.1.3　IWDG 应用实例 …………………………………………………………(93)
8.2　窗口看门狗 …………………………………………………………………………(95)
　　8.2.1　WWDG 功能描述 ………………………………………………………(95)
　　8.2.2　WWDG 寄存器与库函数 ………………………………………………(96)
　　8.2.3　WWDG 应用实例 ………………………………………………………(96)

第 9 章　温湿度采集系统设计 …………………………………………………………(99)
9.1　系统结构 ……………………………………………………………………………(99)

目 录

9.2　软件结构 ·· (101)
9.3　程序实现 ·· (101)

第 10 章　Contiki 开发基础 ·· (104)

10.1　Contiki 操作系统介绍 ··· (104)
10.2　事件驱动机制和 protothread 机制 ··· (106)
  10.2.1　事件驱动 ··· (106)
  10.2.2　Contiki 的事件驱动原理 ·· (107)
  10.2.3　protothread 机制 ·· (113)
10.3　Contiki 的主要数据结构 ··· (120)
  10.3.1　数据结构的进程 ··· (120)
  10.3.2　数据结构之事件 ··· (122)
  10.3.3　数据结构之 etimer ·· (123)
  10.3.4　进程、事件、etimer 关系 ··· (124)
10.4　启动一个进程 process_start ··· (125)
10.5　Contiki 编程模式 ·· (131)

第 11 章　Contiki 系统移植 ·· (135)

11.1　认识 Contiki 开发套件 ·· (135)
  11.1.1　Contiki 开发套件介绍 ··· (135)
  11.1.2　跳线设置及硬件连接 ·· (136)
11.2　搭建 Contiki 开发环境 ·· (137)
  11.2.1　Contiki 源代码结构 ··· (137)
  11.2.2　Contiki 系统移植过程 ·· (138)
11.3　Contiki 系统移植实例 ·· (143)
  11.3.1　LED 控制 ·· (143)
  11.3.2　Contiki 多线程 ··· (148)
  11.3.3　Contiki 进程间的通信 ·· (150)
  11.3.4　按键位检测 ··· (152)
  11.3.5　Timer 实例 ·· (156)
  11.3.6　LCD 屏显示实例 ··· (158)

第 12 章　Contiki 无线网络 ·· (160)

12.1　Contiki 网络工程解析 ·· (160)
  12.1.1　网络工程目录结构 ·· (160)
  12.1.2　网络工程配置 ·· (162)
  12.1.3　contiki-main.c 文件解析 ·· (163)
  12.1.4　模板工程实例 ·· (166)
12.2　IPv6 网关 ·· (167)
  12.2.1　IPv6 网关的工作原理 ··· (167)
  12.2.2　IPv6 网关架构解析 ··· (169)
  12.2.3　网关 802.15.4 的 IPv6 网络实现 ·· (174)

· III ·

	12.2.4 网关蓝牙的 IPv6 网络实现	（176）
	12.2.5 网关 WiFi 的 IPv6 网络实现	（177）
	12.2.6 IPv6 网络实例	（178）
12.3	无线节点组网	（181）
	12.3.1 802.15.4 节点 RPL 组网	（181）
	12.3.2 蓝牙节点 IPv6 组网	（191）
	12.3.3 WiFi 节点 IPv6 组网	（195）
12.4	节点间通信	（198）
	12.4.1 节点间 UDP 通信	（198）
	12.4.2 节点间 TCP 通信	（204）
	12.4.3 节点与 PC 间 UDP 通信	（210）
	12.4.4 节点与 PC 间 TCP 通信	（213）
12.5	protoSocket 编程	（216）

第 13 章　6LoWPAN 物联网综合应用　（220）

13.1	6LoWPAN 多网融合框架	（220）
13.2	传感器 UIBee 数据通信协议	（225）
13.3	传感器信息 UDP 采集及控制	（228）
13.4	传感器信息 CoAP 采集及控制	（236）
	13.4.1 CoAP 工作原理	（236）
	13.4.2 传感器 CoAP 实例	（239）
	13.4.3 实例操作步骤	（243）
13.5	传感器应用综合实训	（246）
	13.5.1 无线节点信息采集与 LED 控制底层的实现	（246）
	13.5.2 MeshTop 综合应用程序的实现	（251）
	13.5.3 综合应用演示步骤	（258）
13.6	添加自定义传感器	（261）
	13.6.1 基本思路和关键技术	（261）
	13.6.2 自定义传感器演示操作步骤	（265）

参考文献 （268）

第 1 章

嵌入式物联网系统概述

自从物联网概念在美国诞生起,物联网就成为新一代信息技术的重要组成部分,是互联网和嵌入式系统发展到高级阶段的融合。嵌入式系统是物联网技术的组成部分,从嵌入式系统的视角有助于深刻地、全面地理解物联网的本质。

这里有两层意思:第一,物联网的核心仍然是互联网,是在互联网基础上的延伸和扩展的网络;第二,其用户端延伸和扩展到了任何物品和物品之间,进行信息交换和通信,必须具备嵌入式系统构建的智能终端。因此,物联网系统是通过射频识别(RFID)、红外感应器、全球定位系统、激光扫描器等信息传感设备,按约定的协议,把任何物品与互联网连接,进行信息交换和通信的系统架构。

物联网不仅提供了传感器的连接,其本身也具有智能处理的能力,能够对物体实施智能控制,这就是目前嵌入式系统所能做到的。诚然,物联网将传感器和智能处理相结合,利用云计算、模式识别等各种智能技术,扩充其应用领域。从传感器获得的海量信息中分析、加工和处理出有意义的数据,以适应不同用户的不同需求,发现新的应用领域和应用模式。

综上所述,嵌入式物联网系统有其鲜明的特征:

(1) 要有数据传输通路;
(2) 要有一定的传输功能;
(3) 要有 CPU;
(4) 要有操作系统;
(5) 要有专门的应用程序;
(6) 遵循物联网的通信协议;
(7) 在世界网络中有可被识别的唯一编号。

这些鲜明的特征说明嵌入式系统已经成为物联网行业的关键技术。嵌入式系统是综合计算机软、硬件技术,传感器技术,集成电路技术,电子应用技术为一体的复杂技术。经过几十年的演变,以嵌入式系统为特征的智能终端产品随处可见——小到人们身边的 MP4,大到航天航空的卫星系统。嵌入式系统正在改变着人们的生活,推动着工业生产以及国防工业的发展。如果把物联网用人体作一个简单比喻,传感器相当于人的眼睛、鼻子、皮肤等感官,网络就是神经系统,用来传递信息,嵌入式系统则是人的大脑,在接收到信息后要进行分类处理。这个例子形象地描述了嵌入式系统在物联网应用中的位置与作用。

1.1 为什么物联网需要 IP 技术

1.1.1 智能设备简介

智能设备是一种小型的计算机系统,它带有传感器、执行器、通信模块,通常嵌入到其他产品中,比如温度计、汽车引擎、开关、工业机器等。智能设备的应用十分广泛,比如家庭自动化、楼宇自动化、工厂监测、智慧城市、结构体监测、智能电网、能源管理以及智能交通灯领域。最近,智能设备已经在通信能力十分受限的系统上实现,比如 RFID 标签,而新一代的智能设备具备双向通信能力和传感器,能够获取实时数据,如温度、湿度、振动、能耗等。智能设备能够采用电池供电,通常由 3 部分组成:CPU(8 位、16 位、32 位处理器)、存储器(几 KB 到几十 KB 不等)、低功耗无线通信模块(几 Kbps 到几百 Kbps 不等)。智能设备的尺寸很小(约几个平方毫米的尺寸)、价格很低(约几美元)。

基于低成本传感器、执行器和无线通信模块的相关技术的研发进展十分迅速,如 IEEE 802.15.4、低功耗 WiFi、电力载波通信等。然而,智能设备的应用并没有技术进展那样迅速,这主要是因为存在大量私有的、半封闭的系统,导致设备相互之间不兼容或者仅有部分兼容。

智能设备领域当前的形势与 20 年前的计算机网络十分相似:计算机大量使用私有的通信协议,如 SNA、IPX、Vines 等,各计算机之间只能依靠十分复杂的多协议网关进行转换才能互联。之后,所有这些独立的体系架构采用打隧道(tunneling)的方法逐渐向 IP 网络过渡,如 DLSw、XOT。所有这些网络都采用 IP 技术,实现了端到端的 IP 架构。

如今,许多非 IP 架构的传感器网络架构正在采用网关进行协议转换,实现与 IP 网络集成,这正好与当年计算机网络的发展十分相似。协议网关本质上是十分复杂、难以管理、难以布设的。协议网关将网络分离成一个个小的网络,使路由、QoS、传输和网络恢复等协议不一致,从而导致网络的整体性能较差。

相反,端到端的 IP 架构已经被广泛采用,并成为设计支持大量通信设备的可扩展性好、高效网络的唯一选择。

1.1.2 物联网——基于 IP 技术的智能设备

为了支持大量新兴物联网应用,底层的网络技术必须可扩展性好、互操作性好,并且通过强有力的标准来支持未来的大规模应用和创新。

IP 已经被证明是历史悠久的、稳定的、高可扩展的通信技术,它支持各种类型的应用、各种类型的设备、各种类型的通信接口。IP 技术采用分层的架构,具备高度的灵活性和创新性。IP 已经支持多种应用,如 E-mail、WWW、网络电话、视频、协同工作等。在过去的二十几年里,IP 经过不断演进,已经支持高度可用、更加安全,支持 QoS、实时数据传输、虚拟专网(VPN)等业务类型。

IP 在桌面 PC 和服务器领域作为通用的网络通信技术已经有很多年的历史了。长期以来，IP 被认为过于复杂，而难以在资源十分受限的小型系统上运行。然而近年来，一些轻量级的 IP 协议栈证实：轻量级的 IP 协议栈能够满足容量只有几 KB 的 RAM 和 ROM、处理能力相当受限以及能耗受限的小型设备系统的需要。IP 为智能设备以及其他小型嵌入式设备提供了标准化的、轻量级的、平台无关的网络接入。基于 IP 协议的设备，实现了全球互联，具有被任何设备在任何地点访问的优势，如 PC 机、手机、PDA、数据库服务器以及其他智能化设备，如温度计、灯泡等。

IP 几乎可以运行在任何通信接口上，从高速以太网到低功耗的 802.15.4 射频、802.11（WiFi）以及低功耗的电力载波通信（PLC）。对于远距离骨干网通信，IP 数据可以轻松通过因特网的加密信道快速传输。

1. IP 是开放且灵活的协议标准

IP 基于分层结构，如图 1-1 所示。

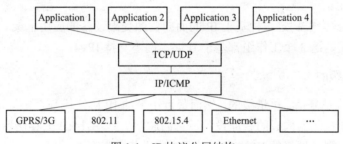

图 1-1　IP 协议分层结构

图 1-1 表明，IP 可以运行在广泛的物理层和 MAC 层上，因此是与链路无关的，目前可以运行的物理链路包括：802.15.4、802.11（WiFi）、低功耗 PLC、GPRS、3G、以太网等。

（1）IP 层负责在网络上转发数据报：主机寻址、数据报转发、路由。每个 IP 报文包含有目标主机地址，IP 网络按照路由表中的内容计算转发路径，直到数据报到达目的主机。路由表是动态变化的，当网络传输失败时，路由表将重新计算。IP 还支持数据报区分服务质量，可以支持多种类型的服务。IP 报文在网络的边沿节点添加服务质量类型，如果传输路径上出现拥塞，路由器节点就会触发区分服务质量控制，如排队机制、拥塞避免机制等就会根据数据报中设定的服务质量进行区分转发。

（2）ICMP 主要为 IP 层提供出错通报。在 IPv6 中，ICMP 也用于地址自动配置和邻居发现。

（3）UDP 提供尽最大努力的数据报传输服务。在 UDP 传输中，一个应用发送一堆数据给另一个应用，不具备任何传输保障机制和流量控制机制，因此，使用 UDP 传输数据的应用必须自己检测和恢复传输过程中丢失的数据报文。UDP 传输不能保障 100%的可靠性，更适用于需要即时传输数据的场合，比如 IP 电话、实时数据传输。

（4）TCP 提供一种可靠报文传输机制。使用 TCP 传输的数据，只要存在到达目的主机的路径，就一定可以可靠传递。TCP 支持复杂的流量控制机制，主要基于自适应窗口方法。

IP 报文包括应用层数据和一系列帧头。帧头包含协议数据，比如地址、序列号和标志位。IP 协议栈中每个协议都会添加它自身的帧头到报文中。

对于低功耗、低速率的链路，帧头需要经过压缩，去掉冗余的数据位，从而减少传输的数据量。最近的 6LoWPAN 协议就是一种针对低功耗应用的帧头压缩协议，它使 IPv6 能够在低功耗 802.15.4 射频芯片上传输。6LoWPAN 通常能够将 IPv6 和 UDP 帧头的 48 Bytes 数据压缩到 6 Bytes。

2. IP 是开放的架构

IETF 组织是 ISO 认可的专注于 IP 标准化的组织。IETF 成立于 1986 年，分成多个独立的工作组，每个工作组具有专门的章节和里程碑。工作组被分成若干领域，如路由层、传输层和安全层等。

IP 协议集以 RFC 文档的形式进行标准化，每个 RFC 文档描述整个协议中的一部分。比如，RFC791 描述 IPv4，RFC792 描述 UDP，RFC793 描述 TCP，RFC2460 描述 IPv6。目前有 3 个工作组用于指定智能设备的 IP 协议规范：

（1）6LoWPAN（IP over IEEE 802.15.4）。

（2）ROLL（Routing Over Low Power and Lossy networks）：指定了一种新的面向智能设备的路由协议 RPL。

（3）CoRE：致力于制定一种基于 IP 的面向资源受限设备的应用框架。

需要注意的是，这 3 个工作组都基于 IPv6，而不支持 IPv4。

3. IP 是轻量级的

IP 一直被认为是复杂、重量级的，然而最近小型的 IP 协议栈则否定了这个偏见。对于由低功耗、低成本微控制器构成的智能设备，它们通常只具备几 kB 的存储器，采用电池供电，能耗十分受限，小型轻量级的 IP 协议栈对于这些设备而言至关重要。

现有的一些轻量级 IP 协议栈只需要几 KB 的 RAM，甚至小于 10 KB 的 ROM。5 种类型的轻量级 TCP/IP 协议栈为：Contiki 操作系统上的开源 uIP 协议栈、基于 TinyOS 的商业授权的 IPv6 协议栈、商业授权的 NanoStack、开源的 LwIP 协议栈。这几个协议栈中 LwIP 大约需要 20 KB 的存储器，其余的均在 10 KB 以内。最近实现了 RPL 路由协议，增加了一些 RAM 和 ROM 的需求，然而目前大多数硬件都能够满足需要。

对于能量受限的设备，最新的标准化工作使 IP 协议的功耗足够低，可以运行在毫瓦级以下的链路，如 802.15.4，这使在两节 AA 电池供电的情况下普通节点能够运行数年，这对多跳路由节点同样适用。

4. IP 的适应性强

IP 已经应用于各行各业、各种类型的设备、各种网络链路。IP 提供了一个开放的平台，支持智能设备物联网应用创新，这远远超出人们现在的想象。IP 几乎支持任意类型的应用，包括低速率的应用，如远程设备控制，延迟敏感的应用如网络电话，突发数据传输如文件下载，以及高速率并严格要求服务质量的应用，如网络高清电视等。IP 架构经过严格测试、优化设计，它高度灵活，分层的架构使它能够支持如此差异显著的各类应用。几乎所有的设备都支持 IP 网络，包括服务器集群、高速磁盘阵列、手机、低功耗嵌入式设备。尽管 IP 最初是为计算机网络设计的，然而其本质上的灵活性，已经使 IP 连接各种不同设备以及各种不同应用成为可能。

5. IP 是无处不在的

桌面 PC 机、服务器上各种类型的操作系统上均已经有 IP 协议栈,并且越来越多的嵌入式设备已经支持 IP 网络。开源的以及商业授权的协议栈也很多:如微软 Windows,Linux,嵌入式操作系统 Contiki、TinyOS、FreeRTOS 等。大多数这类协议栈还提供必要设备驱动程序。

大多数网络提供 IP 接入方式。如今很容易获取低成本的 IP 接入方式,包括有线 DSL、无线 3G 等。还可以通过 802.11(WiFi)"最后一公里"接入技术连接到 IP 网络。

6. IP 的可扩展性很好

通过全球性的 Internet,IP 被证明其本质上可扩展性是很好的。目前还没有哪个网络协议像 IP 那样被如此大规模的部署和测试。由于物联网未来将连接比现有 Internet 更多的设备,可扩展性是首要考虑的因素之一。

下一代 Internet 标准 IPv6 扩展 IP 地址到 128 bit,如此大规模的地址空间可以足够给地球上的每粒沙子一个 IP 地址。而面向低功耗应用的 RPL 路由协议可以支持大规模设备联网。

7. IP 网络是可以管理的

IP 架构中的网络管理通过一些列网络管理协议和机制来实现,目前已经有大量可用的商业授权和开源工具可以使用。在 IP 架构中,域名通过 DNS 实现,动态地址分配和网络初始化通过 DHCP 协议实现,网络管理通过 SNMP 实现。DNS、DHCP、SNMP 等协议无须任何代价可以直接应用到低功耗的智能设备上。这里仅列出了很少的几个协议,还有许多类似的协议可以使用。考虑到现有的基础设施和技术,在智能设备领域无须"再造一个新的车子",而应尽可能地利用现有的技术,以方便与现有系统兼容和集成。

8. IP 是稳定可靠的

IP 已经运行了 30 年了,尽管协议不断更新和演进,IP 数据报文交换的核心思想并未改变。IP 是构建 Internet 的基石,它将在未来不断地被使用下去。

正因为 IP 的广泛应用,IP 具有大量的、非常优秀的资料可以学习。

9. IP 是端到端的

IP 提供了一种设备端到端的通信协议,而不需要中间的协议转换网关。协议网关本质上是复杂的,难以设计、管理和部署。网关的目的是在两种或者多种协议之间转换和映射,通常需要大量的语义和功能转换才能使两个协议一起工作。通常两种协议差异很大,这就需要"least common denominator"算法,由于网络路由、QoS、传输层、网络恢复等技术不同,该算法导致网络效率低。

IP 端到端的架构,不存在网络的单点故障。中间的路由器可能失效,但是端到端的通信会重新选择新的备选路径传递数据。而采用网关转换的方法则不行,若在网关处形成单点故障,整个网络将不能工作。

在 IP 架构中,协议允许改变而不影响底层的网络。路由器之上运行的路由协议,可以相互独立,可以是不同协议,但是相互不影响。然而,对于协议网关方式,整个网络必须相同,一旦有变化,则必须全网更新。

伴随着全球 Internet 的成功，端到端结构的 IP 已经被证实是可扩展性好、稳定可靠、高效的架构。在将来的物联网领域，可扩展性、稳定性、高效性等方面比现有的 Internet 要求更加高，因此 IP 是物联网唯一证实过的选择。

综上所述，要高质量理解和掌握物联网平台关键技术，最好从嵌入式系统开始。

通常，嵌入式系统（Embedded System）是一个控制程序存储在 ROM 中的嵌入式处理器控制板。事实上，所有带有数字接口的设备，如手表、微波炉、录像机、汽车等，都使用嵌入式系统，在物联网应用系统中嵌入式产品更为广泛，有些嵌入式系统还包含操作系统，但大多数嵌入式系统都是由单个程序实现整个控制逻辑。

1.2 嵌入式系统的定义

根据英国电气工程师协会（U.K. Institution of Electrical Engineer）的定义，嵌入式系统为控制、监视或辅助设备、机器或用于工厂运作的设备。与个人计算机这样的通用计算机系统不同，嵌入式系统通常执行的是带有特定要求的预先定义的任务。国内普遍认同的嵌入式系统定义为：以应用为中心，以计算机技术为基础，软、硬件可裁剪，适应应用系统对功能、可靠性、成本、体积、功耗等严格要求的专用计算机系统。

由于嵌入式系统只针对一项特殊的任务，设计人员能够对它进行优化，以减小尺寸、降低成本。嵌入式系统通常进行大量生产，所以单个的成本节约，能够随着产量进行成百上千倍的放大。嵌入式系统的核心是由一个或几个预先编程的以用来执行少数几项任务的微处理器或者单片机 MCU（Multi Controller Unit）组成。

MCU 的基本含义是：在一块芯片内集成了中央处理器单元（CPU）、存储器（RAM/ROM 等）、定时器/计数器及多种输入/输出接口（I/O）的比较完整的数字处理系统。一个以 MCU 为核心的比较复杂的嵌入式应用系统，包含模拟量输入、模拟量输出、开关量输入、开关量输出以及数据通信部分，而所有嵌入式系统中最为典型的则是嵌入式物联网监控系统，一个典型的嵌入式物联网监控系统框图如图 1-2 所示。

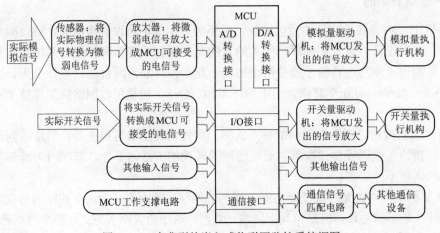

图 1-2 一个典型的嵌入式物联网监控系统框图

1. MCU 工作支撑电路

MCU 工作支撑电路是 MCU 的最小硬件系统,它保障 MCU 能正常运行,如电源电路、晶振电路及必要的滤波电路等,甚至还包括程序写入器接口电路。

2. 模拟信号输入电路

实际模拟信号一般来自实际的传感器,例如,要测量室内的温度就需要温度传感器,但是一般传感器将实际的模拟信号转成的电信号都比较弱,MCU 无法直接获得该信号,需要将其放大,然后经过模数转换(A/D)变为数字信号,进行处理。目前,许多 MCU 内部包含 A/D 转换模块,实际应用时也可根据需要外接 A/D 转换芯片。常见的模拟信号有:温度、湿度、压力、重量、气体浓度、液体浓度、流量等。对 MCU 来说,模拟信号需要通过 A/D 转换变成相应的数字序列进行处理。

3. 开关量信息输入电路

实际开关信号一般也来自相应的开关类传感器,如光电开关、电磁开关、干簧管(磁开关)、声控开关、红外开关等,一些儿童玩具中就有类似的开关。手动开关也可以作为开关信号送到 MCU 中。对 MCU 来说,开关信号就是只有 0 和 1 两种可能的数字信号。

4. 其他输入信号或通信电路

其他输入信号通过某些通信方式与 MCU 通信。常用的通信方式有异步串行(UART)通信、串行外设接口(SPI)通信、并行通信、USB 通信、网络通信等。

5. 输出执行机构电路

在执行机构中,有开关量执行机构,也有模拟量执行机构。开关量执行机构只有"开"和"关"两种状态。模拟量执行机构需要连续变化的模拟量控制。MCU 一般是不能直接控制这些执行机构的,而是需要相应的隔离和驱动电路实现。还有一些执行结构,既不是通过开关量控制,也不是通过 D/A 转换量控制,而是通过"脉冲"量控制,如控制调频的电动机,MCU 则通过软件对其进行控制。

学习以 MCU 为核心的嵌入式系统,需要以下软件、硬件基础知识与实践训练:

(1)硬件最小系统(包括电源、晶振、复位、写入调试接口等);
(2)通用 I/O(开关量输入/输出,涉及二值量检测与控制);
(3)模数转换 A/D(各种传感器信号的采集与处理,如红外、温度、光敏、超声波等);
(4)数模转换 D/A(对模拟量设备利用数字进行控制);
(5)通信(串行通信接口 UART,串行外设接口 SPI,集成电路互联总线 I^2C、CAN、USB、嵌入式以太网,无线传感器网络等);
(6)显示(LED、LCD、触摸屏等);
(7)控制(各种控制设备,包括 PWM 等控制技术);
(8)数据处理(对图形、图像、语音、视频等的处理或识别);
(9)各种具体应用。

1.3 嵌入式系统的常用术语

在学习嵌入式应用技术的过程中，经常会遇到一些名词术语。从学习的规律的角度，初步了解这些术语有利于后续学习。因此，本节对嵌入式系统中的一些常见术语给出简要说明。

1.3.1 与硬件相关的术语

1. 封装

集成电路的封装（package）是指用塑料、金属活陶瓷材料等把集成电路封在其中。封装可以保护芯片，并使芯片与外部世界连接。下面介绍几种常用的集成电路封装。

通孔封装主要有：单列直插 SIP（Single In-line Package）、双列直插 DIP（Dual In-line Package），单列曲插 ZIP（Zigzag In-line Package）。

贴片封装主要有：小外型封装 SOP（Small Outline Package）、薄塑封四角扁平封装 TQFP（Thin Quad Flat Package，1.0 mm 厚）、四侧引脚扁平封装 LQFP（1.4 mm 厚）、超薄细间距四方扁平无铅封装 VFQFPN（Very Thin Fine Pitch Quad Flat Pack No-load Package）、晶圆级芯片封装 WLCSP（Wafer-Level Chip Scale Package）、球栅阵列封装 BGA（Ball Grid Array Package）等。

2．印刷电路板

印刷电路板（Printed Circuit Board，PCB）是电子元器件电气连接的提供者。线路板按照层数可分为单面板、双面板、四层板、六层板以及其他多层线路板。

3．随机存储器

随机存储器可以直接访问任一个存储单元，只要知道该单元所在记忆行和记忆列的地址即可。随机存储器分动态随机存取存储器（DRAM）和静态随机存取存储器（SRAM）。在 DRAM 中，晶体管和电容器合在一起就构成一个存储单元，代表一个数据位元，需刷新。静态 RAM 使用的触发器是由引线将 4～6 个晶体管连接而成，不刷新。

4．只读存储器

只读存储器（ROM），是一种在生产时用特定数据进行过编程的集成电路，有 ROM、PROM、EPROM、EEPROM 等几种。

5．闪速存储器

闪速存储器（Flash Memory）是一类非易失性存储器 NVM（Non-Volatile Memory），即使在供电电源关闭后仍能保持片内信息。其最大优点是系统内编程，也就是说不需要额外的器件来修改内容。擦写操作必须通过特定的程序算法来实现。

6．模拟量和开关量

（1）模拟量：控制系统量的大小是一个在一定范围内变化的连续数值。比如温度 0 ℃～

100 ℃，压力 0~10 MPa，液位 1~5 m，电动阀门的开度 0~100%等，这些量都是模拟量。

（2）开关量：该物理量只有两种状态，如开关的导通和断开、继电器的闭合和打开、电磁阀的通和断等。

1.3.2 与通信相关的术语

1. 并行通信

并行通信是把一个字符的各数位用几条线同时进行传输，传输速度快，信息率高。通常可以一次传送 8 bit、16 bit、32 bit，甚至更高的位数，相应地就需要 8 根、16 根、32 根信号线，同时需要加入更多的信号地线。

2. 串行通信

串行通信是一条信息的各位数据被逐位按顺序传送的通信方式，如 UART。其特点是：数据位传送按位顺序进行，最少只需一根传输线即可完成，成本低，但传送速度慢。

3. 串行外设接口

串行外设接口（Serial Peripheral Interface，SPI）是一种全双工、高速、同步通信总线接口，是一种串行通信方式。通过 SPI 接口，单片机可与具有 SPI 接口的 EEPROM、Flash、实时时钟芯片、A/D 转换器、D/A 转换器或其他单片机等外部设备实现数据交换。

4. 集成电路互联总线

集成电路互联总线（I^2C）是由菲利普公司开发的一种串行总线。I^2C 总线由两根线组成，一根是串行时钟线（SCL），一根是串行数据线（SDA）。CPU 利用串行时钟线发出时钟信号，利用串行数据线发送或接收数据。I^2C 总线主要用于电路板内 MCU 与其他外围电路的连接。

5. 通用串行总线

通用串行总线（Universal Serial Bus，USB）是连接外部装置的一个串口汇流排标准，在计算机上使用广泛，但也可以用在机顶盒和游戏机上，补充标准 On-The-Go（OTG）使其能够在便携装置之间直接交换资料。

6. 控制器局域网

控制器局域网（Controller Area Network，CAN）是使用在现场、在微机化测量设备之间完成双向异步串行多节点数据通信的总线的一种开放式、数字化、多点通信的底层控制网络。其最初是为汽车的监测、控制系统而设计的，现已在航天、电力、石化、冶金、纺织、造纸、仓储等行业广泛采用。在火车、轮船、机器人、楼宇自控、医疗器械、数控机床、智能传感器、过程自动化仪表等自控设备中，都广泛采用 CAN 技术。

7. 边界扫描测试协议

联合测试行动小组（Joint Test Action Group，JTAG）是一种国际标准测试协议（IEEE 1149.1

兼容），主要用于芯片内部测试。

8. 串行线调试技术

串行线调试（Serial Wire Debugging，SWD）为严格限制针数的包装提供一个调试端口，通常用于小包装微控制器，但也用于复杂的 ASIC 微控制器，此时，限制针数至关重要，其可能是设备成本的控制因素。SWD 将 5 针 JTAG 端口替换为时钟+单个双向数据针，以提供所有常规 JTAG 调试和测试功能及实时系统内存访问，而无须停止处理器或需要任何目标驻留代码。SWD 使用 ARM 标准双向线协议，以标准方式与调试器和目标系统之间高效地传输数据。作为基于 ARM 处理器设备的标准接口，软件开发人员可以使用 ARM 和第三方工具供应商提供的各种可互操作的工具。SWD 与所有 ARM 处理器以及使用 JTAG 进行调试的任何处理器兼容，它可以访问 Cortex 处理器（A、R、M）和 Core Sight 调试基础结构中的调试寄存器。

1.3.3 与功能模块及软件相关的术语

1. 通用输入/输出

通用输入/输出（General Purpose Input/Output，GPIO），有时也称并行 I/O。作为通用输入引脚时，MCU 内部程序知道该引脚是 1（高电平）或 0（低电平），即开关量输入；作为通用输出引脚时，MCU 内部程序向该引脚输出 1（高电平）或 0（低电平），即开关量输出。

2. A/D 与 D/A

D/A（数字到模拟量转换器）把枯燥无味的数字转换成现实中的、模拟的增量。D/A 是个黑盒，输进去一串"1010101111000……"，D/A 内部按照预定的位数（如 6 位、8 位、24 位）量化结果，输出端给出持续变化的电压或电流，参考另外一路电压或电流，则那组持续变化的电压/电流就有了意义。比如驱动 LED 则会闪烁，驱动电机则会停停走走，驱动喇叭会发出声音，于是 D/A 就有了意义。

A/D 的原理完全相反，自然界中的模拟量如声音、水温、颜色、速度、力量、化学成分……，在输入的热电偶、传感器、话筒、温控电阻上产生一路变化的电压，A/D 按照预定位数、频率，把这些变化的模拟量量化成一串"10100111000……"，然后如何处理就与它无关了。A/D 存在于今日众多日常设备中，如数码相机、手机、电脑、录音笔、汽车上的传感器、安检门、雷达等。

3. 脉冲宽度调制器

脉冲宽度调制（Pulse Width Modulation，PWM）器是一个 D/A 转换器，可以产生高、低电平交替的输出信号，这个信号就叫 PWM 信号。其通常由一列占空比不同的矩形脉冲构成，其占空比与信号的瞬时采样值成比例。

4. 看门狗

看门狗（Watch Dog Timer，WDT）是一个定时器电路，一般有一个输入（叫"喂狗"）和一个输出到 MCU 的 RST 端，MCU 正常工作的时候，每隔一端时间输出一个信号到"喂狗"端，给 WDT 清零，如果超过规定的时间不"喂狗"（程序跑飞时），WDT 定时超过，就回给出一个复位信号到 MCU，使其系统程序复位，以防止 MCU 死机。看门狗的作用就是防止程序发生死循环，或者说程序跑飞。

5. 发光二极管

发光二极管（Light Emitting Diode，LED）是一种将电流顺向通到半导体 PN 结处而发光的器件，即把电能转化成光能。其广泛用于指示灯、汽车灯和交通警示灯等。

6. 液晶显示

液晶显示（Liquid Crystal Display，LCD）在世界各个领域中的应用广泛、种类繁多。通常按液晶分子的中心桥键和环的特征进行分类。液晶显示具有明显的优点：驱动电压低、功耗小、可靠性高、显示信息量大、可彩色显示、无闪烁、对人体无危害、生产过程自动化、成本低廉、可以制成各种规格和类型的液晶显示器、便于携带等。

7. 键盘

键盘是嵌入式设备运行的一种指令和数据输入装置。识别键盘是否有效的方法有查询法、定时扫描法与中断法等。

8. 实时操作系统

实时操作系统（Real Time Operating System，RTOS）是指当外界事件或数据产生时，能够接受并以足够快的速度予以处理，其处理的结果又能在规定的时间之内来控制生产过程或对处理系统作出快速响应，调度一切可利用的资源完成实时任务，并控制所有实时任务协调一致运行的操作系统。提供及时响应和可靠性高是其主要特点。

9. 固件

与通用计算机能够运行用户所选择的软件不同，嵌入式系统上的软件通常是暂时不变的，所以经常被称为"固件"。

1.4 嵌入式系统 C 语言编程

不同于一般形式的软件编程，嵌入式系统编程建立在特定的硬件平台上，势必要求其编程语言具备较强的硬件直接操作能力。汇编语言无疑具备这样的特质。但是，由于汇编语言开发的复杂性，它并不是嵌入式系统开发的一般选择。而与之相比，C 语言是一种"高级的低级"语言，它成为嵌入式系统开发的最佳选择。

图 1-3 提供的是一个较完备的嵌入式物联网应用系统硬件架构，实际的系统可能包含更少的外设。之所以选择一个完备的系统，是为了更全面地讨论嵌入式系统 C 语言编程技巧，所有设备都会成为后文的分析目标。

嵌入式系统需要良好的软件开发环境的支持，由于嵌入式系统的目标机资源受限，不可能在其上建立庞大、复杂的开发环境，因而其开发环境和目标运行环境相互分离。因此，嵌入式应用软件的开发方式一般是，在宿主机（host）上建立开发环境，进行应用程序编码和

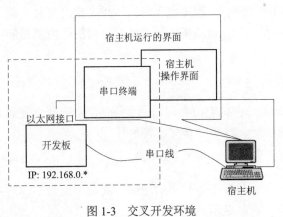

图 1-3 交叉开发环境

交叉编译，然后宿主机同目标机（target）建立连接，将应用程序下载到目标机上进行交叉调试，经过调试和优化，最后将应用程序固化到目标机中实际运行。

IAR、keil 等是适用于 STM32 处理器的嵌入式应用软件开发环境，它们运行在 Windows 操作系统之上，可生成 x86 处理器的目标代码并通过 PC 机的 COM 口（RS-232 串口）或以太网口下载到目标机上运行，如图 1-3 所示。其驻留于目标机 FLASH 存储器中的 monitor 程序可以监控宿主机 Windows 调试平台上的用户调试指令，获取 CPU 寄存器的值及目标机存储空间、I/O 空间的内容。

1.4.1 软件架构

1. 模块划分

模块划分的"划"是规划的意思，指合理地将一个很大的软件划分为一系列功能独立的部分，合作完成系统的需求。C 语言作为一种结构化的程序设计语言，在模块的划分上主要依据功能（依功能进行划分在面向对象设计中成为一个错误），学习 C 语言模块化程序设计需理解如下概念：

（1）模块即一个.c 文件和一个.h 文件结合，头文件.h 中是对于该模块接口的声明；
（2）某模块提供给其他模块调用的外部函数及数据需在.h 文件中冠以 extern 关键字声明；
（3）模块内的函数和全局变量需在.c 文件开头冠以 static 关键字声明；
（4）永远不要在.h 文件中定义变量。定义变量和声明变量的区别在于定义会产生内存分配的操作，是汇编阶段的概念；而声明则只是告诉包含该声明的模块在连接阶段从其他模块寻找外部函数和变量。如：

```
/*module1.h*/
int a=5; /* 在模块 1 的.h 文件中定义 int a */
/*module1.c*/
#include "module1.h" /* 在模块 1 中包含模块 1 的.h 文件 */
/*module2.c*/
#include "module1.h" /* 在模块 2 中包含模块 1 的.h 文件 */
/*module3.c*/
#include "module1.h" /* 在模块 3 中包含模块 1 的.h 文件 */
```

以上程序的结果是在模块 1、2、3 中都定义了整型变量 a，a 在不同的模块中对应不同的地址单元，这个世界上从来不需要这样的程序。正确的做法是：

```
/*module1.h*/
extern int a; /* 在模块 1 的.h 文件中声明 int a */
```

```
/*module1.c*/
#include "module1.h" /* 在模块 1 中包含模块 1 的.h 文件 */
int a=5; /* 在模块 1 的.c 文件中定义 int a */
/*module2.c*/
#include "module1.h" /* 在模块 2 中包含模块 1 的.h 文件 */
/*module3.c*/
#include "module1.h" /* 在模块 3 中包含模块 1 的.h 文件 */
```

这样如果模块 1、2、3 操作 a 的话,对应的是同一片内存单元。一个嵌入式系统通常包括两类模块:

(1) 硬件驱动模块,一种特定硬件对应一个模块;

(2) 软件功能模块,其模块的划分应满足低偶合、高内聚的要求。

2. 多任务还是单任务

所谓"单任务系统"是指该系统不能支持多任务并发操作,宏观串行地执行一个任务。而多任务系统则可以宏观并行(微观上可能串行)地"同时"执行多个任务。

多任务的并发执行通常依赖一个多任务操作系统(OS),多任务 OS 的核心是系统调度器,它使用任务控制块(TCB)来管理任务调度功能。TCB 包括任务的当前状态、优先级、要等待的事件或资源、任务程序码的起始地址、初始堆栈指针等信息。调度器在任务被激活时,要用到这些信息。此外,TCB 还被用来存放任务的"上下文"(context)。任务的"上下文"就是当一个执行中的任务被停止时,所要保存的所有信息。通常,"上下文"就是计算机当前的状态,也即各个寄存器的内容。当发生任务切换时,当前运行的任务的"上下文"被存入 TCB,并将要被执行的任务的"上下文"从它的 TCB 中取出,放入各个寄存器中。

嵌入式多任务 OS 的典型例子有 Contiki、Vxworks、ucLinux 等。嵌入式 OS 并非遥不可及,可以用不到 1 000 行的代码实现一个针对 ARM 处理器的功能最简单的 OS 内核,作者正准备进行此项工作,希望能将心得贡献给大家。

究竟选择多任务还是单任务方式,取决于软件的体系是否庞大。例如,绝大多数智能手机程序都是多任务的,但也有一些自动控制的协议栈是单任务的,没有操作系统,它们的主程序轮流调用各个软件模块的处理程序,模拟多任务环境。

3. 单任务程序的典型架构

(1) 从 CPU 复位时的指定地址开始执行;

(2) 跳转至汇编代码 startup 处执行;

(3) 跳转至用户主程序 main 执行,在 main 中完成:初始化各硬件设备;初始化各软件模块;进入死循环(无限循环),调用各模块的处理函数,用户主程序和各模块的处理函数都以 C 语言完成。用户主程序最后都进入了一个死循环,其首选方案是:

```
while(1){}
```

有的程序员这样写:

```
for(;;){}
```

这个语法没有确切表达代码的含义,从"for(;;)"看不出什么,只有弄明白"for(;;)"在 C

语言中意味着无条件循环才明白其意。下面是几个"著名"的死循环：

（1）操作系统是死循环；

（2）Win32 程序是死循环；

（3）嵌入式系统软件是死循环；

（4）多线程程序的线程处理函数是死循环。

读者可能会辩驳，凡事都不是绝对的，（2）、（3）、（4）都可以不是死循环。实际上，这是没有太大意义的，因为这个世界从来不需要一个处理完几个消息就要 OS"杀死"它的 Win32 程序，也不需要一个刚开始运行就自行"了断"的嵌入式系统，更不需要莫名其妙启动一个做一点事就"干掉"自己的线程。有时候，过于严谨制造的不是便利而是麻烦。例如，5 层的 TCP/IP 协议栈超越了严谨的 ISO/OSI 7 层协议栈而成为事实上的标准。

4．中断服务程序

中断是嵌入式系统中重要的组成部分，但是在标准 C 中不包含中断。许多编译开发商在标准 C 上增加对中断的支持，提供新的关键字用于标示中断服务程序（ISR），如__interrupt、#program interrupt 等。当一个函数被定义为 ISR 的时候，编译器会自动为该函数增加中断服务程序所需要的中断现场入栈和出栈代码。中断服务程序需要满足如下要求：

（1）不能返回值；

（2）不能向 ISR 传递参数；

（3）ISR 应该尽可能短小精悍；

（4）printf（char * lpFormatString,…）函数会带来重入和性能问题，不能在 ISR 中采用。

在某项目的开发中，开发者设计了一个队列，在中断服务程序中，只是将中断类型添加入该队列中，在主程序的死循环中不断扫描中断队列是否有中断，有则取出队列中的第一个中断类型，进行相应处理。

```
/* 存放中断的队列 */
typedef struct tagIntQueue
{   int intType;  /* 中断类型 */
    struct tagIntQueue *next;
}IntQueue;
IntQueue lpIntQueueHead;
__interrupt ISRexample()
{   int intType;
    intType=GetSystemType();
    QueueAddTail(lpIntQueueHead, intType);  /* 在队列尾加入新的中断 */
}
```

在主程序循环中判断是否有中断：

```
While(1)
{   If( !IsIntQueueEmpty())
    {   intType=GetFirstInt();
        switch(intType)   /* 是不是很像 Win32 程序的消息解析函数？ */
```

```
        { /* 对，中断类型解析类似于消息驱动 */
    case xxx:     /*称其为"中断驱动"吧? */
      …; break;
    case xxx:
      …; break;
    … } }
}
```

按上述方法设计的中断服务程序很小，实际工作都交由主程序执行。

5. 硬件驱动模块

一个硬件驱动模块通常应包括如下函数：

（1）中断服务程序 ISR；

（2）硬件初始化。修改寄存器，设置硬件参数（如 UART 应设置其波特率，AD/DA 设备应设置其采样速率等）；将中断服务程序入口地址写入中断向量表：

```
/* 设置中断向量表 */
m_myPtr=make_far_pointer(0l); /* 返回 void far 型指针 void far * */
m_myPtr+=ITYPE_UART; /* ITYPE_UART: uart 中断服务程序 */
/* 相对于中断向量表首地址的偏移 */
*m_myPtr=&UART_Isr; /* UART_Isr: UART 的中断服务程序 */
```

（3）设置 MCU 针对该硬件的控制线。

① 如果控制线可作 PIO（可编程 I/O）和控制信号用，则设置 MCU 内部对应寄存器使其作为控制信号；

② 设置 MCU 内部的针对该设备的中断屏蔽位，设置中断方式(电平触发还是边缘触发)。

（4）提供一系列针对该设备的操作接口函数。例如，对于 LCD，其驱动模块应提供绘制像素、画线、绘制矩阵、显示字符点阵等函数；而对于实时钟，其驱动模块则需提供获取时间、设置时间等函数。

6. C 的面向对象化

在面向对象的语言里面，出现了类的概念。类是对特定数据的特定操作的集合体。类包含两个范畴：数据和操作。C 语言中的 struct 仅仅是数据的集合，可以利用函数指针将 struct 模拟为一个包含数据和操作的"类"。下面的 C 程序模拟了一个最简单的"类"：

```
#ifndef C_Class
#define C_Class struct
#endif
C_Class A
{ C_Class A *A_this; /* this 指针 */
  void(*Foo)(C_Class A *A_this); /* 行为: 函数指针 */
  int a, b; /* 数据 */
};
```

可以利用 C 语言模拟出面向对象的 3 个特性——封装、继承和多态，但是更多的时候，只是需要将数据与行为封装以解决软件结构混乱的问题。C 模拟面向对象思想的目的不在于模拟行为本身，而在于解决某些情况下使用 C 语言编程时程序整体框架结构分散、数据和函数脱节的问题。在后续章节中读者会看到这样的例子。

1.4.2 内存操作

1. 数据指针

在嵌入式系统的编程中，常常要求在特定的内存单元读写内容，汇编语言有对应的 MOV 指令，而除 C/C++以外的其他编程语言基本没有直接访问绝对地址的能力。在嵌入式系统的实际调试中，多借助 C 语言指针所具有的对绝对地址单元内容的读写能力。以指针直接操作内存多发生在如下几种情况下：

（1）某 I/O 芯片被定位在 CPU 的存储空间而非 I/O 空间，而且寄存器对应于某特定地址。

（2）两个 MCU 之间以双端口 RAM 通信，MCU 需要在双端口 RAM 的特定单元（称为 mail box）书写内容以在对方 MCU 产生中断。

（3）读取在 ROM 或 FLASH 的特定单元所烧录的汉字和英文字模，比如：

```
unsigned char *p=(unsigned char *)0xF000FF00;
*p=11;
```

以上程序的意义为在绝对地址 0xF000+0xFF00（使用 16 位段地址和 16 位偏移地址）写入 11。

在使用绝对地址指针时，要注意指针自增自减操作的结果取决于指针指向的数据类别。上例中 p++后的结果是 p= 0xF000FF01，若 p 指向 int，即：

```
int *p=(int *)0xF000FF00;
```

p++（或++p）的结果等同于：p = p+sizeof（int），而 p-（或-p）的结果是 p =p-sizeof（int）。同理，若执行：

```
long int *p=(long int *)0xF000FF00;
```

则 p++（或++p）的结果等同于：p = p+sizeof（long int），而 p-（或-p）的结果是 p=p-sizeof（long int）。

记住：MCU 以字节为单位编址，而 C 语言指针以指向的数据类型长度作自增和自减。理解这一点对于以指针直接操作内存是相当重要的。

2. 函数指针

首先要理解以下 3 个问题：

（1）C 语言中函数名直接对应于函数生成的指令代码在内存中的地址，因此函数名可以直接赋给指向函数的指针。

（2）调用函数实际上等同于"调转指令+参数传递处理+回归位置入栈"，本质上最核心的操作是将函数生成的目标代码的首地址赋给 MCU 的 PC 寄存器。

（3）因为函数调用的本质是跳转到某一个地址单元的 code 去执行，所以可以"调用"一个根本就不存在的函数实体。请看下面的代码：

```
typedef void (*lpFunction)( );  /* 定义一个无参数、无返回类型的 */
/* 函数指针类型 */
lpFunction lpReset=(lpFunction)0xF000FFF0;  /* 定义一个函数指针，指向*/
/* CPU 启动后所执行的第一条指令的位置 */
lpReset();  /* 调用函数 */
```

在以上程序中，根本没有看到任何一个函数实体，但是却执行了这样的函数调用：lpReset()，它实际上起到了"软重启"的作用，跳转到 MCU 启动后第一条要执行的指令的位置。记住：函数只是指令集合而已，可以调用一个没有函数体的函数，本质上只是换一个地址开始执行指令。

3. 数组与动态申请

在嵌入式系统中动态内存申请存在比一般系统编程时更严格的要求，这是因为嵌入式系统的内存空间往往是十分有限的，不经意的内存泄露会很快导致系统的崩溃，所以一定要保证 malloc()和 free()成对出现。例如以下程序：

```
char *function(void)
{   char *p;
    p=(char *)malloc(…);
    if(p==NULL) …;
    … /* 一系列针对 p 的操作 */
    return p;
}
```

在某处调用 function()，用完 function()中动态申请的内存后将其 free，如下：

```
char *q=function();
…;
free(q);
```

上述代码明显是不合理的，因为它违反了 malloc()和 free()成对出现的原则，即"谁申请，就由谁释放"原则。不满足这个原则，会导致代码的耦合度增大，因为用户在调用 function()函数时需要知道其内部细节。

正确的做法是在调用处申请内存，并传入 function()函数，如下：

```
char *p=malloc(…);
if(p==NULL) …;
function(p);
…
free(p);
p=NULL;
```

而函数 function()则接收参数 p，如下：

```
void function(char *p)
{ … /* 一系列针对 p 的操作 */ }
```

基本上，动态申请内存方式可以用较大的数组替换。对于编程新手，笔者推荐尽量采用数组。嵌入式系统可以以博大的胸襟接收瑕疵，而无法"海纳"错误。下面给出原则：

（1）尽可能选用数组，数组不能越界访问（真理越过一步就是谬误，数组越过界限就成全了一个混乱的嵌入式系统）；

（2）如果使用动态申请，则申请后一定要判断是否申请成功，并且malloc()和free()应对出现。

4. 关键字 const

const 意味着"只读"。区别如下代码的功能非常重要：

```
const int a;
int const a;
const int *a;
int *const a;
int const *a const;
```

（1）关键字 const 的作用是给读代码的人传达非常有用的信息。例如，在函数的形参前添加 const 关键字意味着这个参数在函数体内不会被修改，属于"输入参数"。在有多个形参的时候，函数的调用者可以凭借参数前是否有 const 关键字，清晰地辨别哪些是输入参数，哪些是可能的输出参数。

（2）合理地使用关键字 const 可以使编译器很自然地保护那些不希望被改变的参数，防止其被无意的代码修改，这样可以减少漏词的出现。const 在 C++语言中则包含更丰富的含义，而它在 C 语言中仅意味着"只能读的普通变量"，可以称其为"不能改变的变量"（这个说法似乎很拗口，但却最准确地表达了 C 语言中 const 的本质），在编译阶段需要的常数仍然只能以#define 宏定义，故在 C 语言中如下程序是非法的：

```
const int SIZE = 10;
char a[SIZE]; /* 非法：编译阶段不能用到变量 */
```

5. 关键字 volatile

C 语言编译器会对用户书写的代码进行优化，比如：

```
int a,b,c;
a=inWord(0x100); /*读取I/O 空间0x100 端口的内容存入a 变量*/
b=a;
a=inWord (0x100); /*再次读取I/O 空间0x100 端口的内容存入a 变量*/
c=a;
```

以上代码很可能被编译器优化为：

```
int a,b,c;
a=inWord(0x100); /*读取I/O 空间0x100 端口的内容存入a 变量*/
b=a;
c=a;
```

但是这样的优化结果可能导致错误，如果I/O 空间 0x100 端口的内容在执行第一次读操作后被其他程序写入新值,则其实第 2 次读操作读出的内容与第一次不同,b 和 c 的值应该不同。在变量 a 的定义前加上 volatile 关键字可以防止编译器的类似优化,正确的做法是:

```
volatile int a;
```

volatile 变量可能用于如下几种情况:

(1)并行设备的硬件寄存器(如:状态寄存器,例中的代码属于此类);
(2)一个中断服务子程序中会访问到的非自动变量(也就是全局变量);
(3)多线程应用中被几个任务共享的变量。

6. MCU 字长与存储器位宽不一致时的处理

若 MCU 字长与存储器位宽不一致,比如 MCU 的字长为 16,而 NVRAM 的位宽为 8,在这种情况下,需要为 NVRAM 提供读写字节、字的接口,如下:

```
typedef unsigned char BYTE;
typedef unsigned int WORD;
/* 函数功能:读 NVRAM 中的字节;参数:wOffset,读取位置相对 NVRAM 基地址的偏移;返回:读取到的字节值*/
extern BYTE ReadByteNVRAM(WORD wOffset)
{  LPBYTE lpAddr=(BYTE*)(NVRAM+wOffset*2); /* 为什么偏移要×2? */
   return *lpAddr;
}
/* 函数功能:读 NVRAM 中的字;参数:wOffset,读取位置相对 NVRAM 基地址的偏移;返回:读取到的字值*/
extern WORD ReadWordNVRAM(WORD wOffset)
{  WORD wTmp=0;  LPBYTE lpAddr;
   /* 读取高位字节 */
   lpAddr=(BYTE*)(NVRAM+wOffset*2); /* 为什么偏移要×2? */
   wTmp+=(*lpAddr)*256;
   /* 读取低位字节 */
   lpAddr=(BYTE*)(NVRAM+(wOffset+1)*2); /* 为什么偏移要×2? */
   wTmp+=*lpAddr;
   return wTmp;
}
/* 函数功能:向 NVRAM 中写一个字节;参数:wOffset,写入位置相对 NVRAM 基地址的偏移;byData:欲写入的字节*/
extern void WriteByteNVRAM(WORD wOffset, BYTE byData)
{ … }
/* 函数功能:向 NVRAM 中写一个字;参数:wOffset,写入位置相对 NVRAM 基地址的偏移;wData:欲写入的字*/
extern void WriteWordNVRAM(WORD wOffset, WORD wData)
{…}
```

之所以在嵌入式系统中使用 C 语言进行程序设计，是因为其具有强大的内存操作能力。

1.4.3 屏幕操作

1. 汉字处理

现在要解决的问题是，嵌入式系统中经常要使用的并非完整的汉字库，往往只是需要提供数量有限的汉字供必要的显示功能。例如，一个微波炉的 LCD 上没有必要提供显示电子邮件的功能；一个提供汉字显示功能的空调的 LCD 上不需要显示一条短消息。但是一部智能手机、MP4 则通常需要包括较完整的汉字库。

如果包括的汉字库较完整，那么，由内码计算出汉字字模在库中的偏移是十分简单的：汉字库是按照区位的顺序排列的，前一个字节为该汉字的区号，后一个字节为该字的位号。每一个区记录 94 个汉字，位号则为该字在该区中的位置。因此，汉字在汉字库中的具体位置计算公式为：94×（区号–1）+位号–1。减 1 是因为数组是以 0 开始，而区号位号是以 1 开始的，只需乘上一个汉字字模占用的字节数即可，即：（94×（区号–1）+位号–1）×一个汉字字模占用字节数，以 16×16 点阵字库为例，计算公式则为：（94×（区号–1）+（位号–1））×32。汉字库中从该位置起的 32 字节信息记录了该字的字模信息。

对于包含较完整汉字库的系统而言，可以以上述规则计算字模的位置。但是如果仅提供少量汉字呢？譬如几十至几百个？最好的做法是：

定义宏：
```
# define EX_FONT_CHAR(value)
# define EX_FONT_UNICODE_VAL(value)(value),
# define EX_FONT_ANSI_VAL(value)(value),
```

定义结构体：
```
typedef struct _wide_unicode_font16x16
{   WORD value; /* 内码 */
    BYTE data[32]; /* 字模点阵 */
}Unicode;
#define CHINESE_CHAR_NUM ... /* 汉字数量 */
```

字模的存储用数组：
```
Unicode chinese[CHINESE_CHAR_NUM]=
{   { EX_FONT_CHAR("业")
    EX_FONT_UNICODE_VAL(0x4e1a)
    { 0x04, 0x40, 0x04, 0x40, 0x04, 0x40, 0x04, 0x44, 0x44, 0x46, 0x24, 0x4c,
      0x24, 0x48, 0x14, 0x50, 0x1c, 0x50, 0x14, 0x60, 0x04, 0x40, 0x04, 0x40,
      0x04, 0x44, 0xff, 0xfe, 0x00, 0x00, 0x00, 0x00, 0x00}},
    { EX_FONT_CHAR("中")
    EX_FONT_UNICODE_VAL(0x4e2d)
    { 0x01, 0x00, 0x01, 0x00, 0x21, 0x08, 0x3f, 0xfc, 0x21, 0x08, 0x21, 0x08,
      0x21, 0x08, 0x21, 0x08, 0x21, 0x08,0x3f, 0xf8, 0x21, 0x08, 0x01, 0x00,
```

```
      0x01, 0x00, 0x01, 0x00, 0x01, 0x00,0x01, 0x00}},
    { EX_FONT_CHAR("云")
      EX_FONT_UNICODE_VAL(0x4e91)
    { 0x00, 0x00, 0x00, 0x30, 0x3f, 0xf8, 0x00, 0x00, 0x00, 0x00, 0x00, 0x0c,
      0xff, 0xfe, 0x03, 0x00, 0x07, 0x00,0x06, 0x40, 0x0c, 0x20, 0x18, 0x10,
      0x31, 0xf8, 0x7f, 0x0c, 0x20, 0x08, 0x00, 0x00}},
    { EX_FONT_CHAR("件")
      EX_FONT_UNICODE_VAL(0x4ef6)
    { 0x10, 0x40, 0x1a, 0x40, 0x13, 0x40, 0x32, 0x40, 0x23, 0xfc, 0x64, 0x40,
      0xa4, 0x40, 0x28, 0x40, 0x2f, 0xfe, 0x20, 0x40, 0x20, 0x40, 0x20, 0x40,
      0x20, 0x40, 0x20, 0x40, 0x20, 0x40,0x20, 0x40}}
}
```

要显示特定汉字的时候,只需要从数组中查找内码与要求汉字内码相同的即可获得字模。如果前面的汉字在数组中以内码大小顺序排列,那么可以以二分查找法更高效地查找汉字的字模。这是一种很有效的组织小汉字库的方法,它可以保证程序有很好的结构。

2. 系统时间显示

从 NVRAM 中可以读取系统的时间,系统一般借助 NVRAM 产生的秒中断每秒读取一次当前时间并在 LCD 上显示。关于时间的显示,有一个效率问题。因为时间有其特殊性,那就是 60 秒才有一次分钟的变化,60 分钟才有一次小时变化,如果每次都将读取的时间在屏幕上完全重新刷新一次,则浪费了大量的系统时间。

一个较好的办法是在时间显示函数中以静态变量分别存储小时、分钟、秒,只有在其内容发生变化的时候才更新其显示:

```
extern void DisplayTime(…)
{   static BYTE byHour,byMinute,bySecond;
    BYTE byNewHour, byNewMinute, byNewSecond;
    byNewHour=GetSysHour();
    byNewMinute=GetSysMinute();
    byNewSecond=GetSysSecond();
    if(byNewHour!=byHour) { … /* 显示小时 */byHour = byNewHour; }
    if(byNewMinute!=byMinute) {… /* 显示分钟 */byMinute = byNewMinute;}
    if(byNewSecond!=bySecond){… /* 显示秒钟 */bySecond = byNewSecond;}
}
```

这个例子也可以顺便作为 C 语言中 static 关键字强大威力的证明。当然,在 C++ 语言里,static 具有更加强大的威力,它使某些数据和函数脱离"对象"而成为"类"的一部分,正是它的这一特点,成就了软件的无数优秀设计。

3. 动画显示

随着时间的变更,在屏幕上显示不同的静止画面,即动画之本质。所以,在一个嵌入式系统的 LCD 上欲显示动画，必须借助定时器。没有硬件或软件定时器的世界是无法想象的：

（1）没有定时器，一个操作系统将无法进行时间片的轮转，于是无法进行多任务的调度，其于是便不再成为一个多任务操作系统。

（2）没有定时器，一个多媒体播放软件将无法运作，因为它不知道何时应该切换到下一帧画面。

（3）没有定时器，一个网络协议将无法运转，因为其无法获知何时包传输超时并重传之，无法在特定的时间完成特定的任务。

因此，没有定时器意味着没有操作系统、没有网络、没有多媒体，合理并灵活地使用各种定时器，是对一个软件人的最基本的要求。

在 ARM 为主芯片的嵌入式系统中，需要借助硬件定时器的中断来作为软件定时器，在中断发生后变更画面的显示内容。在时间显示 "xx：xx" 中让冒号交替有无，每次秒中断发生后，需调用 ShowDot()函数：

```
void ShowDot()
{   static BOOL bShowDot=TRUE;  /* 再一次领略 static 关键字的威力 */
    if(bShowDot) { showChar(':',xPos,yPos); }
    else {showChar(' ',xPos,yPos);}
    bShowDot=!bShowDot;
}
```

4．菜单操作

给出这样的一个系统（图 1-4）：

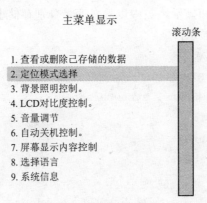

图 1-4　菜单范例

要求以键盘上的"↑""↓"键切换菜单焦点，当用户在焦点处于某菜单时，若敲击键盘上的"OK""Cancel"键则调用该焦点菜单所对应的处理函数。无经验的程序员的可能实现方法如下：

```
/* 按下 OK 键 */
void onOkKey()
{/* 判断在什么焦点菜单上按下"OK"键，调用相应的处理函数 */
    switch(currentFocus) {
```

```
    case MENU1:
        menu1OnOk(); break;
    case MENU2:
        menu2OnOk(); break;
    …}
}
/* 按下"Cancel"键 */
void onCancelKey()
{/* 判断在什么焦点菜单上按下"Cancel"键,调用相应的处理函数 */
    switch(currentFocus) {
    case MENU1:
        menu1OnCancel(); break;
    case MENU2:
        menu2OnCancel(); break;
    …}
}
```

有经验的程序员可能会这样实现:

```
/* 将菜单的属性和操作"封装"在一起 */
typedef struct tagSysMenu
{   char *text;  /* 菜单的文本 */
    BYTE xPos;  /* 菜单在 LCD 上的 x 坐标 */
    BYTE yPos;  /* 菜单在 LCD 上的 y 坐标 */
    void (*onOkFun)();  /* 在该菜单上按下"OK"键的处理函数指针 */
    void (*onCancelFun)();  /* 在该菜单上按下"Cancel"键的处理函数指针 */
}SysMenu, *LPSysMenu;
```

当定义菜单时,只需要这样:

```
static SysMenu menu[MENU_NUM] =
{{ "menu1", 0, 48, menu1OnOk, menu1OnCancel},{" menu2", 7, 48, menu2OnOk,
menu2OnCancel},{" menu3", 7, 48, menu3OnOk, menu3OnCancel},{" menu4", 7, 48,
menu4OnOk, menu4OnCancel}…};
```

"OK"键和"Cancel"键的处理变成:

```
/* 按下"OK"键 */
void onOkKey(){menu[currentFocusMenu].onOkFun();}
/* 按下"Cancel"键 */
void onCancelKey(){menu[currentFocusMenu].onCancelFun();}
```

程序被大大简化,也开始具有很好的可扩展性。仅仅利用面向对象中的封装思想,就让程序结构清晰,其结果是几乎可以在无须修改程序的情况下在系统中添加更多的菜单,而系统的按键处理函数保持不变。

5. 模拟 MessageBox()函数

MessageBox()函数是大多数 Windows 编程入门者第一次用到的函数。很多人第一次在 Windows 中利用 MessageBox()函数输出"Hello，World!"对话框，如图1-5 所示。

嵌入式系统中没有提供 MessageBox()函数，但是鉴于其强大的功能，需要对其进行模拟，一个模拟的 MessageBox()函数为：

图1-5 经典的"Hello，World!"对话框

```
/*******************************************/
/* 函数名称：MessageBox
/* 功能说明：弹出式对话框,显示提醒用户的信息
/* 参数说明：lpStr --- 提醒用户的字符串输出信息
/* TYPE --- 输出格式(ID_OK = 0, ID_OKCANCEL = 1)
/* 返回值：返回对话框接收的键值,只有两种：KEY_OK, KEY_CANCEL
/*******************************************/
typedef enum TYPE { ID_OK,ID_OKCANCEL }MSG_TYPE;
extern BYTE MessageBox(LPBYTE lpStr, BYTE TYPE)
{   BYTE keyValue=-1;
    ClearScreen(); /* 清除屏幕 */
    DisplayString(xPos,yPos,lpStr,TRUE); /* 显示字符串 */
    /* 根据对话框类型决定是否显示确定、取消 */
    switch (TYPE)
    {  case ID_OK :
            DisplayString(13,yPos+High+1, "确定", 0); break;
       case ID_OKCANCEL:
            DisplayString(8, yPos+High+1, "确定", 0);
            DisplayString(17,yPos+High+1, "取消", 0);
            break;
       default:
            break;
    }
    DrawRect(0, 0, 239, yPos+High+16+4); /* 绘制外框 */
    /* MessageBox 是模式对话框,阻塞运行,等待按键 */
    while( (keyValue!=KEY_OK)|| (keyValue!=KEY_CANCEL))
    { keyValue=getSysKey();}
    /* 返回按键类型 */
    if(keyValue==KEY_OK) return ID_OK;
    else return ID_CANCEL;
}
```

上述函数与在 VC++等中使用的 MessageBox()函数非常相似。实现这个函数，可看到它在嵌入式系统中的妙用是无穷的。

1.4.4 键盘操作

1. 处理功能键

功能键的问题在于，用户界面并非固定的，用户功能键的选择将使屏幕画面处于不同的显示状态。程序如何判断用户处于哪一画面，并在该画面的程序状态下调用对应的功能键处理函数，同时保证良好的结构，是一个值得思考的问题。

先来看看 Win32 编程中用到的"窗口"概念，当消息（message）被发送给不同窗口的时候，该窗口的消息处理函数（是一个 callback()函数）最终被调用，而在该窗口的消息处理函数中，又根据消息的类型调用了该窗口中的对应处理函数。通过这种方式，Win32 有效地组织了不同的窗口，并处理不同窗口情况下的消息。可从中学习到的就是：

（1）将不同的画面类比为 Win32 中不同的窗口，将窗口中的各种元素（菜单、按钮等）包含在窗口之中。

（2）给各个画面提供一个功能键"消息"处理函数，该函数接收按键信息为参数。

（3）在各画面的功能键"消息"处理函数中，判断按键类型和当前焦点元素，并调用对应元素的按键处理函数。

```
/* 将窗口元素、消息处理函数封装在窗口中 */
struct windows
{   BYTE currentFocus;
    ELEMENT element[ELEMENT_NUM];
    void (*messageFun)(BYTE keyValue);
    …
};
/* 消息处理函数 */
void messageFunction(BYTE keyValue)
{   BYTE i=0;
    /* 获得焦点元素 */
    while ((element[i].ID!=currentFocus)&&(i<ELEMENT_NUM)){i++;}
    /* 消息映射 */
    if(i<ELEMENT_NUM){
    switch(keyValue)
    {   case OK:
          element[i].OnOk();
        break;
        …}}
}
```

在窗口的消息处理函数中调用相应元素按键函数的过程类似于"消息映射"，这是从

Win32 编程中学习到的。在这个例子中，如果还想使功能更强大一点，可以借鉴 MFC 中处理 MESSAGE_MAP 的方法，也可以学习 MFC 定义几个精妙的宏来实现"消息映射"。

2. 处理数字键

用户输入数字时是一位一位输入的，每一位的输入都对应着屏幕上的一个显示位置（x 坐标，y 坐标）。此外，程序还需要记录该位置输入的值，所以有效组织用户数字输入的最佳方式是定义一个结构体，将坐标和数值捆绑在一起：

```c
/* 用户数字输入结构体 */
typedef struct tagInputNum
{   BYTE byNum; /* 接收用户输入赋值 */
    BYTE xPos;  /* 数字输入在屏幕上的显示位置 x 坐标 */
    BYTE yPos;  /* 数字输入在屏幕上的显示位置 y 坐标 */
}InputNum, *LPInputNum;
```

那么接收用户输入就可定义一个结构体数组，用数组中的各位组成一个完整数字：

```c
InputNum inputElement[NUM_LENGTH]; /* 接收用户数字输入的数组 */
/* 数字按键处理函数 */
extern void onNumKey(BYTE num)
{   if(num==0 || num==1){  /* 只接收二进制输入 */
    /* 在屏幕上显示用户输入 */
    DrawText(inputElement[currentElementInputPlace].xPos,
    inputElement[currentElementInputPlace].yPos, "%1d", num);
    /* 将输入赋值给数组元素 */
    inputElement[currentElementInputPlace].byNum=num;
    /* 焦点及光标右移 */
    moveToRight();}
}
```

将数字每一位输入的坐标和输入值捆绑后，在数字键处理函数中就可以较有结构的组织程序显得更紧凑。

3. 整理用户输入

继续上面的例子，在 onNumKey()函数中，只是获取了数字的每一位，因而需要将其转化为有效数据，譬如要转化为有效的 XXX 数据，其方法是：

```c
/* 从 2 进制数据位转化为有效数据：XXX */
void convertToXXX()
{   BYTE i;
    XXX=0;
    for(i=0; i<NUM_LENGTH; i++){
        XXX+=inputElement[i].byNum*power(2, NUM_LENGTH-i-1);}
}
```

反之，也可能需要在屏幕上显示那些有效数据位，因为也需要能够反向转化：

```
/* 从有效数据转化为2 进制数据位：XXX */
void convertFromXXX()
{   BYTE i;
    XXX=0;
    for(i=0; i<NUM_LENGTH; i++) {
        inputElement[i].byNum=XXX / power(2, NUM_LENGTH-i-1)% 2; }
}
```

当然，在上面的例子中，因为数据是二进制的，用 power()函数不是很好的选择，直接用"<<""<<"移位操作效率更高，这仅是为了说明问题的方便。试想，如果用户输入数据是十进制的，power()函数或许是唯一的选择。

1.4.5 性能优化

1. 使用宏定义

在 C 语言中，宏是产生内嵌代码的唯一方法。对嵌入式系统而言，为了达到性能要求，宏是一种很好的代替函数的方法。写一个"标准"宏 MIN，这个宏输入两个参数并返回较小的一个。错误做法是"#define MIN(A,B)(A <= B ? A : B);"，正确做法是"#define MIN(A,B) ((A)<=(B)?(A):(B))"。对于宏，需要知道3点：

（1）宏定义"像"函数；

（2）宏定义不是函数，因而需要括上所有"参数"；

（3）宏定义可能产生副作用。

比如，代码"least = MIN(*p++,b);"将被替换为"((*p++)<=(b)?(*p++):(b));"，发生的事情无法预料，因而不要给宏定义传入有副作用的"参数"。

2. 使用寄存器变量

当一个变量频繁被读写时，需要反复访问内存，从而花费大量的存取时间。为此，C 语言提供了一种变量，即寄存器变量。这种变量存放在 MCU 的寄存器中，使用时，不需要访问内存，而直接从寄存器中读写，从而提高效率。寄存器变量的说明符是 register。

循环次数较多的循环控制变量及循环体内反复使用的变量均可被定义为寄存器变量，而循环计数是应用寄存器变量的最好候选者。

（1）只有局部自动变量和形参才可以被定义为寄存器变量。因为寄存器变量属于动态存储方式，凡需要采用静态存储方式的量都不能定义为寄存器变量，包括模块间全局变量、模块内全局变量、局部 static 变量。

（2）register 是一个"建议"型关键字，意指程序建议该变量放在寄存器中，但最终该变量可能因为条件不满足并未成为寄存器变量，而是被放在了存储器中，但编译器中并不报错（在 C++语言中有另一个"建议"型关键字：inline）。下面是一个采用寄存器变量的例子：

```
/* 求 1+2+3+...+n 的值 */
WORD Addition(BYTE n)
{   register i,s=0;
    for(i=1;i<=n;i++) {s=s+i;}
    return s;
}
```

本程序循环 n 次, i 和 s 都被频繁使用, 因此可将它们定义为寄存器变量。

3. 内嵌汇编

程序中对时间要求苛刻的部分可以用内嵌汇编来重写, 以带来速度的显著提高。但是, 开发和测试汇编代码是一件辛苦的工作, 它将花费更长的时间, 因而要慎重选择要用汇编的部分。在程序中, 存在一个"80-20"原则, 即 20%的程序消耗了 80%的运行时间, 因而要改进效率, 最主要是考虑改进那 20%的代码。

嵌入式 C 程序中主要使用在线汇编, 即在 C 程序中直接插入_asm{ }内嵌汇编语句:

```
/* 把两个输入参数的值相加,结果存放到另外一个全局变量中*/
int result;
void Add(long a, long *b)
{   _asm {
        MOV AX, a
        MOV BX, b
        ADD AX, [BX]
        MOV result, AX}
}
```

4. 利用硬件特性

首先要明白 MCU 对各种存储器的访问速度, 基本上是:

MCU 内部 RAM > 外部同步 RAM > 外部异步 RAM > FLASH/ROM

程序代码已经被烧录在 FLASH 或 ROM 中, 可以让 MCU 直接从其中读取代码执行, 但通常这不是一个好办法, 最好在系统启动后将 FLASH 或 ROM 中的目标代码拷贝入 RAM 中后再执行以提高读取指令的速度。

对于 UART 等设备, 其内部有一定的容量接收 BUFFER, 应尽量在 BUFFER 被占满后再向 MCU 提出中断。例如计算机终端在向目标机通过 RS-232 传递数据时, 不宜设置 UART 只接收到一个 BYTE 就向 MCU 提中断, 从而无谓浪费中断处理时间。

如果对某设备能采取 DMA 方式读取, 就采用 DMA 读取, DMA 读取方式在读取目标中包含的存储信息较大时效率较高, 其数据传输的基本单位是块, 而所传输的数据是从设备直接送入内存的 (或者相反)。DMA 方式较之中断驱动方式, 减少了 MCU 对外设的干预, 进一步提高了 MCU 与外设的并行操作程度。

5. 活用位操作

使用 C 语言的位操作可以减少除法和取模的运算。在计算机程序中数据的位是可以操作的最小数据单位,理论上可以用"位运算"来完成所有的运算和操作,因而,灵活的位操作可以有效地提高程序运行的效率。举例如下:

```
/* 方法1 */
int i,j;   i=879/16;   j=562%32;
/* 方法2 */
int i,j;   i=879>>4;   j=562-(562>>5<<5);
```

对于以 2 的指数次方为"*""/"或"%"因子的数学运算,转化为移位运算"<<"">>"通常可以提高算法效率,因为乘除运算的指令周期通常比移位运算大。

C 语言的位运算除了可以提高运算效率外,在嵌入式系统的编程中,它的另一个典型的应用是位间的与(&)、或(|)、非(~)操作,这跟嵌入式系统的编程特点有很大关系。通常要对硬件寄存器进行位设置。

比如,将 ARM 型 STM32 Contex-M3 处理器的引脚方向控制寄存器 CR0 的最低 6 位设置为 0(开中断 2),最通用的做法是:

```
#define GPIO_CR0 0x0040
wTemp=inword(GPIO_MASK0);
outword(INT_MASK, wTemp &~ GPIO_CR0);
```

将该位设置为 1 的做法是:

```
#define GPIO_CR0 0x0040
wTemp=inword(GPIO_MASK0);
outword(GPIO_MASK0, wTemp|GPIO_CR0);
```

判断该位是否为 1 的做法是:

```
#define GPIO_CR0 0x0040
wTemp=inword(GPIO_MASK0);
if(wTemp & GPIO_CR0)
{... /* 该位为 1 */}
```

位运算应用法则:清零取位要用"与",某位置 1 要用"或",取反和交换用"异或"。上述方法在嵌入式系统的编程中是非常常见的,需要牢固掌握。

1.5 STM32 MCU 简介

STM32 系列基于专为要求高性能、低成本、低功耗的嵌入式应用专门设计的 ARM Cortex-M3 内核。按内核架构分为不同产品:STM32F101"基本型"系列,STM32F103"增强型"系列,STM32F105、STM32F107"互联型"系列。

基本型时钟频率为 36 MHz,是 32 位产品用户的最佳选择,增强型系列时钟频率达到 72 MHz,是同类产品中性能最高的产品。两个系列都内置 32 KB 到 128 KB 的闪存,不同的是 SRAM 的最大容量和外设接口的组合。时钟频率为 72 MHz 时,从闪存执行代码,STM32 的功耗为 36 mA,是 32 位市场上功耗最低的产品,相当于 0.5 mA/MHz。

STM32 型号的说明:以 STM32F103RBT6 这个型号的芯片为例,该型号的组成为 7 个部分,其命名规则见表 1-1。

表 1-1　STM32F103RBT6 芯片的命名规则

1	STM32	STM32 代表 ARM Cortex-M 内核的 32 位微控制器
2	F	F 代表芯片子系列
3	103	103 代表增强型系列
4	R	R 代表引脚数，其中 T 代表 36 脚，C 代表 48 脚，R 代表 64 脚，V 代表 100 脚，Z 代表 144 脚，I 代表 176 脚
5	B	B 代表内嵌 FLASH 容量，其中 6 代表 32 kB 字节 FLASH，8 代表 64 kB 字节 FLASH，B 代表 128 kB 字节 FLASH，C 代表 256 kB 字节 FLASH，D 代表 384 kB 字节 FLASH，E 代表 512 kB 字节 FLASH，G 代表 1 M 字节 FLASH
6	T	T 代表封装，其中 H 代表 BGA 封装，T 代表 LQFP 封装，U 代表 VFQFPN 封装
7	6	6 代表工作温度范围，其中 6 代表–40 ℃～85 ℃，7 代表–40 ℃～105 ℃

本书以增强型系列 STM32F103CB 为核心，介绍 STM32 MCU 在物联网应用中的设计基础。

1.5.1　STM32 MCU 结构

STM32 MCU 由控制单元、从属单元和总线矩阵三大部分组成，控制单元和从属单元通过总线矩阵相连接，其中包含 4 个驱动单元：Cortex™-M3 内核、DCode 总线（D-bus）、系统总线（S-bus）以及通用 DMA1 和通用 DMA2；四个被动单元：内部 SRAM、内部闪存存储器、FSMC、AHB 到 APB 的桥（AHB2APBx），它连接所有的 APB 设备。这些都是通过一个多级的 AHB 总线构架相互连接的，如图 1-6 所示。

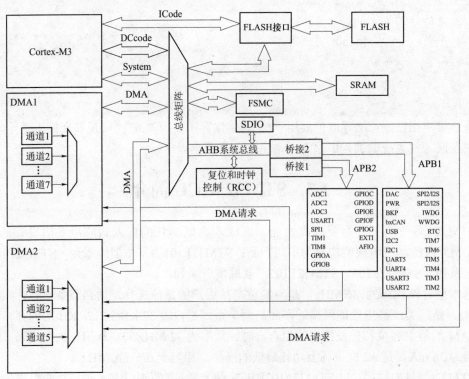

图 1-6　STM32 系统结构

1.5.2　STM32 MCU 存储器映像

程序存储器、数据存储器、寄存器和输入/输出端口被组织在同一个 4 GB 的线性地址空间内。数据字节以小端格式存放在存储器中。一个字里的最低地址字节被认为是该字的最低有效字节，而最高地址字节是最高有效字节。可访问的存储器空间被分成 8 个主要块，每个块为 512 MB。其他所有没有分配给片上存储器和外设的存储器空间都是保留的地址空间，详细信息请参考相应器件的数据手册中的存储器映像图。

1. 嵌入式 SRAM

STM32F10xxx 内置 64 kB 字节的静态 SRAM。它可以以字节、半字（16 位）或全字（32 位）访问。SRAM 的起始地址是 0x20000000。

2. 位段

Cortex-M3 存储器映像包括两个位段（bit-band）区。这两个位段区将别名存储器区中的每个字映射到位段存储器区的一个位，在别名存储器区写入一个字，具有对位段区的目标位执行读/改/写操作的相同效果。在 STM32F10xxx 里，外设寄存器和 SRAM 都被映射到一个位段区里，这允许执行单一位段的写和读操作。下面的映射公式给出了别名区中的每个字是如何对应位段区的相应位的：bit_word_addr = bit_band_base +(byte_offset×32)+(bit_number×4)。其中：bit_word_addr 是别名存储器区中字的地址，它映射到某个目标位。bit_band_base 是别名区的起始地址，byte_offset 是包含目标位的字节在位段区里的序号，bit_number 是目标位所在位置（0～31）。

下面的例子说明如何映射别名区中 SRAM 地址为 0x20000300 的字节中的位 2：0x22006008 = 0x22000000 +（0x300×32）+（2×4）。对 0x22006008 地址的写操作与对 SRAM 中地址 0x20000300 字节的位 2 执行读/改/写操作有着相同的效果。读 0x22006008 地址返回 SRAM 中地址 0x20000300 字节的位 2 的值（0x01 或 0x00）。请参考《Cortex™-M3 技术参考手册》以了解更多有关位段区的信息。

3. 嵌入式闪存

高性能的闪存模块有以下主要特性：

（1）高达 512 KB 字节闪存存储器结构，闪存存储器由主存储块和信息块组成。其中，主存储块容量为：小容量产品主存储块最大为 4 K×64 位，每个存储块划分为 32 个 1 K 字节的页；中容量产品主存储块最大为 16 k×64 位，每个存储块划分为 128 个 1 K 字节的页；大容量产品主存储块最大为 64 K×64 位，每个存储块划分为 256 个 2 K 字节的页；互联型产品主存储块最大为 32 K×64 位，每个存储块划分为 128 个 2 K 字节的页。信息块容量为：互联型产品有 2 360×64 位。其他产品有 258×64 位。

（2）闪存存储器接口的特性为：带预取缓冲器的读接口（每字为 2×64 位）、选择字节加载器、闪存编程/擦除操作、访问/写保护等。

闪存读取时，闪存的指令和数据访问是通过 AHB 总线完成的。预取模块是通过 ICode 总线读取指令的。仲裁作用在闪存接口，并且 DCode 总线上的数据访问优先。

编程和擦除闪存时，闪存编程一次可以写入 16 位（半字）。闪存擦除操作可以按页面擦除或完全擦除（全擦除）。全擦除不影响信息块。为了确保不发生过度编程，闪存编程和擦除控制器块是由一个固定的时钟控制的。写操作（编程或擦除）结束时可以触发中断。仅当闪存控制器接口时钟开启时，此中断才可以用来从 WFI 模式退出。

1.5.3 STM32 MCU 系统时钟树

STM32 MCU 系统时钟树由系统时钟源、系统时钟 SYSCLK 和设备时钟等部分组成，如图 1-7 所示。

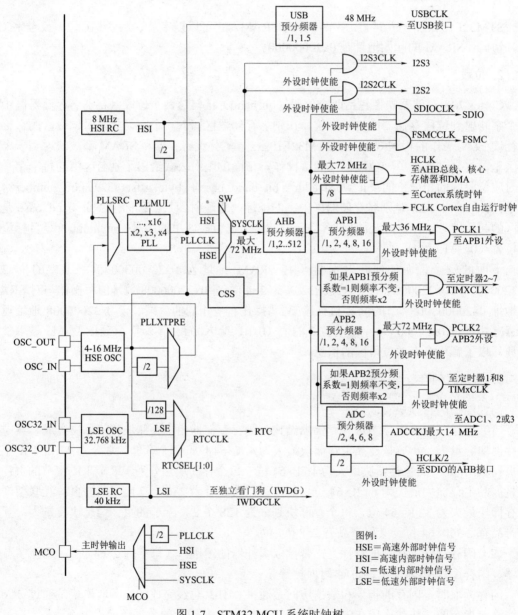

图 1-7 STM32 MCU 系统时钟树

HSI 振荡器时钟、高速外部时钟信号（HSE）振荡器时钟、PLL 时钟，这 3 种不同的时钟源可被用来驱动系统时钟（SYSCLK）。

HSI 时钟信号由内部 8 MHz 的 RC 振荡器产生，可直接作为系统时钟或在 2 分频后作为 PLL 输入。HSI RC 振荡器能够在不需要任何外部器件的条件下提供系统时钟。它的启动时间比 HSE 晶体振荡器短。然而，即使在校准之后它的时钟频率精度仍较差。

HSE 由 HSE 外部晶体/陶瓷谐振器和 SE 用户外部时钟两种时钟源产生，为了减少时钟输出的失真和缩短启动稳定时间，晶体/陶瓷谐振器和负载电容器必须尽可能地靠近振荡器引脚。负载电容值必须根据所选择的振荡器来调整。

内部 PLL 可以用来倍频 HSI RC 的输出时钟或 HSE 晶体输出时钟。PLL 的设置（选择 HSI 振荡器除 2 或 HSE 振荡器为 PLL 的输入时钟，或选择倍频因子）必须在其被激活前完成。一旦 PLL 被激活，这些参数就不能被改动。如果 PLL 中断在时钟中断寄存器里被允许，当 PLL 准备就绪时，可产生中断申请。如果需要在应用中使用 USB 接口，PLL 必须被设置为输出 48 MHZ 或 72 MHZ 时钟，用于提供 48 MHz 的 USBCLK 时钟。

系统时钟（SYSCLK）选择系统复位后，HSI 振荡器被选为系统时钟。当时钟源被直接或通过 PLL 间接作为系统时钟时，它将不能被停止。只有当目标时钟源准备就绪（经过启动稳定阶段的延迟或 PLL 稳定），从一个时钟源到另一个时钟源的切换才会发生。在被选择时钟源没有就绪时，系统时钟的切换不会发生。直至目标时钟源就绪，才发生切换。在时钟控制寄存器（RCC_CR）里的状态位指示哪个时钟已经准备好了，哪个时钟目前被用作系统时钟。

1.5.4　Cortex-M3 简介

Cortex-M3 是一个 32 位处理器内核。内部的数据路径是 32 位的，寄存器是 32 位的，存储器接口也是 32 位的。CM3 采用了哈佛结构，并选择了适合微控制器应用的三级流水线，拥有独立的指令总线和数据总线，可以让取指与数据访问并行不悖。这样数据访问不再占用指令总线，从而提升了性能。为了实现这个特性，CM3 内部含有好几条总线接口，每条都为自己的应用场合优化过，并且它们可以并行工作。但是另一方面，指令总线和数据总线共享同一个存储器空间（一个统一的存储器系统）。换句话说，不是因为有两条总线，可寻址空间就变成 8 GB 了。

比较复杂的应用可能需要更多的存储系统功能，为此 CM3 提供了一个可选的 MCU，而且在需要的情况下也可以使用外部的 Cache。另外 CM3 支持 Both 小端模式和大端模式。

CM3 内部还附赠了好多调试组件，用于在硬件水平上支持调试操作，如指令断点、数据观察点等。另外，为支持更高级的调试，还有其他可选组件，包括指令跟踪和多种类型的调试接口。在工控领域，用户要求具有更快的中断速度，Cortex-M3 采用了 Tail-Chaining 中断技术，完全基于硬件进行中断处理，最多可减少 12 个时钟周期数，在实际应用中可减少 70% 中断。对客户来说用什么技术、芯片不是主要的，主要的是能否满足要求。性价比高、开发门槛低、易于使用才是硬道理。Cortex M3 从理论上来说性价比高，但目前已有芯片的功能太少。Cortex M 系列的处理能力基本与 ARM7 同，主要是成本低、功耗小。

本书主要介绍物联网应用中的嵌入式系统的开发，以 ARM Cortex-M3 核为硬件，以嵌入式 Contiki 为软件，详细介绍了物联网与嵌入式系统的关系、基于 ARM Cortex-M3 核的 STM32F10X 的硬件结构与接口编程、嵌入式 Contiki 的开发和移植等内容，同时给出了在物联网应用中常用的嵌入式系统开发实例。

第 2 章 开发平台和编译环境

UICC-STM32 开发硬件平台（简称"STM32 开发板"）是联创中控（北京）科技有限公司为 IPv6 嵌入式物联网应用设计的无线节点主控硬件模块，采用 ST 公司基于 ARM Cortex-M3 核的 STM32F103CB，可通过 J-Link FLASH 直接下载固件，也可通过 IAR 编译环境 SWD 方式调试和下载。

2.1 开发板的硬件结构

STM32 开发板提供众多功能部件，都是嵌入式物联网应用中常用并必须使用的模块，比如有 4 个可编程按键、4 个可编程 LED 灯、1 个 RTC、1 个 JTAG&Debug 接口、1 个 LCD 接口、1 个 24PIN 的无线射频接口、1 个 12PIN 传感器接口等，同时结合灵活的跳线，所有的 I/O 口都可以单独引出，极大地方便了读者进行嵌入式开发。

2.1.1 电路原理图

STM32 开发板的硬件原理图如图 2-1 所示。
硬件资源分配见表 2-1，其悬空/不使用的引脚和接 LCD 的引脚没有列出。

2.1.2 原理图说明

1. 电源电路

STM32F103 系列的工作电压（V_{DD}）为 2.0～3.6 V，通过内置的电压调节器提供所需 1.8 V 电源。STM32 开发板电源电路如图 2-2 所示，使用主板 MB 或独立电源输入 5 V 电源，通过电容滤波对瞬态电流进行限制，使用 NX1117 为系统提供稳定的 3.3 V 电源。当系统供电后，有一指示灯被点亮，提示系统处于供电状态。

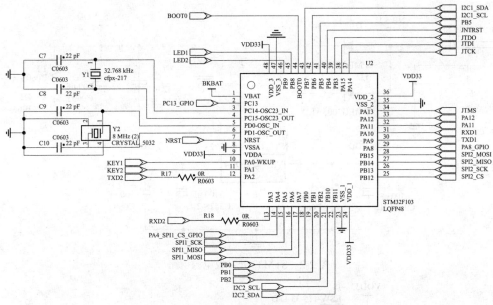

图 2-1　STM32 开发板的硬件原理图

表 2-1　硬件资源分配

引脚（STM32F103CB）	底板设备	传感器接口
PA0	K1	—
PA1	K2	—
PA2	TXD2（连接无线模块）	—
PA3	RXD2（连接无线模块）	—
PA4	—	CS
PA5	—	SCK
PA6	—	MISO
PA7	—	MOSI
PA9	TXD1（调试串口）	—
PA10	RXD1（调试串口）	—
PB0	—	ADC
PB1	—	PWM
PB5	—	GPIO
PB8	D4	—
PB9	D5	—
PB10	—	TXD
PB11	—	RXD

2. LCD 电路

LCD 屏接口采用 2.54 mm 单排插针，为预防插反，采用不对称设计，如图 2-3 所示。

3. DEBUG 接口电路

STM32 开发板采用标准的 12 脚仿真器接口，该接口信号定义可与 STM32F103CB 连接，当与 CC2530 芯片连接时，需要对跳线进行重新设置，如图 2-4 所示。

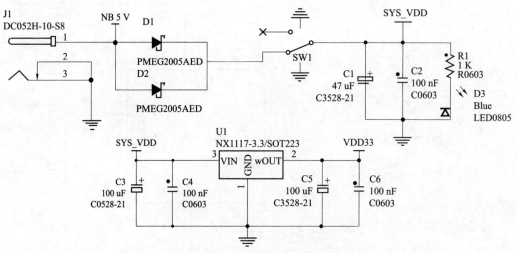

图 2-2　STM32 开发板电源电路

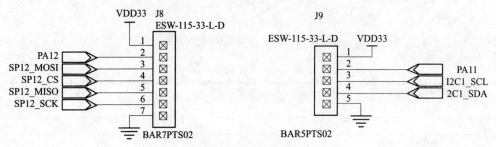

图 2-3　LCD 电路

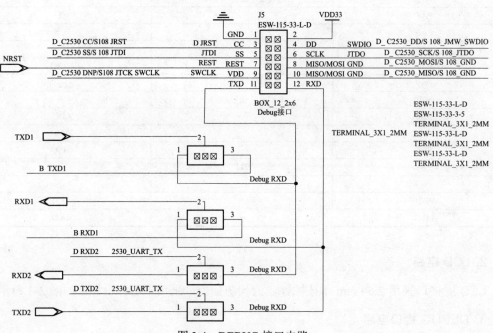

图 2-4　DEBUG 接口电路

4. 传感器接口电路

STM32 开发板采用标准的 12 脚传感器接口与常见传感器连接,如图 2-5 所示。

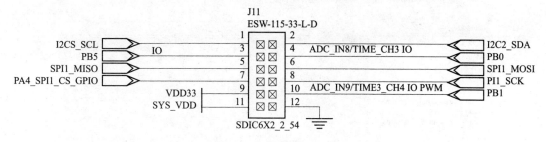

图 2-5　传感器接口电路

5. 无线接口电路

STM32 开发板采用标准的 12 脚无线接口与无线模块连接,如图 2-6 所示。

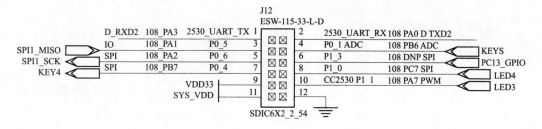

图 2-6　无线接口电路

2.2　编译开发环境的建立

本节主要介绍编译软件平台的安装过程、菜单的使用说明及具体设置等内容,这些都是后面的实践操作中经常要用到的,需要熟练掌握。

2.2.1　安装 EWARM

IAR Embedded Workbench for ARM 是一款流行的嵌入式软件开发 IDE 环境,本书 ARM 接口实验及 IPv6 协议栈工程都基于 IAR 开发,软件包为 CD-EWARM-5411-1760.zip,解压后按照默认设置安装即可。软件安装完成后,即可自动识别 eww 格式的工程,其界面如图 2-7 所示。

2.2.2　配置项目选项

生成新项目和添加源文件之后,即可配置项目选项。在创建新项目时,系统采用默认的配置选项,但这些默认的设置还需要根据具体的情况进行修改。下面结合 STM32 开发板以 led 项目的 Debug 配置模式为例介绍一些关键选项的设置。

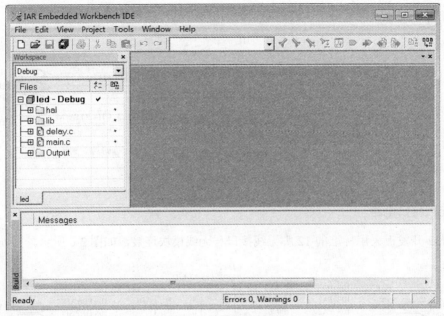

图 2-7　IAR 的 IDE 界面

选中工作区窗口的项目名称"led-Debug",单击鼠标右键,在弹出的快捷菜单中选择"Options"命令,在弹出的对话框左侧的目录中选择"General Options"选项,然后进行如下设置:在"Target"选项卡的"Processor variant"栏中选中"Device"单选钮,并单击右边的器件选项钮,根据所使用的目标硬件选择正确的芯片型号,如"ST STM32F10xxB",如图 2-8 所示。其他选项卡保持默认设置。

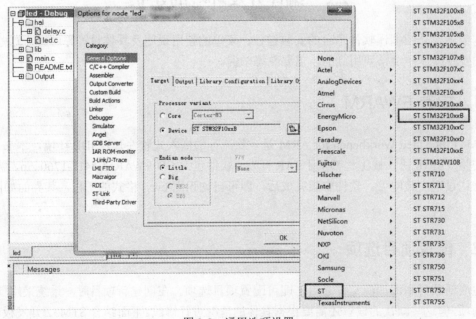

图 2-8　通用选项设置

2.2.3 安装 JLINK 仿真器驱动程序

JLINK 仿真器驱动软件包为 Setup_JLinkARM_V426.exe，默认安装即可。安装完成之后，在 PC 机的"开始"列表里面有一个"SEGGER"文件夹，打开名为"J-Flash ARM"的程序。还需要进行相应配置才能将 led 例程烧写到 STM32 开发板中，单击"Options"->"Project settings"，进入设置界面后，在"Target Interface"界面的第一个下拉框列表中选择"SWD"，然后进入 CPU 的设置界面，在"Device"选项框中选择"ST STM32F103CB"，设置完毕最后单击"确定"按钮。配置过程如图 2-9 和图 2-10 所示。

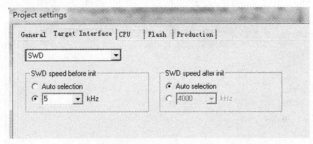

图 2-9 "Target Interface" 选项设置

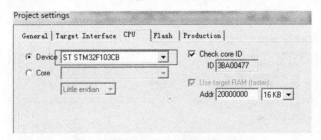

图 2-10 CPU 选项设置

2.2.4 编译和下载程序

（1）正确连接 JLINK 仿真器到 PC 机和 STM32 开发板，确定开发板跳线设置正确。

（2）在 IAR 开发环境下打开"2.1-led"目录中的工程文件 led.eww，单击"Project"->"Rebuild All"重新编译。

（3）将连接好的开发板通电（将电源开关拨到"ON"），选择"Project"->"Download and debug"，将程序下载到 STM32 开发板中。

注意：在每次下载程序之前，可能需要将 JLINK 仿真器与 PC 机和 STM32 开发板进行软件连接，若没有连接可能导致下载程序失败，软件连接方法如图 2-11 所示，连接成功后，在该界面下的"LOG"窗口下会显示"Connected successfully"。

（4）下载完后可以单击"Debug"->"Go"让

图 2-11 软件连接方法

程序全速运行；也可以将 STM32 开发板重新上电或者按下复位按钮让刚才下载的程序重新运行。

(5) 程序成功运行后，将可以看到 D4 和 D5 每隔 1 s 轮流闪烁。

2.2.5 串口调试助手介绍

使用串口调试助手工具软件，可以很方便地监测串口上的数据流，为程序的调试提供很好的帮助，在随后的调试中，这是一个不可缺少的软件工具。串口调试软件在网上可以找到很多，这里向大家介绍一款比较好用的。在 STM32 开发板配套光盘中，双击可执行文件 UartAssist.exe，即可打开"串口调试助手"软件，界面如图 2-12 所示。

图 2-12 串口调试界面

该软件用来调试串口非常方便，可以设置串口号波特率、校验位及数据位停止位，可设置转向接收文件、自动换行显示、十六进制显示及启用文件数据源等。

第3章 通用并行接口 GPIO

GPIO 就是通用 I/O，可以根据设计的需要，由其中的几个引脚实现某种传输协议的通信，比如 SPI 或 SDIO 接口，或者 I²C 接口。嵌入式系统中常常有数量众多，但是结构却比较简单的外部设备/电路，对这些设备/电路，有的需要 CPU 为之提供控制手段，有的则需要被 CPU 用作输入信号。而且，许多这样的设备/电路只要求 1 位，即只要有开/关两种状态就够了，比如灯亮与灭。对这些设备/电路的控制，使用传统的串行口或并行口都不合适，所以在微控制器芯片上一般都会提供一个通用可编程 I/O 接口，即 GPIO。

在实际的 MCU 中，GPIO 是有多种形式的。比如，有的数据寄存器可以按照位寻址，有些却不能按照位寻址，这在编程时就要区分。比如传统的 8051 系列，就区分成可按位寻址和不可按位寻址两种寄存器。另外，为了使用方便，很多 MCU 把 glue logic（含意是"胶连逻辑"，它是连接复杂逻辑电路的简单逻辑电路的统称。例如一个 ASIC 芯片可能包含许多诸如微处理器、存储器功能块或者通信功能块之类的功能单元，这些功能单元之间通过较少的粘合逻辑连接起来）等集成到芯片内部，增强了系统的稳定性能，比如 GPIO 接口除两个标准寄存器必须具备外，还提供上拉寄存器，可以设置 I/O 的输出模式是高阻，还是带上拉的电平输出，或者不带上拉的电平输出。这样在电路设计中，外围电路就可以简化不少。

GPIO 或总线扩展器利用工业标准 I²C、SMBus 或 SPI 接口简化了 I/O 端口的扩展。当微控制器或芯片组没有足够的 I/O 端口，或当系统需要采用远端串行通信或控制时，GPIO 产品能够提供额外的控制和监视功能。每个 GPIO 端口可通过软件分别配置成输入或输出。

3.1 GPIO 的结构及寄存器说明

每个 I/O 端口位可以自由编程，然而必须按照 32 位字访问 I/O 端口寄存器（不允许半字或字节访问）。GPIOx_BSRR 和 GPIOx_BRR 寄存器允许对任何 GPIO 寄存器进行读/更改的独立访问，这样在读和更改访问之间产生 IRQ 时不会发生危险。I/O 端口位的基本结构如图 3-1 所示。

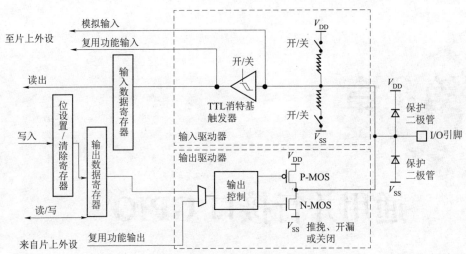

图 3-1　I/O 端口位的基本结构

GPIO 寄存器描述如下。

1. 端口配置低寄存器（GPIOx_CRL）(x=A……E)

配置寄存器低位，可读写，偏移地址：0x00，复位值：0x44444444。

2. 端口配置高寄存器（GPIOx_CRH）(x=A……E)

配置寄存器高位，可读写，偏移地址：0x04，复位值：0x44444444。

3. 端口输入数据寄存器（GPIOx_IDR）(x=A……E)

输入数据寄存器，位 31:16 保留，始终读为 0；位 15:0 等为只读并只能以字（16 位）的形式读出。读出的值为对应 I/O 端口的状态。地址偏移：0x08，复位值：0x0000XXXX。

4. 端口输出数据寄存器（GPIOx_ODR）(x=A……E)

输出数据寄存器，位 31:16 保留，始终读为 0；位 15:0 等可读可写并只能以字（16 位）的形式操作。对 GPIOx_BSRR（x = A…E），可以分别对各个 ODR 位进行独立的设置/清除。地址偏移：0x0C，复位值：0x00000000。

5. 端口位设置/清除寄存器（GPIOx_BSRR）(x=A……E)

① 位 31:16。BRy：清除端口 x 的位 y（y = 0……15）(Port x Reset bit y)，这些位只能写入并只能以字（16 位）的形式操作。0：对对应的 ODRy 位不产生影响；1：清除对应的 ODRy 位为 0，如果同时设置了 BSy 和 BRy 的对应位，BSy 位起作用。② 位 15:0。BSy：设置端口 x 的位 y（y = 0……15）(Port x Set bit y)，这些位只能写入并只能以字（16 位）的形式操作。0：对对应的 ODRy 位不产生影响；1：设置对应的 ODRy 位为 1。地址偏移：0x10，复位值：0x00000000。

6. 端口位清除寄存器（GPIOx_BRR）(x=A……E)

位 31:16 保留。BRy：清除端口 x 的位 y（y = 0……15）(Port x Reset bit y)，位 15:0 等

只能写入并只能以字（16位）的形式操作。0：对对应的 ODRy 位不产生影响；1：清除对应的 ODRy 位为 0。地址偏移：0x14，复位值：0x00000000。

7. 端口配置锁定寄存器（GPIOx_LCKR）(x=A……E)

当执行正确的写序列设置了位 16（LCKK）时，该寄存器用来锁定端口位的配置。位 15:0 用于锁定 GPIO 端口的配置。在规定的写入操作期间，不能改变 LCKP [15:0]。当对相应的端口位执行了 LOCK 序列后，在下次系统复位之前将不能再更改端口位的配置。每个锁定位锁定控制寄存器（CRL，CRH）中相应的 4 个位。地址偏移：0x18，复位值：0x00000000。

3.2 GPIO 库函数

GPIO 驱动有多个用途，包括管脚设置、单位设置/重置、锁定机制、从端口管脚读入或者向端口管脚写入数据。

GPIO 寄存器结构 GPIO_TypeDef 和 AFIO_TypeDef 在文件 stm32f10x_map.h 中定义如下：

```
typedef struct {
vu32 CRL; vu32 CRH; vu32 IDR; vu32 ODR; vu32 BSRR; vu32 BRR; vu32 LCKR;
} GPIO_TypeDef;
typedef struct {
 vu32 EVCR; vu32 MAPR; vu32 EXTICR[4];
 } AFIO_TypeDef;
```

5 个 GPIO 外设声明在文件 stm32f10x_map.h 中主要定义如下：

```
#define PERIPH_BASE ((u32)0x40000000)
#define APB1PERIPH_BASE PERIPH_BASE
#define APB2PERIPH_BASE (PERIPH_BASE+0x10000)
#define AHBPERIPH_BASE (PERIPH_BASE+0x20000) ...
#define AFIO_BASE (APB2PERIPH_BASE+0x0000)
#define GPIOA_BASE (APB2PERIPH_BASE+0x0800)
#define GPIOB_BASE (APB2PERIPH_BASE+0x0C00)
#define GPIOC_BASE (APB2PERIPH_BASE+0x1000)
#define GPIOD_BASE (APB2PERIPH_BASE+0x1400)
#define GPIOE_BASE (APB2PERIPH_BASE+0x1800)
#ifndef DEBUG
#ifdef _AFIO
#define AFIO ((AFIO_TypeDef *) AFIO_BASE)
#endif /*_AFIO */
#ifdef _GPIOA
#define GPIOA ((GPIO_TypeDef *) GPIOA_BASE)
#endif /*_GPIOA */
#ifdef _GPIOB
```

```
#define GPIOB ((GPIO_TypeDef *) GPIOB_BASE)
#endif /*_GPIOB */
#ifdef _GPIOC
#define GPIOC ((GPIO_TypeDef *) GPIOC_BASE)
#endif /*_GPIOC */
#ifdef _GPIOD
#define GPIOD ((GPIO_TypeDef *) GPIOD_BASE)
#endif /*_GPIOD */
#ifdef _GPIOE
#define GPIOE ((GPIO_TypeDef *) GPIOE_BASE)
#endif /*_GPIOE */
#else /* DEBUG */ ...
#ifdef _AFIO EXT AFIO_TypeDef *AFIO;
#endif /*_AFIO */
#ifdef _GPIOA EXT GPIO_TypeDef *GPIOA;
#endif /*_GPIOA */
#ifdef _GPIOB EXT GPIO_TypeDef *GPIOB;
#endif /*_GPIOB */
#ifdef _GPIOC EXT GPIO_TypeDef *GPIOC;
#endif /*_GPIOC */
#ifdef _GPIOD EXT GPIO_TypeDef *GPIOD;
#endif /*_GPIOD */
#ifdef _GPIOE EXT GPIO_TypeDef *GPIOE;
#endif /*_GPIOE */
#endif
```

使用 Debug 模式时，初始化指针 AFIO、GPIOA、GPIOB、GPIOC、GPIOD 和 GPIOE 在文件 stm32f10x_lib.c 中定义如下：

```
#ifdef _GPIOA GPIOA=(GPIO_TypeDef *) GPIOA_BASE;
#endif /*_GPIOA */
#ifdef _GPIOB GPIOB=(GPIO_TypeDef *) GPIOB_BASE;
#endif /*_GPIOB */
#ifdef _GPIOC GPIOC=(GPIO_TypeDef *) GPIOC_BASE;
#endif /*_GPIOC */
#ifdef _GPIOD GPIOD=(GPIO_TypeDef *) GPIOD_BASE;
#endif /*_GPIOD */
#ifdef _GPIOE GPIOE=(GPIO_TypeDef *) GPIOE_BASE;
#endif /*_GPIOE */
#ifdef _AFIO AFIO=(AFIO_TypeDef *) AFIO_BASE;
#endif /*_AFIO */
```

为了访问 GPIO 寄存器，_GPIO、_AFIO、_GPIOA、_GPIOB、_GPIOC、_GPIOD 和_GPIOE 必须在文件 stm32f10x_conf.h 中定义如下：

```
#define _GPIO
#define _GPIOA
#define _GPIOB
#define _GPIOC
#define _GPIOD
#define _GPIOE
#define _AFIO
```

GPIO 有关的常用库函数如下：

（1）GPIO_DeInit：将外设 GPIOx 寄存器重设为缺省值；

（2）GPIO_AFIODeInit：将复用功能（重映射事件控制和 EXTI 设置）重设为缺省值；

（3）GPIO_Init：根据 GPIO_InitStruct 中指定的参数初始化外设 GPIOx 寄存器；

（4）GPIO_StructInit：把 GPIO_InitStruct 中的每一个参数按缺省值填入；

（5）GPIO_ReadInputDataBit：读取指定端口管脚的输入；

（6）GPIO_ReadInputData：读取指定 GPIO 端口的输入；

（7）GPIO_ReadOutputDataBit：读取指定端口管脚的输出；

（8）GPIO_ReadOutputData：读取指定 GPIO 端口的输出；

（9）GPIO_SetBits：设置指定的数据端口位；

（10）GPIO_ResetBits：清除指定的数据端口位；

（11）GPIO_WriteBit：设置或者清除指定的数据端口位；

（12）GPIO_Write：向指定的 GPIO 数据端口写入数据；

（13）GPIO_PinLockConfig：锁定 GPIO 管脚设置寄存器；

（14）GPIO_EventOutputConfig：选择 GPIO 管脚用作事件输出；

（15）GPIO_EventOutputCmd：使能或者失能事件输出；

（16）GPIO_PinRemapConfig：改变指定管脚的映射；

（17）GPIO_EXTILineConfig：选择 GPIO 管脚用作外部中断线路。

3.3 GPIO 设计实例——控制 LED 灯

1. 实例要求

在 STM32 开发板上有两个可编程的 LED 灯——D4 和 D5，它们分别由 2 个 I/O 控制，通过改变延时函数来改变灯闪烁的频率，比如使 D4 和 D5 每隔 1 s 轮流闪烁。

2. 硬件基础

两个 LED 灯的控制电路如图 3-2 所示。

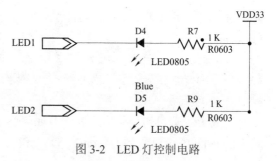

图 3-2 LED 灯控制电路

由图 3-2 可知，D4、D5 的右端连接 VDD33（3.3 V 电压），此时若在 D4、D5 的左边引脚（LED1、LED2）给一个低电平，即可将 D4、D5 两个发光二极管点亮。

3. 软件结构

当 LED 控制 I/O 端口输出为高电平时，LED 灯熄灭；当 LED 控制 I/O 端口输出为低电平时，LED 灯点亮。要实现 LED 灯有规律地闪烁，即要 PB8、PB9 口（见 STM32 开发板引脚原理图）有规律地输出高、低电平，以驱动 LED 灯的灭和亮。在软件中，首先要初始化系统时钟，然后配置 PB8、PB9 外设为输出，打开外设时钟，最后控制 PB8、PB9 有规律地输出高、低电平。

4. 实例代码

LED 灯闪烁软件的实现比较简单，只需轮流置低置高控制 D4、D5 的 I/O 端口线即可。通过下面的代码来解析利用 STM32 官方库提供的函数来实现 PB8、PB9 初始化等内容：

```
void leds_init(void)
{   GPIO_InitTypeDef GPIO_InitStructure; //定义GPIO初始化结构体
    /* 使能GPIO时钟 */
    RCC_APB2PeriphClockCmd(D4_GPIO_ACC | D5_GPIO_ACC, ENABLE);
    /* 初始化D4(PB8)的引脚信息 */
    GPIO_InitStructure.GPIO_Pin=D4_GPIO_PIN; //选择D4 的I/O引脚
    GPIO_InitStructure.GPIO_Speed=GPIO_Speed_50MHz; //I/O引脚速度
    GPIO_InitStructure.GPIO_Mode=GPIO_Mode_Out_PP; //设置成推挽输出
    GPIO_Init(D4_GPIO_PORT, &GPIO_InitStructure); //初始化I/O端口信息
    /* 初始化D5(PB9)的引脚信息 */
    GPIO_InitStructure.GPIO_Pin=D5_GPIO_PIN; //选择D5 的I/O引脚
    GPIO_InitStructure.GPIO_Speed=GPIO_Speed_50MHz;
    GPIO_InitStructure.GPIO_Mode=GPIO_Mode_Out_PP;
    GPIO_Init(D5_GPIO_PORT, &GPIO_InitStructure);
    D4_off(); D5_off();    //D4 和D5 默认
}
```

在上述代码中初始化了 D4、D5 的引脚，初始化时为了使读者清晰地理解源代码，将很多资源宏定义成了通俗易懂的名称。

```
#define D4_GPIO_PIN GPIO_Pin_8  //宏定义D4 所需的8 号I/O端口
#define D5_GPIO_PIN GPIO_Pin_9  //宏定义D5 所需的9 号I/O端口
#define D4_GPIO_PORT GPIOB  //宏定义D4 所需的B 组I/O端口(GPIOB)
#define D5_GPIO_PORT GPIOB  //宏定义D5 所需的B 组I/O端口(GPIOB)
#define D4_GPIO_ACC RCC_APB2Periph_GPIOB  //宏定义D4 引脚的时钟
#define D5_GPIO_ACC RCC_APB2Periph_GPIOB  //宏定义D5 引脚的时钟
```

完成 I/O 端口初始化后，就涉及如何将相应的 I/O 端口引脚置为高、低电平，在工程目录下的 led.c 中可以看到 D4_on()、D4_off()、D4_toggle()等函数，其中 D4_on()函数的功能是

将 D4 点亮，D4_off()函数的功能是将 D4 熄灭，D4_toggle()函数的功能是将 D4 的状态置反。所以要将 D4、D5 的 I/O 引脚电平进行变化只需要调用相应 GPIO 库方法即可，下面以点亮、熄灭、反转 D4 为例：

```
GPIO_SetBits(D4_GPIO_PORT, D4_GPIO_PIN);      //将 D4 的引脚置为高电平——熄灭
GPIO_ResetBits(D4_GPIO_PORT, D4_GPIO_PIN);    //将 D4 的引脚置为低电平——点亮
GPIO_WriteBit(D4_GPIO_PORT, D4_GPIO_PIN, !GPIO_ReadOutputDataBit(D4_GPIO_PORT,
D4_GPIO_PIN));    //将 D4 的引脚电平置反
```

通过上述方法可以实现 D4、D5 的点亮与熄灭，那么如何实现 D4、D5 的轮流闪烁熄灭呢？先将 D4 点亮，然后每隔 1 秒钟就改变 D4、D5 的状态，即可实现简单的跑马灯程序了，在这个过程中关键是实现延时 1 秒，要想达到延时的效果，可以使用很多方法，如软件延时、系统时钟延时、定时器延时等，在本实例中采用了系统时钟延时的方法。下面是系统时钟的初始化，以及微秒、毫秒延时的实现源代码：

```
static u8 fac_us=0;   //us 延时倍乘数
static u16 fac_ms=0;  //ms 延时倍乘数
void delay_init(u8 SYSCLK)
{
    SysTick_CLKSourceConfig(SysTick_CLKSource_HCLK_Div8); //选择外部时钟 HCLK/8
    fac_us=SYSCLK/8;
    fac_ms=(u16)fac_us*1000;
}
/*延时 nms,注意 nms 的范围,SysTick->LOAD 为 24 位寄存器,所以,最大延时为：
nms<=0xffffff*8*1000/SYSCLK,SYSCLK 单位为 Hz,nms 单位为 ms,对 72M 条件下,nms<=1864  */
void delay_ms(u16 nms)
{   u32 temp;
    SysTick->LOAD=(u32)nms*fac_ms;   //时间加载(SysTick->LOAD 为 24bit)
    SysTick->VAL=0x00;    //清空计数器
    SysTick->CTRL=0x01 ;    //开始倒数
    do { temp=SysTick->CTRL;
    } while(temp&0x01&&!(temp&(1<<16)));   //等待时间到达
    SysTick->CTRL=0x00;   //关闭计数器
    SysTick->VAL=0X00;    //清空计数器
}
void delay_us(u32 nus)
{   u32 temp;
    SysTick->LOAD=nus*fac_us;   //时间加载
    SysTick->VAL=0x00;   //清空计数器
    SysTick->CTRL=0x01 ;    //开始倒数
    do{ temp=SysTick->CTRL;
    } while(temp&0x01&&!(temp&(1<<16)));   //等待时间到达
    SysTick->CTRL=0x00;   //关闭计数器
```

```
    SysTick->VAL=0X00;   //清空计数器
}
```

实现延时函数之后，在 while 循环里面调用 D4、D5 反转，延时方法就可以实现 D4、D5 的状态每隔 1 秒翻转一次，从而完成了简单的类似跑马灯的 LED 控制实验。

建立工程文件，编写程序不仅仅是为了编译通过，而是为了在特定的硬件中实现某种功能，如在该实例 led.eww 工程中实现 LED 灯的闪烁，只有把程序下载，烧写到芯片中，才能验证和实现这个功能。其编译下载方法参见 2.2.4 节。

第4章 中断和事件

接口数据传送控制方式有查询、中断、DMA等。中断是重要的接口数据传送方式。STM32中断控制分全局和局部2级,全局中断由嵌套向量中断控制器(NVIC)控制,局部中断由设备控制。STM32目前支持的中断共84个(16个内部+68个外部),还有16级可编程的中断优先级的设置,仅使用中断优先级设置8 bit中的高4位。

4.1 嵌套向量中断控制器(NVIC)

NVIC和处理器核的接口紧密相连,可以实现低延迟的中断处理和高效地处理晚到的中断,例如使能或者失能IRQ中断、使能或者失能单独IRQ通道、改变IRQ通道优先级等。其有以下特点:68个可屏蔽中断通道(不包含16个Cortex-M3的中断线);16个可编程的优先等级(4位中断优先级);低延迟的异常和中断处理;电源管理控制;系统控制寄存器的实现。

STM32可支持68个中断通道,已经固定分配给相应的外部设备,每个中断通道都具备自己的中断优先级控制字节PRI_n(8位,但只使用高4位),每4个通道的8位中断优先级控制字构成一个32位的优先级寄存器。68个通道的优先级控制字至少构成17个32位的优先级寄存器。4 bit的中断优先级可以分成2组,从高位看,前面定义的是抢占式优先级,后面定义的是响应优先级。按照这种分组,4 bit一共可以分成5组。

第0组:所有4 bit用于指定响应优先级。
第1组:最高1位用于指定抢占式优先级,后面3位用于指定响应优先级。
第2组:最高2位用于指定抢占式优先级,后面2位用于指定响应优先级。
第3组:最高3位用于指定抢占式优先级,后面1位用于指定响应优先级。
第4组:所有4位用于指定抢占式优先级。

所谓抢占式优先级和响应优先级,它们之间的关系是:具有高抢占式优先级的中断可以在具有低抢占式优先级的中断处理过程中被响应,即中断嵌套。

当两个中断源的抢占式优先级相同时,这两个中断将没有嵌套关系,当一个中断到来后,如果正在处理另一个中断，这个后到来的中断就要等到前一个中断处理完之后才能被处理。如果这两个中断同时到达，则中断控制器根据它们的响应优先级的高低来决定先处理哪一个；如果它们的抢占式优先级和响应优先级都相等，则根据它们在中断表中的排位顺序决定先处理哪一个。每一个中断源都必须定义2个优先级。

STM32 异常和中断向量表见表 4-1。表中的地址异常和中断处理程序的起始地址，系统使用 4 位优先级控制、1 位使能控制，处理程序的名称在 STM32F10x.s 中定义。

表 4-1 STM32 异常和中断向量表

位置	优先级	优先级类型	名　称	说　明	地址
	—	—	—	保留	0x0000_0000
	-3	固定	Reset	复位	0x0000_0004
	-2	固定	NMI	不可屏蔽中断 RCC 时钟安全系统（CSS）连接到 NMI 向量	0x0000_0008
	-1	固定	硬件失效（HardFault）	所有类型的失效	0x0000_000C
	0	可设置	存储管理（MemManage）	存储器管理	0x0000_0010
	1	可设置	总线错误（BusFault）	预取指失败，存储器访问失败	0x0000_0014
	2	可设置	错误应用（UsageFault）	未定义的指令或非法状态	0x0000_0018
	—	—	—	保留	0x0000_001C~ 0x0000_002B
	3	可设置	SVCall	通过 SWI 指令的系统服务调用	0x0000_002C
	4	可设置	调试监控（DebugMonitor）	调试监控器	0x0000_0030
	—	—	—	保留	0x0000_0034
	5	可设置	PendSV	可挂起的系统服务	0x0000_0038
	6	可设置	SysTick	系统嘀嗒定时器	0x000_003C
0	7	可设置	WWDG	窗口定时器中断	0x0000_0040
1	8	可设置	PVD	连到 EXTI 的电源电压检测（PVD）中断	0x0000_0044
2	9	可设置	TAMPER	侵入检测中断	0x0000_0048
3	10	可设置	RTC	实时时钟（RTC）全局中断	0x0000_004C
4	11	可设置	FLASH	闪存全局中断	0x0000_0050
5	12	可设置	RCC	复位和时钟控制（RCC）中断	0x0000_0054
6	13	可设置	EXTI0	EXTI 线 0 中断	0x0000_0058
7	14	可设置	EXTI1	EXTI 线 1 中断	0x0000_005C
8	15	可设置	EXTI2	EXTI 线 2 中断	0x0000_0060
9	16	可设置	EXTI3	EXTI 线 3 中断	0x0000_0064
10	17	可设置	EXTI4	EXTI 线 4 中断	0x0000_0068
11	18	可设置	DMA1 通道 1	DMA1 通道 1 全局中断	0x0000_006C
12	19	可设置	DMA1 通道 2	DMA1 通道 2 全局中断	0x0000_0070
13	20	可设置	DMA1 通道 3	DMA1 通道 3 全局中断	0x0000_0074
14	21	可设置	DMA1 通道 4	DMA1 通道 4 全局中断	0x0000_0078
15	22	可设置	DMA1 通道 5	DMA1 通道 5 全局中断	0x0000_007C

续表

位置	优先级	优先级类型	名称	说明	地址
16	23	可设置	DMA1 通道 6	DMA1 通道 6 全局中断	0x0000_0080
17	24	可设置	DMA1 通道 7	DMA1 通道 7 全局中断	0x0000_0084
18	25	可设置	ADC1_2	ADC1 和 ADC2 的全局中断	0x0000_0088
19	26	可设置	USB_HP_CAN_TX	USB 高优先级或 CAN 发送中断	0x0000_008C
20	27	可设置	USB_LP_CAN_RX0	USB 低优先级或 CAN 接收 0 中断	0x0000_0090
21	28	可设置	CAN_RX1	CAN 接收 1 中断	0x0000_0094
22	29	可设置	CAN_SCE	CAN SCE 中断	0x0000_0098
23	30	可设置	EXTI9_5	EXTI 线 [9:5] 中断	0x0000_009C
24	31	可设置	TIM1_BRK	TIM1 刹车中断	0x0000_00A0
25	32	可设置	TIM1_UP	TIM1 更新中断	0x0000_00A4
26	33	可设置	TIM1_TRG_COM	TIM1 触发和通信中断	0x0000_00A8
27	34	可设置	TIM1_CC	TIM1 捕获比较中断	0x0000_00AC
28	35	可设置	TIM2	TIM2 全局中断	0x0000_00B0
29	36	可设置	TIM3	TIM3 全局中断	0x0000_00B4
30	37	可设置	TIM4	TIM4 全局中断	0x0000_00B8
31	38	可设置	I2C1_EV	I^2C1 事件中断	0x0000_00BC
32	39	可设置	I2C1_ER	I^2C1 错误中断	0x0000_00C0
33	40	可设置	I2C2_EV	I^2C2 事件中断	0x0000_00C4
34	41	可设置	I2C2_ER	I^2C2 错误中断	0x0000_D0C8
35	42	可设置	SPI1	SPI1 全局中断	0x0000_00CC
36	43	可设置	SPI2	SPI2 全局中断	0x0000_00D0
37	44	可设置	USART1	USART1 全局中断	0x0000_00D4
38	45	可设置	USART2	USART2 全局中断	0x0000_00D8
39	46	可设置	USART3	USART3 全局中断	0x0000_00DC
40	47	可设置	EXTI15_10	EXTI 线 [15:10] 中断	0x0000_00E0
41	48	可设置	RTCAlarm	连到 EXTI 的 RTC 闹钟中断	0x0000_00E4
42	49	可设置	USB 唤醒	连到 EXTI 的从 USB 待机唤醒中断	0x0000_00E8
43	50	可设置	TIM8_BRK	TIM8 刹车中断	0x0000_00EC
44	51	可设置	TIM8_UP	TIM8 更新中断	0x0000_00F0
45	52	可设置	TIM8_TRG_COM	TIM8 触发和通信中断	0x0000_00F4
46	53	可设置	TIM8_CC	TIM8 捕获比较中断	0x0000_00F8
47	54	可设置	ADC3	ADC3 全局中断	0x0000_00FC
48	55	可设置	FSMC	FSMC 全局中断	0x0000_0100
49	56	可设置	SDIO	SDIO 全局中断	0x0000_0104
50	57	可设置	TIM5	TIM5 全局中断	0x0000_0108
51	58	可设置	SPI3	SPI3 全局中断	0x0000_010C
52	59	可设置	UART4	UART4 全局中断	0x0000_0110
53	60	可设置	UART5	UART5 全局中断	0x0000_0114

续表

位置	优先级	优先级类型	名称	说明	地址
54	61	可设置	TIM6	TIM6 全局中断	0x0000_0118
55	62	可设置	TIM7	TIM7 全用中断	0x0000_011C
56	63	可设置	DMA2 通道 1	DMA2 通道 1 全局中断	0x0000_0120
57	64	可设置	DMA2 通道 2	DMA2 通道 2 全局中断	0x0000_0124
58	65	可设置	DMA2 通道 3	DMA2 通道 3 全用中断	0x0000_0128
59	66	可设置	DMA2 通道 4-5	DMA2 通道 4 和 DMA2 通道 5 全局中断	0x0000_012C

4.2 外部中断/事件控制器（EXTI）

对于互联型产品，外部中断/事件控制器由 20 个产生事件/中断请求的边沿检测器组成，其他产品则有 19 个能产生事件/中断请求的边沿检测器。每个输入线可以独立地配置输入类型（脉冲或挂起）和对应的触发事件（上升沿、下降沿或者双边沿都触发）。每个输入线都可以独立地被屏蔽。挂起寄存器保持着状态线的中断请求。

EXTI 控制器的主要特性如下：每个中断/事件都有独立的触发和屏蔽；每个中断线都有专用的状态位；支持多达 20 个软件的中断/事件请求；检测脉冲宽度低于 APB2 时钟宽度的外部信号。具体参见数据手册中电气特性部分的相关参数。

1. 框图

外部中断/事件控制器框图如图 4-1 所示。

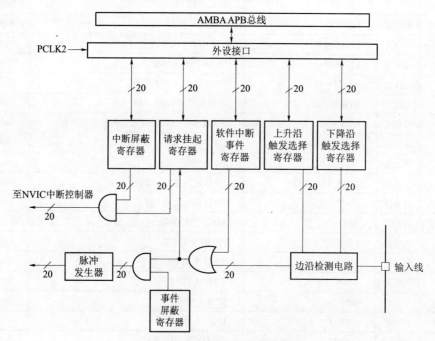

图 4-1　外部中断/事件控制器框图

2. 唤醒事件管理

STM32 可以处理外部或内部事件来唤醒内核（WFE）。唤醒事件可以通过下述配置产生：

（1）在外设的控制寄存器使能一个中断，但不在 NVIC 中使能，同时在 Cortex-M3 的系统控制寄存器中使能 SEVONPEND 位。当 CPU 从 WFE 恢复后，需要清除相应外设的中断挂起位和外设 NVIC 中断通道挂起位（在 NVIC 中断清除挂起寄存器中）。

（2）配置一个外部或内部 EXTI 线为事件模式，当 CPU 从 WFE 恢复后，因为对应事件线的挂起位没有被置位，不必清除相应外设的中断挂起位或 NVIC 中断通道挂起位。在互联型产品中，以太网唤醒事件同样具有 WFE 唤醒功能。

使用外部 I/O 端口作为唤醒事件，请参见功能说明。

3. 功能说明

要产生中断，必须先配置好并使能中断线。根据需要的边沿检测设置 2 个触发寄存器，同时在中断屏蔽寄存器的相应位写 1 允许中断请求。当外部中断线上发生了期待的边沿时，将产生一个中断请求，对应的挂起位也随之被置 1。在挂起寄存器的对应位写 1，将清除该中断请求。如果需要产生事件，必须先配置好并使能事件线。根据需要的边沿检测通过设置 2 个触发寄存器，同时在事件屏蔽寄存器的相应位写 1 允许事件请求。当事件线上发生了需要的边沿时，将产生一个事件请求脉冲，对应的挂起位不被置 1。通过在软件中断/事件寄存器写 1，也可以通过软件产生中断/事件请求。

1）硬件中断选择

通过下面的过程来配置 20 个线路作为中断源：

（1）配置 20 个中断线的屏蔽位（EXTI_IMR）；

（2）配置所选中断线的触发选择位（EXTI_RTSR 和 EXTI_FTSR）；

（3）配置对应到外部中断控制器（EXTI）的 NVIC 中断通道的使能和屏蔽位，使 20 个中断线中的请求可以被正确地响应。

2）硬件事件选择

通过下面的过程，可以配置 20 个线路为事件源：

（1）配置 20 个事件线的屏蔽位（EXTI_EMR）；

（2）配置事件线的触发选择位（EXTI_RTSR 和 EXTI_FTSR）。

3）软件中断/事件的选择

20 个线路可以被配置成软件中断/事件线。下面是产生软件中断的过程：

（1）配置 20 个中断/事件线屏蔽位（EXTI_IMR，EXTI_EMR）；

（2）设置软件中断寄存器的请求位（EXTI_SWIER）。

4. 外部中断/事件线路映像

STM32 中，每一个 GPIO 都可以触发一个外部中断，但是，GPIO 的中断是以组为一个单位的，同组间的外部中断同一时间只能使用一个。比如说，PA0、PB0、PC0、PD0、PE0、PF0、PG0 这些为 1 组，如果使用 PA0 作为外部中断源，那么别的就不能够再使用了，在此情况下，只能使用类似 PB1、PC2 这种末端序号不同的外部中断源。每一组使用一个中断标志 EXTIx。EXTI0～EXTI4 这 5 个外部中断有着单独的中断响应函数，EXTI5～EXTI9 共用一个中断响应函数，EXTI10～EXTI15 共用一个中断响应函数。通过 AFIO_EXTICRx 配置 GPIO 线上的外部中断/事件，必须先使能 AFIO 时钟。另外 4 个 EXTI 线的连接方式如下：EXTI 线 16 连接到 PVD 输出；EXTI 线 17 连接到 RTC 闹钟事件；EXTI 线 18 连接到 USB 唤醒事件；EXTI 线 19 连接到以太网唤醒事件（只适用于互联型产品）。使用外部中断的基本步骤如下：

(1) 设置好相应的时钟；
(2) 设置相应的中断；
(3) 初始化 I/O 端口；
(4) 把相应的 I/O 端口设置为中断线路（要在设置外部中断之前）并初始化；
(5) 在选择的中断通道的响应函数中中断函数。

4.3 EXTI 寄存器描述

1. 中断屏蔽寄存器（EXTI_IMR）

位 31:20 保留，必须始终保持为复位状态（0）。位 19:0 线 x 上的中断屏蔽位中，0 屏蔽来自线 x 上的中断请求，1 开放来自线 x 上的中断请求，位 19 只适用于互联型产品，对于其他产品为保留位。偏移地址：0x00，复位值：0x00000000。

2. 事件屏蔽寄存器（EXTI_EMR）

位 31:20 保留。位 19:0 线 x 上的事件屏蔽位中，0 屏蔽来自线 x 上的事件请求，1 开放来自线 x 上的事件请求。偏移地址：0x04，复位值：0x00000000。

3. 上升沿触发选择寄存器（EXTI_RTSR）

位 31:19 保留。对于位 18:0，TRx 线 x 上的上升沿触发事件配置位，0 禁止输入线 x 上的上升沿触发（中断和事件），1 允许输入线 x 上的上升沿触发（中断和事件）。偏移地址：0x08，复位值：0x00000000。另外，外部唤醒线是边沿触发的，这些线上不能出现毛刺信号。在写 EXTI_RTSR 寄存器时，在外部中断线上的上升沿信号不能被识别，挂起位也不会被置位。在同一中断线上，可以同时设置上升沿和下降沿触发，即任一边沿都可触发中断。

4. 下降沿触发选择寄存器（EXTI_FTSR）

位 31:19 保留。对于位 18:0，TRx 线 x 上的下降沿触发事件配置位，0 禁止输入线 x 上的下降沿触发（中断和事件），1 允许输入线 x 上的下降沿触发（中断和事件）。偏移地址：0x0C，复位值：0x00000000。

5. 软件中断事件寄存器（EXTI_SWIER）

位 31:19 保留。对于位 18:0，SWIERx 线 x 上的软件中断位，当该位为 0 时，写 1 将设置 EXTI_PR 中相应的挂起位。如果在 EXTI_IMR 和 EXTI_EMR 中允许产生该中断，则此时将产生一个中断。通过清除 EXTI_PR 的对应位（写入 1），可以清除该位为 0。偏移地址：0x10，复位值：0x00000000。

6. 挂起寄存器（EXTI_PR）

位 31:19 保留。对于位 18:0，PRx 为挂起位，0 表示没有发生触发请求，1 表示发生了选择的触发请求。当在外部中断线上发生了选择的边沿事件，该位被置 1。在该位中写入 1 可以清除它，也可以通过改变边沿检测的极性清除。偏移地址：0x14，复位值：0x00000000。

4.4 中断库函数

4.4.1 NVIC 库函数

1. NVIC 寄存器结构

NVIC_TypeDeff 在文件 stm32f10x_map.h 中定义如下：

```
typedef struct
{ vu32 Enable[2]; u32 RESERVED0[30]; vu32 Disable[2]; u32 RSERVED1[30]; vu32 Set[2];
  u32 RESERVED2[30]; vu32 Clear[2]; u32 RESERVED3[30]; vu32 Active[2];
  RESERVED4[62]; vu32 Priority[11];
} NVIC_TypeDef;/* NVIC Structure */
typedef struct
{ vu32 CPUID; vu32 IRQControlState; vu32 ExceptionTableOffset; vu32 AIRC;
  vu32 SysCtrl; vu32 ConfigCtrl; vu32 SystemPriority[3]; vu32 SysHandlerCtrl;
  vu32 ConfigFaultStatus; vu32 HardFaultStatus; vu32 DebugFaultStatus;
  vu32 MemoryManageFaultAddr;vu32 BusFaultAddr;
} SCB_TypeDef; /* System Control Block Structure */
```

NVIC 外设声明于文件 stm32f10x_map.h:

```
#define SCS_BASE ((u32)0xE000E000)
#define NVIC_BASE (SCS_BASE + 0x0100)
#define SCB_BASE (SCS_BASE + 0x0D00)
#ifndef DEBUG
#ifdef _NVIC
#define NVIC ((NVIC_TypeDef *) NVIC_BASE)
#define SCB ((SCB_TypeDef *) SCB_BASE)
#endif /*_NVIC */
#else /* DEBUG */
#ifdef _NVIC
EXT NVIC_TypeDef *NVIC;
EXT SCB_TypeDef *SCB;
#endif /*_NVIC */
```

```
#endif
```
使用 Debug 模式时，初始化指针 NVIC、SCB 在文件 stm32f10x_lib.c 中定义如下：
```
#ifdef _NVIC
NVIC=(NVIC_TypeDef *) NVIC_BASE;
SCB=(SCB_TypeDef *) SCB_BASE;
#endif /*_NVIC */
```
为了访问 NVIC 寄存器，_NVIC 必须在文件 stm32f10x_conf.h 中定义。

2. NVIC 常见库函数

（1）NVIC_DeInit：将外设 NVIC 寄存器重设为缺省值。

（2）NVIC_SCBDeInit：将外设 SCB 寄存器重设为缺省值。

（3）NVIC_PriorityGroupConfig：设置优先级分组——先占优先级和从优先级。

（4）NVIC_Init：根据 NVIC_InitStruct 中指定的参数初始化外设 NVIC 寄存器。

（5）NVIC_StructInit：把 NVIC_InitStruct 中的每一个参数按缺省值填入。

（6）NVIC_SETPRIMASK：使能 PRIMASK 优先级，提升执行优先级至 0。

（7）NVIC_RESETPRIMASK：失能 PRIMASK 优先级。

（8）NVIC_SETFAULTMASK：使能 FAULTMASK 优先级，提升执行优先级至-1。

（9）NVIC_RESETFAULTMASK：失能 FAULTMASK 优先级。

（10）NVIC_BASEPRICONFIG：改变执行优先级，从 N（最低可设置优先级）提升至 1。

（11）NVIC_GetBASEPRI：返回 BASEPRI 屏蔽值。

（12）NVIC_GetCurrentPendingIRQChannel：返回当前待处理 IRQ 标识符。

（13）NVIC_GetIRQChannelPendingBitStatus：检查指定的 IRQ 通道待处理位设置与否。

（14）NVIC_SetIRQChannelPendingBit：设置指定的 IRQ 通道待处理位。

（15）NVIC_ClearIRQChannelPendingBit：清除指定的 IRQ 通道待处理位。

（16）NVIC_GetCurrentActiveHandler：返回当前活动 IRQ 通道和系统 Handler 标识符。

（17）NVIC_GetIRQChannelActiveBitStatus：检查指定的 IRQ 通道活动位设置与否。

（18）NVIC_GetCPUID：返回 ID 号码、Cortex-M3 内核的版本号和实现细节。

（19）NVIC_SetVectorTable：设置向量表的位置和偏移。

（20）NVIC_GenerateSystemReset：产生一个系统复位。

（21）NVIC_GenerateCoreReset：产生一个内核（内核+NVIC）复位。

（22）NVIC_SystemLPConfig：选择系统进入低功耗模式的条件。

（23）NVIC_SystemHandlerConfig：使能或者失能指定的系统 Handler。

（24）NVIC_SystemHandlerPriorityConfig：设置指定的系统 Handler 优先级。

（25）NVIC_GetSystemHandlerPendingBitStatus：检查指定系统 Handler 待处理位设置与否。

（26）NVIC_SetSystemHandlerPendingBit：设置系统 Handler 待处理位。

（27）NVIC_ClearSystemHandlerPendingBit：清除系统 Handler 待处理位。

（28）NVIC_GetSystemHandlerActiveBitStatus：检查系统 Handler 活动位设置与否。

（29）NVIC_GetFaultHandlerSources：返回表示出错的系统 Handler 源。

（30）NVIC_GetFaultAddress：返回产生表示出错的系统 Handler 所在位置的地址。

4.4.2 EXTI 库函数

1. EXTI 寄存器结构

EXTI_TypeDef 在文件 stm32f10x_map.h 中定义如下：

```
typedef struct { vu32 IMR; vu32 EMR; vu32 RTSR; vu32 FTSR; vu32 SWIER; vu32 PR; }
EXTI_TypeDef;
```

外设 EXTI 也在同一个文件中声明如下：

```
#define PERIPH_BASE ((u32)0x40000000)
#define APB1PERIPH_BASE PERIPH_BASE
#define APB2PERIPH_BASE (PERIPH_BASE+0x10000)
#define AHBPERIPH_BASE (PERIPH_BASE+0x20000)
#define EXTI_BASE (APB2PERIPH_BASE+0x0400)
#ifndef DEBUG
#ifdef _EXTI
#define EXTI ((EXTI_TypeDef *) EXTI_BASE) .
#else /* DEBUG */
#ifdef _EXTI EXT EXTI_TypeDef *EXTI;
#endif /*_EXTI */
#endif
```

使用 Debug 模式时，初始化指针 EXTI 于文件 stm32f10x_lib.c：

```
#ifdef _EXTI EXTI = (EXTI_TypeDef *) EXTI_BASE; #endif /*_EXTI */
```

为了访问 EXTI 寄存器，_EXTI 必须在文件 stm32f10x_conf.h 中定义，如"#define_EXTI"。

2. EXTI 常见库函数

（1）EXTI_DeInit：将外设 EXTI 寄存器重设为缺省值。
（2）EXTI_Init：根据 EXTI_InitStruct 中指定的参数初始化外设 EXTI 寄存器。
（3）EXTI_StructInit：把 EXTI_InitStruct 中的每一个参数按缺省值填入。
（4）EXTI_GenerateSWInterrupt：产生一个软件中断。
（5）EXTI_GetFlagStatus：检查指定的 EXTI 线路标志位设置与否。
（6）EXTI_ClearFlag：清除 EXTI 线路挂起标志位。
（7）EXTI_GetITStatus：检查指定的 EXTI 线路触发请求发生与否。
（8）EXTI_ClearITPendingBit：清除 EXTI 线路挂起位。

4.5 设计实例——按键中断

1. 实例要求

设定 STM32 开发板上 PA0 和 PA1 位外部中断口，外部中断 0 下降沿触发中断，外部中断1上升沿触发中断，在中断函数中跳变LED灯，以标记进入中断函数，即当按下K1键，则反转D4状态，按下K2键则反转D5状态。

2. 硬件基础

图4-2是外部中断引脚的硬件原理图，按键右端连接3.3 V的电压，左端连接GND，常态下PA0和PA1引脚为低电平，若按下K1/K2键，则按键电路就会导通，此时连接在电路上的KEY1/KEY2端就会检测到高电平，也就是说对于外部中断，按下按键时有一个上升沿，松开按键时有一个下降沿。若K1/K2弹起则电路断开，KEY1/KEY2端就会检测到低电平，通过原理图得知KEY1端连接到了微处理器的PA0口，KEY2连接微处理器的PA1口，因此只需要将这两个I/O端口设置成外部中断，然后编写相应的外部中断服务函数。

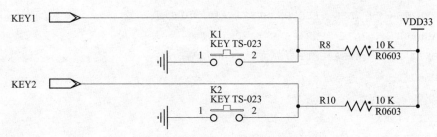

图4-2 外部中断引脚的硬件原理图

3. 软件结构

按键中断的流程如图4-3所示。

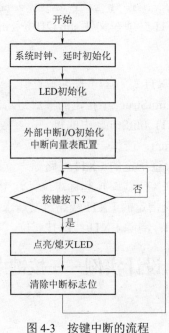

图4-3 按键中断的流程

4. 实例代码

本实例中设定：当按下 K1 键，则反转 D4 的状态，按下 K2 键则反转 D5 的状态。下面解析按键中断实现的关键源代码：

```c
void exti_init(void)  //按键中断初始化
{   EXTI_InitTypeDef EXTI_InitStructure;  //定义外部中断结构体
    GPIO_InitTypeDef GPIO_InitStructure;  //定义GPIO结构体
    NVIC_InitTypeDef NVIC_InitStructure;  //定义中断向量表结构体
    RCC_APB2PeriphClockCmd(RCC_APB2Periph_GPIOA, ENABLE); /* 初始化 GPIOA 时钟 */
    /* 配置 PA.0 和 PA.1 脚为浮空输入 */
    GPIO_InitStructure.GPIO_Pin=GPIO_Pin_0 | GPIO_Pin_1;
    GPIO_InitStructure.GPIO_Mode=GPIO_Mode_IN_FLOATING;
    GPIO_Init(GPIOA, &GPIO_InitStructure);
    RCC_APB2PeriphClockCmd(RCC_APB2Periph_AFIO, ENABLE); /* 初始化 AFIO 时钟 */
    /* 将外部中断 0 连接到 PA.0 pin */
    GPIO_EXTILineConfig(GPIO_PortSourceGPIOA, GPIO_PinSource0);
    EXTI_InitStructure.EXTI_Line=EXTI_Line0; /* 配置外部中断 0 连接 */
    EXTI_InitStructure.EXTI_Mode=EXTI_Mode_Interrupt;
    EXTI_InitStructure.EXTI_Trigger=EXTI_Trigger_Rising; //上升沿触发
    EXTI_InitStructure.EXTI_LineCmd=ENABLE;
    EXTI_Init(&EXTI_InitStructure);
    /* 设置外部中断 0 为最低优先级 */
    NVIC_InitStructure.NVIC_IRQChannel=EXTI0_IRQn;
    NVIC_InitStructure.NVIC_IRQChannelPreemptionPriority=0x0F;
    NVIC_InitStructure.NVIC_IRQChannelSubPriority=0x0F;
    NVIC_InitStructure.NVIC_IRQChannelCmd=ENABLE;
    NVIC_Init(&NVIC_InitStructure);
    /* 配置外部中断 1 连接，置外部中断 1 为最低优先级 */
    GPIO_EXTILineConfig(GPIO_PortSourceGPIOA, GPIO_PinSource1);
    EXTI_InitStructure.EXTI_Line=EXTI_Line1;
    EXTI_Init(&EXTI_InitStructure);
    NVIC_InitStructure.NVIC_IRQChannel=EXTI1_IRQn;
    NVIC_Init(&NVIC_InitStructure);
}
void EXTI0_IRQHandler(void)  //外部中断 0 中断处理程序，反转 D4
{   delay_ms(20);
    D4_toggle();
    while(!GPIO_ReadInputDataBit(GPIOA, GPIO_Pin_0));
    EXTI_ClearITPendingBit(EXTI_Line0);
```

```
}
void EXTI1_IRQHandler(void)  //外部中断 1 中断处理程序，反转 D5
{   delay_ms(20);
    D5_toggle();
    while(!GPIO_ReadInputDataBit(GPIOA, GPIO_Pin_1));
    EXTI_ClearITPendingBit(EXTI_Line1);
}
```

通过上述源代码分析可知，PA0 和 PA1 为外部中断口，外部中断 0 和 1 上升沿触发中断。在中断函数中跳变 LED 灯，以标记进入中断函数。按下 K1 键，进入外部中断 0，跳变 D4 灯；按下 K2 键，进入外部中断 1，D5 灯跳变。

在 IAR 环境中打开例程 key.eww，选择"Project"->"Rebuild All"重新编译。选择"Project"->"Download and debug"将程序下载到 STM32 开发板。下载完后单击"Debug"->"Go"使程序全速运行。也可将 STM32 开发板重新上电或者按下复位按钮让刚才下载的程序重新运行。程序成功运行后，依次轮流按下 K1、K2 键，可以看到 D4、D5 灯会点亮或者熄灭。

第 5 章

USART 串口通信

串行接口分为异步串行接口和同步串行接口两种。

异步串行接口统称为异步收发器接口 UART，具有同步功能的 UART（包含时钟信号 SCLK）称为通用同步异步收发器接口 USART。

USART 提供了一种灵活的方法与使用工业标准 NRZ 异步串行数据格式的外部设备进行全双工数据交换。USART 利用分数波特率发生器提供宽范围的波特率选择。它支持同步单向通信和半双工单线通信，也支持 LIN（局部互联网）、智能卡协议和 IrDA（红外数据组织） SIR ENDEC 规范，以及调制解调器（CTS/RTS）操作。它还允许多处理器通信。使用多缓冲器配置的 DMA 方式，可以实现高速数据通信。

同步串行接口有 SPI 和 I^2C 等，同步串行接口除了包含数据线（SPI 有两根单向数据线 MISO 和 MOSI，I^2C 有一根双向数据线 SDA）外，还包含时钟线（SPI 和 I^2C 的时钟线分别为 SCK 和 SCL）。SPI 和 I^2C 都可以连接多个从设备，但两者选择从设备的方法不同：SPI 通过硬件（NSS 引脚）实现，而 I^2C 通过软件（地址）实现。为使不同电压输出的器件能够互联，I^2C 的数据线 SDA 和时钟线 SCL 开漏输出。同步串行接口可以用专用接口电路实现，也可用通用并行接口实现。

5.1 串口简介

串口是计算机上一种通用设备通信的协议。大多数计算机包含两个基于 RS232 的串口。串口同时也是仪器仪表设备通用的通信协议；很多 GPIB 兼容的设备也带有 RS232 口。同时，串口通信协议也可以用于获取远程采集设备的数据。

串口通信概念非常简单，串口按位（bit）发送和接收字节。尽管比按字节（Byte）的并行通信慢，但是串口可以在使用一根线发送数据的同时用另一根线接收数据。它很简单并且能够实现远距离通信。比如 IEEE488 定义并行通信状态时，规定设备线总长不得超过 20 m，并且任意两个设备间的长度不得超过 2 m；而对于串口而言，长度可达 1 200 m。

典型的,串口用于ASCII码字符的传输。通信使用3根线完成:地线、发送和接收。由于串口通信是异步的,端口能够在一根线上发送数据,同时在另一根线上接收数据。其他线用于握手,但不是必需的。串口通信的重要参数是波特率、数据位、停止位和奇偶校验。两个端口进行通信,参数必须匹配。

1. 波特率

波特率用来衡量通信速度。它表示每秒钟传送的 bit 的个数。例如 300 波特表示每秒钟发送 300 个 bit。当提到时钟周期时,就是指波特率。例如若协议需要 4 800 波特率,那么时钟是 4 800 Hz。这意味着串口通信在数据线上的采样率为 4 800 Hz。通常电话线的波特率为 14 400、28 800 和 36 600。波特率可以远远大于这些值,但是波特率和距离成反比。高波特率常常用于放置较近仪器间的通信,典型的例子就是 GPIB 设备的通信。

2. 数据位

数据位用来衡量通信实际数据位数。当计算机发送一个信息包时,实际数据不会是 8 位,标准值是 5、7 和 8 位。如何设置取决于传送信息。比如标准 ASCII 码是 0~127(7 位),扩展 ASCII 码是 0~255(8 位)。如果数据使用简单的文本(标准 ASCII 码),那么每个数据包使用 7 位数据。每个包是指一个字节,包括开始/停止位、数据位和奇偶校验位。由于实际数据位取决于通信协议的选取,术语"包"可以指任何通信情况。

3. 停止位

停止位用于表示单个包的最后一位。其典型值为 1、1.5 和 2 位。由于数据是在传输线上定时的,并且每一个设备有自己的时钟,很可能在通信中两台设备间出现了小小的不同步,因此停止位不仅仅是表示传输的结束,并且提供计算机校正时钟同步的机会。适用于停止位的位数越多,不同时钟同步的容忍程度越大,但是数据传输率同时也越小。

4. 奇偶校验位

奇偶校验在串口通信中是一种简单的检错方式。有 4 种检错方式:偶、奇、高和低。当然没有校验位也是可以的。对于偶校验和奇校验的情况,串口会设置校验位(数据位后面的一位),用一个值确保传输数据有偶数个或奇数个逻辑高位。例如,如果数据是 011,那么对于偶校验,校验位为 0,保证逻辑高的位数是偶数个。如果是奇校验,校验位为 1,这样就有 3 个逻辑高位。高位和低位不真正检查数据,简单置位逻辑高或者逻辑低校验。这样使接收设备能够知道一个位的状态,有机会判断是否有噪声干扰了通信或者传输和接收数据是否不同步。

5.2　USART 寄存器说明

USART 由收发数据和收发控制两部分构成。收发数据使用双重数据缓冲:收发数据寄存器和收发移位寄存器,收发移位寄存器在收发时钟的作用下完成接收数据的串并转换。收发控制包括控制寄存器、发送器控制、接收器控制、中断控制和波特率控制等,控制状态寄存器通过发送器控制、接收器控制和中断控制等控制数据的收发,波特率控制产生收发时钟。

USART 使用的 GPIO 引脚见表 5-1,其中括号中的引脚为复用功能重映射引脚。

表 5-1 USART 使用的 GPIO 引脚

USART 引脚	GPIO 引脚			配置
	USART1	USART2	USART3	
TX	PA.09（PB.06）	PA.02	PB.10（PC.10）	复用推挽输出
RX	PA.10（PB.07）	PA.03	PB.11（PC.11）	浮空输入
CTS	PA.11	PA.00	PB.13	浮空输入
RTS	PA.12	PA.01	PB.14	复用推挽输出
SCLK	PA.8	PA.04	PB.12（PC.12）	复用推挽输出

USART 通过 7 个寄存器进行操作，可以用半字（16 位）或字（32 位）的方式操作这些外设寄存器。USART1～USART 3 的基地址依次为 0x40013800、0x40004400 和 0x40004800，其中状态寄存器 SR 见表 5-2，数据寄存器 DR 见表 5-3，波特率寄存器 SR 见表 5-4，控制寄存器见表 5-5～表 5-7，状态寄存器 SR 见表 5-8。

表 5-2 USART 状态寄存器（SR，地址偏移 0x00，复位值 0x00C0）

位数	说 明
31:10	保留位，硬件强制为 0
9	CTS：CTS 标志（CTS flag）。如果设置了 CTSE 位，当 nCTS 输入状态变化时，该位被硬件置高。由软件将其清零。如果 USART_CR3 中的 CTSIE 为 1，则产生中断。0：nCTS 状态线上没有变化；1：nCTS 状态线上发生变化
8	LBD：LIN 断开检测标志（LIN break detection flag）。当探测到 LIN 断开时，该位由硬件置 1，由软件清 0（向该位写 0）。如果 USART_CR3 中的 LBDIE = 1，则产生中断。0：没有检测到 LIN 断开；1：检测到 LIN 断开。注意：若 LBDIE=1，当 LBD 为 1 时要产生中断
7	TXE：发送数据寄存器空（Transmit data register empty）。当 TDR 寄存器中的数据被硬件转移到移位寄存器的时候，该位被硬件置位。如果 USART_CR1 寄存器中的 TXEIE 为 1，则产生中断。对 USART_DR 的写操作，将该位清零。0：数据还没有被转移到移位寄存器；1：数据已经被转移到移位寄存器。注意：单缓冲器传输中使用该位
6	TC：发送完成（Transmission complete）。当包含有数据的一帧发送完成后，并且 TXE=1 时，由硬件将该位置 1。如果 USART_CR1 中的 TCIE 为 1，则产生中断。由软件序列清除该位（先读 USART_SR，然后写入 USART_DR）。TC 位也可以通过写入 0 来清除，只有在多缓存通信中才推荐这种清除程序。0：发送还未完成；1：发送完成
5	RXNE：读数据寄存器非空（Read data register not empty）。当 RDR 移位寄存器中的数据被转移到 USART_DR 寄存器中时，该位被硬件置位。如果 USART_CR1 寄存器中的 RXNEIE 为 1，则产生中断。对 USART_DR 的读操作可以将该位清零。RXNE 位也可以通过写入 0 来清除，只有在多缓存通信中才推荐这种清除程序。0：数据没有收到；1：收到数据，可以读出
4	IDLE：监测到总线空闲(IDLE line detected)。当检测到总线空闲时,该位被硬件置位。如果 USART_CR1 中的 IDLEIE 为 1，则产生中断。由软件序列清除该位（先读 USART_SR，然后读 USART_DR）。0：没有检测到空闲总线；1：检测到空闲总线。注意：IDLE 位不会再次被置高直到 RXNE 位被置起（即又检测到一次空闲总线）
3	ORE：过载错误（Overrun error）。当 RXNE 仍然是 1 的时候，当前被接收在移位寄存器中的数据需要传送至 RDR 寄存器时，硬件将该位置位。如果 USART_CR1 中的 RXNEIE 为 1 的话，则产生中断。由软件序列将其清零（先读 USART_SR，然后读 USART_CR）。0：没有过载错误；1：检测到过载错误。注意：该位被置位时，RDR 寄存器中的值不会丢失，但是移位寄存器中的数据会被覆盖。如果设置了 EIE 位，在多缓冲器通信模式下，ORE 标志置位会产生中断
2	NE：噪声错误标志（Noise error flag）。在接收到的帧检测到噪音时，由硬件对该位置位。由软件序列对其清零（先读 USART_SR，再读 USART_DR）。0：没有检测到噪声；1：检测到噪声。注意：该位不会产生中断，因为它和 RXNE 一起出现，硬件会在设置 RXNE 标志时产生中断。在多缓冲区通信模式下，如果设置了 EIE 位，则设置 NE 标志时会产生中断

续表

位数	说 明
1	FE：帧错误（Framing error）。当检测到同步错位，过多的噪声或者检测到断开符，该位被硬件置位。由软件序列将其清零（先读 USART_SR，再读 USART_DR）。0：没有检测到帧错误；1：检测到帧错误或者 break 符 注意：该位不会产生中断，因为它和 RXNE 一起出现，硬件会在设置 RXNE 标志时产生中断。如果当前传输的数据既产生了帧错误，又产生了过载错误，硬件还是会继续该数据的传输，并且只设置 ORE 标志位。在多缓冲区通信模式下，如果设置了 EIE 位，则设置 FE 标志时会产生中断
0	PE：校验错误（Parity error）。在接收模式下，如果出现奇偶校验错误，硬件对该位置位。由软件序列对其清零（依次读 USART_SR 和 USART_DR）。在清除 PE 前，软件必须等待 RXNE 标志位被置 1。如果 USART_CR1 中的 PEIE 为 1，则产生中断。0：没有奇偶校验错误；1：有奇偶校验错误

表 5-3　USART 数据寄存器（DR，地址偏移 0x04，复位值不确定）

位数	说 明
31:9	保留位，硬件强制为 0
8:0	DR[8:0]：数据值（Data value）。包含了发送或接收的数据。由于它是由两个寄存器组成的，一个给发送用（TDR），一个给接收用（RDR），该寄存器兼具读和写的功能。TDR 寄存器提供了内部总线和输出移位寄存器之间的并行接口。RDR 寄存器提供了输入移位寄存器和内部总线之间的并行接口。当使能校验位（USART_CR1 中 PCE 位被置位）进行发送时，写到 MSB 的值（根据数据的长度不同，MSB 是第 7 位或者第 8 位）会被后来的校验位取代。当使能校验位进行接收时，读到的 MSB 位是接收到的校验位

表 5-4　USART 波特率寄存器（BRR，地址偏移 0x08，复位值 0x0000）

位数	说 明
31:16	保留位，硬件强制为 0
15:4	DIV_Mantissa[11:0]：USARTDIV 的整数部分。这 12 位定义了 USART 分频器除法因子（USARTDIV）的整数部分
3:0	DIV_Fraction[3:0]：USARTDIV 的小数部分。这 4 位定义了 USART 分频器除法因子（USARTDIV）的小数部分

表 5-5　USART 控制寄存器 1（CR1，地址偏移 0x0C，复位值 0x0000）

位数	说 明
31:14	保留位，硬件强制为 0
13	UE：USART 使能（USART enable）。当该位被清零，在当前字节传输完成后 USART 的分频器和输出停止工作，以减少功耗。该位由软件设置和清零。0：USART 分频器和输出被禁止；1：USART 模块使能
12	M：字长（Word length）。该位定义了数据字的长度，由软件对其设置和清零。0：一个起始位，8 个数据位，n 个停止位；1：一个起始位，9 个数据位，n 个停止位 注意：在数据传输过程中（发送或者接收时），不能修改这个位
11	WAKE：唤醒的方法（Wakeup method）。这位决定了把 USART 唤醒的方法，由软件对该位设置和清零。0：被空闲总线唤醒；1：被地址标记唤醒
10	PCE：检验控制使能（Parity control enable）。用该位选择是否进行硬件校验控制（对于发送来说就是校验位的产生；对于接收来说就是校验位的检测）。当使能了该位，在发送数据的最高位（如果 M=1，最高位就是第 9 位；如果 M=0，最高位就是第 8 位）插入校验位；对接收到的数据检查其校验位。软件对它置 1 或清 0。一旦设置了该位，当前字节传输完成后，校验控制才生效。0：禁止校验控制；1：使能校验控制
9	PS：校验选择（Parity selection）。当校验控制使能后，该位用来选择是采用偶校验还是奇校验。软件对它置 1 或清 0。当前字节传输完成后，该选择生效。0：偶校验；1：奇校验
8	PEIE：PE 中断使能（PE interrupt enable）。该位由软件设置或清除。0：禁止产生中断；1：当 USART_SR 中的 PE 为 1 时，产生 USART 中断
7	TXEIE：发送缓冲区空中断使能（TXE interrupt enable）。该位由软件设置或清除。0：禁止产生中断；1：当 USART_SR 中的 TXE 为 1 时，产生 USART 中断

位数	说　明
6	TCIE：发送完成中断使能（Transmission complete interrupt enable）。该位由软件设置或清除。0：禁止产生中断；1：当USART_SR中的TC为1时，产生USART中断
5	RXNEIE：接收缓冲区非空中断使能（RXNE interrupt enable）。该位由软件设置或清除。0：禁止产生中断；1：当USART_SR中的ORE或者RXNE为1时，产生USART中断
4	IDLEIE：IDLE中断使能（IDLE interrupt enable）。该位由软件设置或清除。0：禁止产生中断；1：当USART_SR中的IDLE为1时，产生USART中断
3	TE：发送使能（Transmitter enable）。该位使能发送器。该位由软件设置或清除。0：禁止发送；1：使能发送。注意：在数据传输过程中，除了在智能卡模式下，如果TE位上有个0脉冲（即设置为0之后再设置为1），会在当前数据字传输完成后，发送一个"前导符"（空闲总线）；当TE被设置后，在真正发送开始之前，有一个比特时间的延迟
2	RE：接收使能（Receiver enable）。该位由软件设置或清除。0：禁止接收；1：使能接收，并开始搜寻RX引脚上的起始位
1	RWU：接收唤醒（Receiver wakeup）。该位用来决定是否把USART置于静默模式。该位由软件设置或清除。当唤醒序列到来时，硬件也会将其清零。0：接收器处于正常工作模式；1：接收器处于静默模式 注意：在把USART置于静默模式（设置RWU位）之前，USART要已经先接收了一个数据字节。否则在静默模式下，不能被空闲总线检测唤醒。当配置成地址标记检测唤醒（WAKE位=1），在RXNE位被置位时，不能用软件修改RWU位
0	SBK：发送断开帧（Send break）。使用该位来发送断开字符。该位可以由软件设置或清除。操作过程应该是软件设置位，然后在断开帧的停止位时，由硬件将该位复位。0：没有发送断开字符；1：将要发送断开字符

表5-6　USART控制寄存器2（CR2，地址偏移0x10，复位值0x0000）

位数	说　明
31:15	保留位，硬件强制为0
14	LINEN：LIN模式使能（LIN mode enable）。该位由软件设置或清除。0：禁止LIN模式；1：使能LIN模式。在LIN模式下，可以用USART_CR1寄存器中的SBK位发送LIN同步断开符（低13位），以及检测LIN同步断开符
13:12	STOP：停止位（STOP bits）。位13:12用来设置停止位的位数，00：1个停止位；01：0.5个停止位；10：2个停止位；11：1.5个停止位
11	CLKEN：时钟使能（Clock enable）。该位用来使能CK引脚。0：禁止CK引脚；1：使能CK引脚
10	CPOL：时钟极性（Clock polarity）。在同步模式下，可以用该位选择SLCK引脚上时钟输出的极性。和CPHA位一起配合产生需要的时钟/数据的采样关系。0：总线空闲时CK引脚上保持低电平；1：总线空闲时CK引脚上保持高电平
9	CPHA：时钟相位（Clock phase）。在同步模式下，可以用该位选择SLCK引脚上时钟输出的相位。0：在时钟的第一个边沿进行数据捕获；1：在时钟的第二个边沿进行数据捕获
8	LBCL：最后一位时钟脉冲（Last bit clock pulse）。在同步模式下，使用该位来控制是否在CK引脚上输出最后发送的那个数据字节（MSB）对应的时钟脉冲。0：最后一位数据的时钟脉冲不从CK输出；1：最后一位数据的时钟脉冲会从CK输出 注意：最后一个数据位就是第8或者第9个发送的位（根据USART_CR1寄存器中的M位所定义的8或者9位数据帧格式）
7	保留位，硬件强制为0
6	LBDIE：LIN断开符检测中断使能（LIN break detection interrupt enable）。断开符中断屏蔽（使用断开分隔符来检测断开符）。0：禁止中断；1：只要USART_SR寄存器中的LBD为1就产生中断
5	LBDL：LIN断开符检测长度（LIN break detection length）。该位用来选择是11位还是10位的断开符检测。0：10位的断开符检测；1：11位的断开符检测
4	保留位，硬件强制为0
3:0	ADD[3:0]：本设备的USART节点地址。该位域给出本设备USART节点的地址。这是在多处理器通信下的静默模式中使用的，使用地址标记来唤醒某个USART设备

表 5-7　USART 控制寄存器 3（CR3，地址偏移 0x14，复位值 0x0000）

位数	说　　明
31:11	保留位，硬件强制为 0
10	CTSIE：CTS 中断使能（CTS interrupt enable）。0：禁止中断；1：USART_SR 寄存器中的 CTS 为 1 时产生中断
9	CTSE：CTS 使能（CTS enable）。0：禁止 CTS 硬件流控制；1：CTS 模式使能，只有 nCTS 输入信号有效（拉成低电平）时才能发送数据。如果在数据传输的过程中，nCTS 信号变成无效，那么发完这个数据后，传输就停止下来。当 nCTS 为无效时，往数据寄存器里写数据，则要等到 nCTS 有效时才会发送这个数据
8	RTSE：RTS 使能（RTS enable）。0：禁止 RTS 硬件流控制；1：RTS 中断使能，只有接收缓冲区内有空余的空间时才请求下一个数据。当前数据发送完成后，发送操作就需要暂停下来。如果可以接收数据，将 nRTS 输出置为有效（拉至低电平）
7	DMAT：DMA 使能发送（DMA enable transmitter）。该位由软件设置或清除。0：禁止发送时的 DMA 模式；1：使能发送时的 DMA 模式
6	DMAR：DMA 使能接收（DMA enable receiver）。该位由软件设置或清除。0：禁止接收时的 DMA 模式；1：使能接收时的 DMA 模式
5	SCEN：智能卡模式使能（Smartcard mode enable）。该位用来使能智能卡模式。0：禁止智能卡模式；1：使能智能卡模式
4	NACK：智能卡 NACK 使能（Smartcard NACK enable）。0：校验错误出现时，不发送 NACK；1：校验错误出现时，发送 NACK
3	HDSEL：半双工选择（Half-duplex selection）。选择单线半双工模式。0：不选择半双工模式；1：选择半双工模式
2	IRLP：红外低功耗（IrDA low-power）。该位用来选择普通模式和低功耗红外模式。0：普通模式；1：低功耗模式
1	IREN：红外模式使能（IrDA mode enable）。该位由软件设置或清除。0：不使能红外模式；1：使能红外模式
0	EIE：错误中断使能（Error interrupt enable）。在多缓冲区通信模式下，当有帧错误、过载或者噪声错误时（USART_SR 中的 FE=1，或者 ORE=1，或者 NE=1）产生中断。0：禁止中断；1：只要 USART_CR3 中的 DMAR=1，并且 USART_SR 中的 FE=1，或者 ORE=1，或者 NE=1，则产生中断

表 5-8　保护时间和预分频寄存器（GTPR，地址偏移 0x18，复位值 0x0000，智能卡使用）

位数	说　　明
31:16	保留位，硬件强制为 0
15:8	GT［7:0］：保护时间值（Guard time value）。该位域规定了以波特时钟为单位的保护时间。在智能卡模式下，需要这个功能。当保护时间过去后，才会设置发送完成标志
7:0	PSC［7:0］：预分频器值（Prescaler value） ● 在红外（IrDA）低功耗模式下：PSC［7:0］=红外低功耗波特率，对系统时钟分频以获得低功耗模式下的频率。源时钟被寄存器中的值（仅有 8 位有效）分频，00000000：保留，不要写入该值；00000001：对源时钟 1 分频；00000010：对源时钟 2 分频；…… ● 在红外（IrDA）正常模式下：PSC 只能设置为 00000001 ● 在智能卡模式下：PSC［4:0］：预分频值，对系统时钟进行分频，给智能卡提供时钟寄存器中给出的值（低 5 位有效）乘以 2 后，作为对源时钟的分频因子。00000：保留，不要写入该值；00001：对源时钟进行 2 分频；00010：对源时钟进行 4 分频；00011：对源时钟进行 6 分频；…… 注意：位 7:5 在智能卡模式下没有意义

　　USART 通过 3 个引脚与其他设备连接在一起,任何 USART 双向通信至少需要 2 个引脚：接收数据输入（RX）和发送数据输出（TX）。RX：接收数据串行输入。通过过采样技术来区别数据和噪音，从而恢复数据。TX：发送数据输出。当发送器被禁止时，输出引脚恢复到它的 I/O 端口配置。当发送器被激活，并且不发送数据时，TX 引脚处处于高电平。在单线和

智能卡模式里，此 I/O 端口被同时用于数据的发送和接收。根据这些原理要让串口正常通信，则只需要配置 RX、TX 引脚，然后配置一些波特率等参数即可。

5.3 USART 库函数

USART 寄存器结构（USART_TypeDeff）在文件 stm32f10x_map.h 中定义如下：

```
typedef struct
{ vu16 SR; u16 RESERVED1; vu16 DR; u16 RESERVED2; vu16 BRR;
 u16 RESERVED3; vu16 CR1; u16 RESERVED4; vu16 CR2; u16 RESERVED5;
 vu16 CR3; u16 RESERVED6; vu16 GTPR; u16 RESERVED7;
} USART_TypeDef;
```

3 个 USART 外设声明在文件 stm32f10x_map.h 中定义如下：

```
#define PERIPH_BASE ((u32)0x40000000)
#define APB1PERIPH_BASE PERIPH_BASE
#define APB2PERIPH_BASE (PERIPH_BASE + 0x10000)
#define AHBPERIPH_BASE (PERIPH_BASE + 0x20000)
#define USART1_BASE (APB2PERIPH_BASE + 0x3800)
#define USART2_BASE (APB1PERIPH_BASE + 0x4400)
#define USART3_BASE (APB1PERIPH_BASE + 0x4800)
#ifndef DEBUG
#ifdef _USART1
#define USART1 ((USART_TypeDef *) USART1_BASE)
#endif /*_USART1 */
#ifdef _USART2
#define USART2 ((USART_TypeDef *) USART2_BASE)
#endif /*_USART2 */
#ifdef _USART3
#define USART3 ((USART_TypeDef *) USART3_BASE)
#endif /*_USART3 */
#else /* DEBUG */
#ifdef _USART1
EXT USART_TypeDef *USART1;
#endif /*_USART1 */
#ifdef _USART2
EXT USART_TypeDef *USART2;
#endif /*_USART2 */
#ifdef _USART3
EXT USART_TypeDef *USART3;
#endif /*_USART3 */
```

```
#endif
```

使用 Debug 模式时,初始化指针 USART1、USART2 和 USART3 于文件 stm32f10x_lib.c:

```
#ifdef _USART1
USART1=(USART_TypeDef *) USART1_BASE;
#endif /*_USART1 */
#ifdef _USART2
USART2=(USART_TypeDef *) USART2_BASE;
#endif /*_USART2 */
#ifdef _USART3
USART3=(USART_TypeDef *) USART3_BASE;
#endif /*_USART3 */
```

为访问 USART 寄存器,_USART、_USART1、_USART2 和_USART3 必须在文件 stm32f10x_conf.h 中定义如下:

```
#define _USART
#define _USART1
#define _USART2
#define _USART3
```

USART 常见库函数如下:

(1) USART_DeInit:将外设 USARTx 寄存器重设为缺省值;

(2) USART_Init:根据 USART_InitStruct 中指定的参数初始化外设 USARTx 寄存器;

(3) USART_StructInit:把 USART_InitStruct 中的每一个参数按缺省值填入;

(4) USART_Cmd:使能或者失能 USART 外设;

(5) USART_ITConfig:使能或者失能指定的 USART 中断;

(6) USART_DMACmd:使能或者失能指定 USART 的 DMA 请求;

(7) USART_SetAddress:设置 USART 节点的地址;

(8) USART_WakeUpConfig:选择 USART 的唤醒方式;

(9) USART_ReceiverWakeUpCmd:检查 USART 是否处于静默模式;

(10) USART_LINBreakDetectLengthConfig:设置 USART LIN 中断检测长度;

(11) USART_LINCmd:使能或者失能 USARTx 的 LIN 模式;

(12) USART_SendData:通过外设 USARTx 发送单个数据;

(13) USART_ReceiveData:返回 USARTx 最近接收到的数据;

(14) USART_SendBreak:发送中断字;

(15) USART_SetGuardTime:设置指定的 USART 保护时间;

(16) USART_SetPrescaler:设置 USART 时钟预分频;

(17) USART_SmartCardCmd:使能或者失能指定 USART 的智能卡模式;

(18) USART_SmartCardNackCmd:使能或者失能 NACK 传输;

(19) USART_HalfDuplexCmd:使能或者失能 USART 半双工模式;

(20) USART_IrDAConfig:设置 USART IrDA 模式;

(21) USART_IrDACmd:使能或者失能 USART IrDA 模式;

（22）USART_GetFlagStatus：检查指定的 USART 标志位设置与否；

（23）USART_ClearFlag：清除 USARTx 的待处理标志位；

（24）USART_GetITStatus：检查指定的 USART 中断发生与否；

（25）USART_ClearITPendingBit：清除 USARTx 的中断待处理位。

5.4 设计实例——按键中断

1. 实例要求

STM32 开发板提供两个串口供开发使用，分别是 USART1 和 USART2。在本例中采用 USART1，同时为让读者简单调用串口通信方法，将 C 库中的 fputc()、fgetc()方法进行了重写，将串口接收数据方法作为 fgetc()方法的执行体，将串口的发送数据方法作为 fputc()方法的执行体。因此，在执行 scanf()函数时，可以实现从串口接收字符数据；在执行 printf()函数时，可以实现向串口发送数据。

2. 硬件基础

通过查阅 STM32 开发板芯片原理图（参见图 2-1 和图 2-4）可知，USART1 的 TX 端连接到开发板上的 PA9 引脚，RX 端连接到开发板上的 PA10 引脚，因此接下来的工作就是配置这两个 I/O 端口，并配置串口的一些参数。

3. 软件结构

实现串口的数据接收、发送方法之后只需要在 main()函数里面调用 scanf()、printf()方法即可实现串口的数据接收、发送功能，图 5-1 为 USART1 串口通信流程图。

4. 实例代码

下面是 USART1 的配置源码：

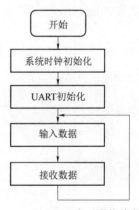

图 5-1 USART1 串口通信流程图

```
void uart1_init()
{   USART_InitTypeDef USART_InitStructure;
    GPIO_InitTypeDef GPIO_InitStructure;
    //使能 GPIOA、USART1 时钟
    RCC_APB2PeriphClockCmd(RCC_APB2Periph_GPIOA | RCC_APB2Periph_USART1, ENABLE);
    /* 配置串口 1 Tx(PA9)为推挽复用模式 */
    GPIO_InitStructure.GPIO_Pin=GPIO_Pin_9;
    GPIO_InitStructure.GPIO_Speed=GPIO_Speed_50MHz;
    GPIO_InitStructure.GPIO_Mode=GPIO_Mode_AF_PP;
    GPIO_Init(GPIOA, &GPIO_InitStructure);
    /* 配置串口 1 Rx(PA10)为浮空输入模式 */
    GPIO_InitStructure.GPIO_Pin=GPIO_Pin_10;
```

```c
    GPIO_InitStructure.GPIO_Mode=GPIO_Mode_IN_FLOATING;
    GPIO_Init(GPIOA, &GPIO_InitStructure);
    /* 配置串口 1 的参数 */
    USART_InitStructure.USART_BaudRate=115200;  //波特率
    USART_InitStructure.USART_WordLength=USART_WordLength_8b;  //数据位长度
    USART_InitStructure.USART_StopBits=USART_StopBits_1;  //停止位
    USART_InitStructure.USART_Parity=USART_Parity_No;  //奇偶校验
    USART_InitStructure.USART_HardwareFlowControl=
USART_HardwareFlowControl_None;  //流控制
    USART_InitStructure.USART_Mode=USART_Mode_Rx | USART_Mode_Tx;  //串口模式为发送和接收
    USART_Init(USART1, &USART_InitStructure);  //USART1 初始化
    USART_Cmd(USART1, ENABLE);  /* 使能 USART1*/
}
```

上述代码实现了 USART1 初始化，接下来就是实现串口接收和发送的函数，按照本实例要求设计，将串口数据接收、发送方法分别写进 fgetc()和 fputc()方法中从而通过使用 scanf()函数和 printf()函数就可在串口收、发数据。下面是串口数据接收和发送的实现源码：

```c
#ifdef __GNUC__  //注意 IAR 要加上 _DLIB_FILE_DESCRIPTOR 宏定义
#define PUTCHAR_PROTOTYPE int __io_putchar(int ch)
#else
#define PUTCHAR_PROTOTYPE int fputc(int ch, FILE *f)
#endif /* __GNUC__ */
/*输出一个字节到串口,这个函数在 IAR 中实际上是 putchar()函数(在文件开头定义),实现了 putchar
()函数后，编译器就能够使用 printf()函数。*/
PUTCHAR_PROTOTYPE
{   USART_SendData(USART1, (uint8_t) ch);
    while (USART_GetFlagStatus(USART1, USART_FLAG_TXE)==RESET)
    {;}   //等待数据发送结束
    return ch;
}
//从串口接收一个字节,只要实现了这个函数就可以使用 scanf()了。
int fgetc(FILE *f)
{
    while(USART_GetFlagStatus(USART1, USART_FLAG_RXNE)==RESET)
    {;}  //等待数据接收完毕
    return (int)USART_ReceiveData(USART1);
}
```

在 IAR 开发环境打开实例工程 uart.eww，选择"Project"->"Rebuild All"重新编译工程。接下来选择"Project"->"Download and debug"将程序下载到 STM32 开发板中。下载

完后单击"Debug"->"Go",让程序全速运行。也可以将 STM32 开发板重新上电或者按下复位按钮让刚才下载的程序重新运行。程序成功运行后,在 PC 机上打开串口调试助手,设置接收的波特率为 115 200,数据位为 8,奇偶校验为无,停止位为 1,数据流控制为"无",将会在接收区看到如下信息:

```
Stm32 example start !
please enter a charater:
a
```

此时通过串口调试助手发送一个字符,比如"a",它就会回显如下信息:

```
the charater is a
```

第 6 章

串行设备接口 SPI

串行外设接口（Serial Peripheral Interface，SPI）是工业标准同步串行协议，通常用于嵌入式系统，将 MCU 连接到各种片外传感器、LCD 显示驱动器、A/D 转换器、存储器和网络控制设备等外围设备，以串行方式进行通信以交换信息。

通常 SPI 通过 4 个引脚与外部器件相连：

（1）MISO：主设备输入/从设备输出，该引脚在从模式下发送数据，在主模式下接收数据。

（2）MOSI：主设备输出/从设备输入，该引脚在主模式下发送数据，在从模式下接收数据。

（3）SCK：串口时钟，作为主设备的输出，从设备的输入。

（4）NSS：从设备选择，这是一个可选的引脚，用来选择主/从设备。它的功能是作为"片选引脚"，让主设备可以单独地与特定从设备通信，避免数据线上的冲突。从设备的 NSS 引脚可以由主设备的一个标准 I/O 引脚来驱动。一旦被使能（SSOE 位），NSS 引脚也可以作为输出引脚，并在 SPI 处于主模式时拉低。此时，所有的 SPI 设备，如果它们的 NSS 引脚连接到主设备的 NSS 引脚，则会检测到低电平，如果它们被设置为 NSS 硬件模式，就会自动进入从设备状态。当配置为主设备，NSS 配置为输入引脚（MSTR=1，SSOE=0）时，如果 NSS 被拉低，则这个 SPI 设备进入主模式失败状态，即 MSTR 位被自动清除，此设备进入从模式。

图 6-1 所示是一个单主和单从设备互联的例子。

这里 NSS 引脚设置为输入，MOSI 脚相互连接，MISO 脚相互连接。这样，数据在主和从之间串行地传输（MSB 位在前）。通信总是由主设备发起。主设备通过 MOSI 脚把数据发送给从设备，从设备通过 MISO 引脚回传数据。这意味全双工通信的数据输出和数据输入是用同一个时钟信号同步的，时钟信号由主设备通过 SCK 脚提供。

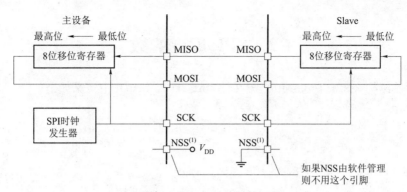

图 6-1 单主和单从设备互联

6.1 SPI 结构及寄存器说明

SPI 由收发器和收发控制两部分组成。

收发器部分包括发送缓冲区、接收缓冲区和移位寄存器。

配置为主设备时，发送缓冲区的数据由移位寄存器并/串转换后通过 MOSI 输出，MISO 输入的数据由移位寄存器串/并转换后送至接收缓冲区；配置为从设备时，发送缓冲区的数据由移位寄存器并/串转换后通过 MISO 输出，MOSI 输入的数据由移位寄存器串/并转换后送至接收缓冲区。

收发控制部分包括控制状态寄存器、通信电路、主控制电路和波特率发生器等，控制状态寄存器通过通信电路、主控制电路和波特率发生器等控制数据的收发。

NSS 的功能是用作"片选引脚"，让主设备可以单独地与特定从设备通信，避免数据线的冲突。NSS 通常配置成通用的 I/O 引脚。

当 SPI 连接多个从设备时，MOSI、MISO 和 SCK 连接所有的从设备，但每个从设备的 NSS 引脚必须连接到主设备的一个标准的 I/O 引脚，主设备通过使能不通的标准 I/O 引脚实现与对应从设备的数据通信。SPI 使用的 GPIO 引脚见表 6-1。

表 6-1 SPI 使用的 GPIO 引脚

SPI 引脚	GPIO 引脚			
	SPI1	SPI2	主模式配置	从模式配置
MOSI	PA.07(PB.05)	PB.15	复用推挽输出	浮空输入
MISO	PA.06(PB.04)	PB.14	浮空输入	复用推挽输出
SCK	PA.05(PB.03)	PB.13	复用推挽输出	浮空输入
NSS	PA.04(PB.15)	PB.12	复用推挽输出	浮空输入

SPI 通过 7 个寄存器进行操作，即两个控制寄存器（SPI_CR1 和 SPI_CR2）、状态寄存器（SPI_SR）、数据寄存器（SPI_DR）、CRC 多项式寄存器（SPI_CRCPR）、接收 CRC 寄存器（SPI_RXCRCR）和发送 CRC 寄存器（SPI_TXCRCR），具体使用说明见 STM32 参考手册。

6.2　SPI 库函数

SPI 寄存器结构（SPI_TypeDeff）在文件 stm32f10x_map.h 中定义如下：

```
typedef struct
{   vu16 CR1; u16 RESERVED0; vu16 CR2; u16 RESERVED1; vu16 SR; u16 RESERVED2;
    vu16 DR; u16 RESERVED3; vu16 CRCPR; u16 RESERVED4; vu16 RXCRCR;
    u16 RESERVED5; vu16 TXCRCR; u16 RESERVED6;
} SPI_TypeDef;
```

2 个 SPI 外设声明在文件 stm32f10x_map.h 中定义如下：

```
#define PERIPH_BASE ((u32)0x40000000)
#define APB1PERIPH_BASE PERIPH_BASE
#define APB2PERIPH_BASE (PERIPH_BASE + 0x10000)
#define AHBPERIPH_BASE (PERIPH_BASE + 0x20000)
#define SPI1_BASE (APB2PERIPH_BASE + 0x3000)
#define SPI2_BASE (APB1PERIPH_BASE + 0x3800)
#ifndef DEBUG
#ifdef _SPI1
#define SPI1 ((SPI_TypeDef *) SPI1_BASE)
#endif /*_SPI1 */
#ifdef _SPI2
#define SPI2 ((SPI_TypeDef *) SPI2_BASE)
#endif /*_SPI2 */
#else /* DEBUG */
#ifdef _SPI1
EXT SPI_TypeDef *SPI1;
#endif /*_SPI1 */
#ifdef _SPI2
EXT SPI_TypeDef *SPI2;
#endif /*_SPI2 */
#endif
```

使用 Debug 模式时，初始化指针 SPI1、SPI2 在文件 stm32f10x_lib.c 中定义如下：

```
#ifdef _SPI1
SPI1=(SPI_TypeDef *) SPI1_BASE;
#endif /*_SPI1 */
#ifdef _SPI2
SPI2=(SPI_TypeDef *) SPI2_BASE;
#endif /*_SPI2 */
```

为了访问 SPI 寄存器，_SPI、_SPI1、_SPI2 必须在文件 stm32f10x_conf.h 中定义如下：

```
#define _SPI
#define _SPI1
#define _SPI2
```

SPI 的库函数如下：

（1）SPI_DeInit：将外设 SPIx 寄存器重设为缺省值；
（2）SPI_Init：根据 SPI_InitStruct 中指定的参数初始化外设 SPIx 寄存器；
（3）SPI_StructInit：把 SPI_InitStruct 中的每一个参数按缺省值填入；
（4）SPI_Cmd：使能或者失能 SPI 外设；
（5）SPI_ITConfig：使能或者失能指定的 SPI 中断；
（6）SPI_DMACmd：使能或者失能指定 SPI 的 DMA 请求；
（7）SPI_SendData：通过外设 SPIx 发送一个数据；
（8）SPI_ReceiveData：返回通过 SPIx 最近接收的数据；
（9）SPI_DMALastTransferCmd：使下一次 DMA 传输为最后一次传输；
（10）SPI_NSSInternalSoftwareConfig：为选定的 SPI 软件配置内部 NSS 管脚；
（11）SPI_SSOutputCmd：使能或者失能指定的 SPI SS 输出；
（12）SPI_DataSizeConfig：设置选定的 SPI 数据大小；
（13）SPI_TransmitCRC：发送 SPIx 的 CRC 值；
（14）SPI_CalculateCRC：使能或者失能指定 SPI 的传输字 CRC 值计算；
（15）SPI_GetCRC：返回指定 SPI 的发送或者接受 CRC 寄存器值；
（16）SPI_GetCRCPolynomial：返回指定 SPI 的 CRC 多项式寄存器值；
（17）SPI_BiDirectionalLineConfig：选择指定 SPI 在双向模式下的数据传输方向；
（18）SPI_GetFlagStatus：检查指定的 SPI 标志位设置与否；
（19）SPI_ClearFlag：清除 SPIx 的待处理标志位；
（20）SPI_GetITStatus：检查指定的 SPI 中断发生与否；
（21）SPI_ClearITPendingBit：清除 SPIx 的中断待处理位。

6.3 设计实例——LCD 显示

液晶显示器（Liquid Crystal Display，LCD）的构造是在两片平行的玻璃当中放置液态的晶体，两片玻璃中间有许多垂直和水平的细小电线，通过通电与否来控制杆状水晶分子改变方向，将光线折射出来产生画面。LCM（LCD Module）即 LCD 显示模组、液晶模块，是指将液晶显示器件、连接件、控制与驱动等外围电路，PCB 电路板，背光源，结构件等装配在一起的组件。在平时的学习开发中，一般使用的是 LCM，它带有驱动 IC 和 LCD 屏幕等多个模块。

1. 实例要求

在 STM32 上进行 LCD 显示操作，有两种方式：一种是通过普通 I/O 端口连接 LCM 相应引脚，另一种是通过 FSMC 来进行操作。本实例通过 I/O 端口、SPI2 总线进行 LCD 内容显示，即在 LCD 屏上分行显示不同颜色的一个"This is a LCD example 2016.12.17"字符串。

2. 硬件基础

LCD 模块引脚原理图如图 6-2 所示，结合 STM32 开发板 MCU 原理图（图 2-3），LCD 模块通信采用 SPI 总线方式（PA12 为复位引脚），SPI2_MOSI 连接 PB15，SPI2_MISO 连接 PB14，SPI2_SCK 连接 PB13，SPI2_CS 连接 PB12。要实现 LCD 屏驱动，首先配置 I/O 端口和 SPI2 总线，然后 MCU 通过 SPI 总线向 LCD 模块写命令数据来实现 LCD 屏驱动、显示内容等功能。

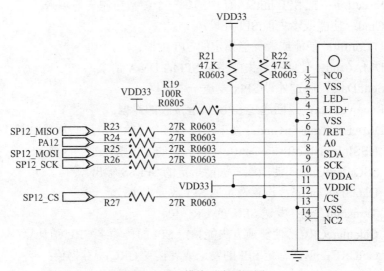

图 6-2 LCD 模块引脚原理图

3. 软件结构

要实现在 LCD 屏上显示文字内容，主要分成两个软件模块：LCD 屏驱动实现和 LCD 显示内容实现。LCD 显示的软件实现过程为：系统时钟初始化→LCD SPI 总线初始化→LCD 模块初始化→LCD 屏文字内容显示。

4. 实例代码

1）LCD 屏驱动实现

（1）SPI 总线引脚资源宏定义：

```
/*MISO*/
#define GPIO_REST GPIOB
#define RCC_APB2Periph_GPIO_REST RCC_APB2Periph_GPIOB
#define GPIO_Pin_REST GPIO_Pin_14
/*CS*/
#define GPIO_CS GPIOB
#define RCC_APB2Periph_GPIO_CS RCC_APB2Periph_GPIOB
#define GPIO_Pin_CS GPIO_Pin_12
/*PA12 复位*/
#define GPIO_RS GPIOA
```

```
#define RCC_APB2Periph_GPIO_RS RCC_APB2Periph_GPIOA
#define GPIO_Pin_RS GPIO_Pin_12
#define SPI_LCD_CS_LOW() GPIO_ResetBits(GPIO_CS, GPIO_Pin_CS)    /* CS 置低电平*/
#define SPI_LCD_CS_HIGH() GPIO_SetBits(GPIO_CS, GPIO_Pin_CS)     /* CS 置高电平*/
#define SPI_LCD_RS_LOW() GPIO_ResetBits(GPIO_RS, GPIO_Pin_RS)    /*复位引脚置低*/
#define SPI_LCD_RS_HIGH() GPIO_SetBits(GPIO_RS, GPIO_Pin_RS)     /*复位引脚置高*/
#define SPI_LCD_REST_LOW() GPIO_ResetBits(GPIO_REST, GPIO_Pin_REST) /*MISO 引脚置低*/
#define SPI_LCD_REST_HIGH() GPIO_SetBits(GPIO_REST, GPIO_Pin_REST) /*MISO 引脚置高*/
#define SPI_LCD_CLK(x) GPIO_WriteBit(GPIOB, GPIO_Pin_13, x)      /* SCK 引脚电平写方法*/
#define SPI_LCD_DAT(x) GPIO_WriteBit(GPIOB, GPIO_Pin_15, x)      /* MOSI 引脚电平写方法*/
```

（2）SPI 总线初始化。

SPI 总线由 SCK、MISO、CS、MOSI 引脚组成，要完成 SPI 总线初始化首先需要实现其相关引脚的 I/O 端口初始化，然后再配置 SPI 总线，本源代码采用 STM32 官方库实现，下面是 SPI 总线初始化源代码：

```
void SPI_LCD_Init(void)
{   SPI_InitTypeDef SPI_InitStructure;
    GPIO_InitTypeDef GPIO_InitStructure;
    #if USE_SPI  /* Enable LCD_SPIx and GPIO clocks */
        RCC_APB1PeriphClockCmd(RCC_APB1Periph_SPI2, ENABLE); //开启 SPI 时钟
    #endif
    //开启 SPI 总线 I/O 引脚的时钟
    RCC_APB2PeriphClockCmd( RCC_APB2Periph_GPIO_RS |RCC_APB2Periph_GPIO_REST |
    RCC_APB2Periph_GPIO_CS, ENABLE);
    #if USE_SPI
        /* LCD SPI 总线的 SCK、MISO、MOSI 引脚配置 */
        GPIO_InitStructure.GPIO_Pin=GPIO_Pin_15 /*| GPIO_Pin_14 miso*/ |
GPIO_Pin_13;
        GPIO_InitStructure.GPIO_Mode=GPIO_Mode_AF_PP;
        GPIO_InitStructure.GPIO_Speed=GPIO_Speed_10MHz;
        GPIO_Init(GPIOB, &GPIO_InitStructure);
    #else
        /* Configure LCD_SPIx pins: SCK, MISO and MOSI */
        GPIO_InitStructure.GPIO_Pin=GPIO_Pin_15 /*| GPIO_Pin_14 miso*/ |
GPIO_Pin_13;
        GPIO_InitStructure.GPIO_Mode=GPIO_Mode_Out_PP;
```

```
        GPIO_InitStructure.GPIO_Speed=GPIO_Speed_10MHz;
        GPIO_Init(GPIOB, &GPIO_InitStructure);
        SPI_LCD_CLK(1);
    #endif
    //REST
    GPIO_InitStructure.GPIO_Pin=GPIO_Pin_REST;
    GPIO_InitStructure.GPIO_Mode=GPIO_Mode_Out_PP;
    GPIO_Init(GPIO_REST, &GPIO_InitStructure);
    /*RS 引脚配置*/
    GPIO_InitStructure.GPIO_Pin=GPIO_Pin_RS;
    GPIO_InitStructure.GPIO_Mode=GPIO_Mode_Out_PP;
    GPIO_Init(GPIO_RS, &GPIO_InitStructure);
    /* CS 引脚配置*/
    GPIO_InitStructure.GPIO_Pin=GPIO_Pin_CS;
    GPIO_InitStructure.GPIO_Mode=GPIO_Mode_Out_PP;
    GPIO_Init(GPIO_CS, &GPIO_InitStructure);
    /*初始状态下降 CS 引脚置高,选择 LCD FLASH*/
    SPI_LCD_CS_HIGH();
    #if USE_SPI
        /*LCD 的 SPI 总线配置*/
        SPI_InitStructure.SPI_Direction=SPI_Direction_1Line_Tx;
        SPI_InitStructure.SPI_Mode=SPI_Mode_Master;
        SPI_InitStructure.SPI_DataSize=SPI_DataSize_8b;
        SPI_InitStructure.SPI_CPOL=SPI_CPOL_High;
        SPI_InitStructure.SPI_CPHA=SPI_CPHA_2Edge;
        SPI_InitStructure.SPI_NSS=SPI_NSS_Soft;
        SPI_InitStructure.SPI_BaudRatePrescaler=SPI_BaudRatePrescaler_4;
        SPI_InitStructure.SPI_FirstBit=SPI_FirstBit_MSB;
        SPI_InitStructure.SPI_CRCPolynomial=7;
        SPI_Init(LCD_SPIx, &SPI_InitStructure);
        /* 使能 SPI 总线*/
        SPI_Cmd(LCD_SPIx, ENABLE);
    #endif
}
```

（3）LCD 模块初始化。

SPI 总线驱动实现后,就需对 LCD 模块初始化,即需要发送一系列指令,对于相关指令,用户可以参考 LCD 屏的数据手册。下面便是 LCD 模块初始化源代码：

```
void lcd_initial(void)
{   int i;
```

```c
    for (i=0; i<240; i++) SPI_LCD_REST_LOW();  // hard reset
    for (i=0; i<240; i++) SPI_LCD_REST_HIGH();
write_command(0x11);//Sleep exit
//ST7735R Frame Rate
    write_command(0xB1); write_data(0x01); write_data(0x2C); write_data(0x2D);
    write_command(0xB2); write_data(0x01); write_data(0x2C); write_data(0x2D);
    write_command(0xB3); write_data(0x01); write_data(0x2C); write_data(0x2D);
    write_data(0x01); write_data(0x2C); write_data(0x2D);
    write_command(0xB4); write_data(0x07);  //Column inversion
//ST7735R Power Sequence
    write_command(0xC0); write_data(0xA2); write_data(0x02); write_data(0x84);
    write_command(0xC1); write_data(0xC5);
    write_command(0xC2); write_data(0x0A); write_data(0x00);
    write_command(0xC3); write_data(0x8A); write_data(0x2A);
    write_command(0xC4); write_data(0x8A); write_data(0xEE);
    write_command(0xC5); write_data(0x0E);   //VCOM
write_command(0x36); //MX, MY, RGB mode
    #if ROTATION==90
        write_data(0xa0|SBIT_RGB);
    #elif ROTATION==180
        write_data(0xc0|SBIT_RGB);
    #elif ROTATION==270
        write_data(0x60|SBIT_RGB);
    #else
        write_data(0x00|SBIT_RGB);
    #endif
    #if ROTATION==90||ROTATION==270
        write_command(0x2a); write_data(0x00);write_data(0x00); write_data(0x00);
write_data(0x9f);
        write_command(0x2b); write_data(0x00);write_data(0x00); write_data(0x00);
write_data(0x7f);
    #else
        write_command(0x2a); write_data(0x00);write_data(0x00); write_data(0x00);
write_data(0x7f);
        write_command(0x2b); write_data(0x00);write_data(0x00); write_data(0x00);
write_data(0x9f);
    #endif
//ST7735R Gamma Sequence
    write_command(0xe0); write_data(0x0f); write_data(0x1a);write_data(0x0f);
```

```
write_data(0x18);
    write_data(0x2f); write_data(0x28);write_data(0x20); write_data(0x22);
    write_data(0x1f); write_data(0x1b);write_data(0x23); write_data(0x37);
    write_data(0x00); write_data(0x07);write_data(0x02); write_data(0x10);
    write_command(0xe1); write_data(0x0f); write_data(0x1b); write_data(0x0f);
write_data(0x17);
    write_data(0x33); write_data(0x2c); write_data(0x29); write_data(0x2e);
    write_data(0x30); write_data(0x30); write_data(0x39); write_data(0x3f);
    write_data(0x00); write_data(0x07); write_data(0x03); write_data(0x10);
    write_command(0xF0); write_data(0x01);   //Enable test command
    write_command(0xF6); write_data(0x00);   //Disable ram power save mode
    write_command(0x3A); write_data(0x05); //65k mode
    write_command(0x29);//Display on
}
```

通过上述源代码可知，LCD 模块在初始化时调用 write_command()和 write_data()方法来实现 STM32 向 LCD 发送数据，即内容显示。LCD 显示内容之前需先通过 write_command()向 LCD 发送相关控制命令，然后调用 write_data()向 LCD 发送显示内容。方法源代码如下：

```
/*指令写函数*/
void write_command(unsigned char c)   //发送写使能指令
{   SPI_LCD_RS_LOW();
    SPI_LCD_CS_LOW();
    #if USE_SPI
        /* Send byte thROTATIONugh the LCD_SPIx peripheral , */
        SPI_I2S_SendData(LCD_SPIx, c);
        /* Loop while DR register in not emplty */
        while (SPI_I2S_GetFlagStatus(LCD_SPIx, SPI_I2S_FLAG_TXE) == RESET);
    #else
        For(int i=0; i<8; i++){
            SPI_LCD_DAT(0x01&(c>>(7-i)));
            SPI_LCD_CLK(0); SPI_LCD_CLK(1);}
    #endif
    /* Deselect the FLASH: Chip Select high */
    SPI_LCD_CS_HIGH();
}
void write_data(unsigned char c)   /*数据写函数*/
{   SPI_LCD_RS_HIGH();
    SPI_LCD_CS_LOW();
    #if USE_SPI
        /* Send byte thROTATIONugh the LCD_SPIx peripheral */
```

```
        SPI_I2S_SendData(LCD_SPIx, c);
        /* Loop while DR register in not emplty */
        while (SPI_I2S_GetFlagStatus(LCD_SPIx, SPI_I2S_FLAG_TXE)==RESET);
    #else
        for (int i=0; i<8; i++) {  SPI_LCD_DAT(0x01&(c>>(7-i)));
        SPI_LCD_CLK(0);  SPI_LCD_CLK(1); }
    #endif
        /* Deselect the FLASH: Chip Select high */
        SPI_LCD_CS_HIGH();
}
```

2) LCD 屏内容显示

实现 LCD 屏驱动后，只需编写 LCD 内容显示方法即可，在本例中让 LCD 屏上分行显示不同颜色的 "This is a LCD example"，下面是 LCD 显示的实现源码：

```
void Display_Desc(void)
{   char *p="LCD example";
    Display_Clear_Rect(0, 0, LCDW, 9, 0xffff); /*将LCD屏顶端的160*9 的区域清屏成白色*/
    Display_ASCII5X8((LCDW-strlen(p)*6)/2, 1, 0x0000, p); /* LCD 屏顶端居中黑色字体显示 p 的内容*/
    Display_ASCII8X16(1,24, 0xf800, "This");
    Display_ASCII8X16(1,36, 0x07e0, "is");
    Display_ASCII8X16(1,48, 0x0f0f0, "a");
    Display_ASCII8X16(1,60, 0xffff, "LCD");
    Display_ASCII8X16(1,72, 0x0000, "example");
    Display_ASCII8X16(1,84, 0x0000, "2016.12.17");
    Display_Clear_Rect(0, LCDH-9, LCDW, 9, 0xffff); /*在LCD底部160*9 的区域清屏成白色*/
    Display_ASCII5X8((LCDW-strlen(p)*6)/2, LCDH-8, 0x0000, p); /*底部居中黑色字体显示 p 的内容*/
}
```

上述内容中实现 LCD 文字显示，在实现的过程调用 Display_ASCII5X8() 和 Display_ASCII8X16()两个方法，此方法的功能是在 LCD 屏上的任意位置显示 5×8、8×16 点阵大小的字符，同时可以指定显示字符的颜色，下面便是这两个方法的实现源代码：

```
void Display_ASCII5X8(unsigned int x0,unsigned int y0,unsigned int co, char *s)
/*5X8*/
{   #define CWIDTH 6
    unsigned char ch=*s;
    unsigned char dot;
    int i, j;
```

```
    while (ch!=0) {
       if (ch<0x20||ch>0x7e) {ch=0x20;}
       ch -= 0x20;
       for (i=0; i<5; i++) {  dot=nAsciiDot[ch*5+i];
           for (j=0; j<8; j++) { if (dot&0x80) Output_Pixel(x0+i, y0+j, co);  dot
<<= 1;}
       }
       x0+=CWIDTH; ch=*++s;
    }
}
void Display_ASCII8X16(unsigned int x0,unsigned int y0, unsigned int co, char *s)
/*8X16*/
{   int i, j, k, x, y, xx;
    unsigned char qm;
    long int ulOffset;
    char ywbuf[32]  /*,temp[2]*/;
    for(i = 0; i<strlen((char*)s);i++)
    {  if(((unsigned char)(*(s+i)))>=161)  return;
       else  {  qm=*(s+i);
            ulOffset=(long int)(qm)*16;
          for (j=0; j<16; j++) ywbuf[j]=Zk_ASCII8X16[ulOffset+j];
           for(y=0;y<16;y++) {
              for(x=0;x<8;x++) {
                 k=x%8;
                 if(ywbuf[y]&(0x80>>k))
                 {  xx=x0+x+i*8;
                    Output_Pixel(xx,y+y0, co);}}}}}
}
```

根据 LCD 屏工作原理，要在 LCD 屏上显示 5×8、8×16 点阵字符，必须要在源代码中生成一个这些点阵大小的字符库，否则将不能在 LCD 屏上显示正确的字符信息，本节实验中定义了这两个 5×8，8×16 点阵的字符库，分别是 nAsciiDot[]和 Zk_ASCII8X16[]。

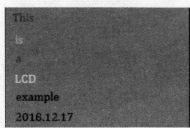

图 6-3 LCD 内容显示

在 IAR 开发环境中打开实例工程 lcd.eww，选择"Project" -> "Rebuild All"重新编译工程。接下来选择"Project" -> "Download and debug"将程序下载到 STM32 开发板中。下载完后单击"Debug" -> "Go"让程序全速运行。也可以将 STM32 开发板重新上电或者按下复位按钮让刚才下载的程序重新运行。程序成功运行后，在 LCD 屏上可以看到如图 6-3 所示的内容。

第 7 章 定时器 TIM

STM32 定时器除了滴答定时器 SysTick 外，还有高级控制定时器 TIM1/8、通用定时器 TIM2-5、基本定时器 6/7、实时时钟 RTC、独立看门狗 IWDG 和窗口看门狗 WWDG 等。本章以通用定时器为例介绍定时器相关技术。

7.1 通用定时器

通用定时器由可编程预分频器驱动的 16 位自动装载计数器构成。它适用于多种场合，包括测量输入信号的脉冲长度（输入捕获）或者产生输出波形（输出比较和 PWM）。使用定时器预分频器和 RCC 时钟控制器预分频器，脉冲长度和波形周期可以在几个微秒到几个毫秒间调整。每个定时器都是完全独立的，没有共享任何资源。

通用 TIMx（TIM2、TIM3、TIM4 和 TIM5）定时器功能包括：

(1) 16 位向上、向下、向上/向下自动装载计数器。

(2) 16 位可编程（可以实时修改）预分频器，计数器时钟频率的分频系数为 1~65 536 的任意数值。

(3) 4 个独立通道：输入捕获、输出比较、PWM 生成、单脉冲模式输出。

(4) 使用外部信号控制定时器和定时器互联的同步电路。

(5) 如下事件发生时产生中断/DMA：更新：计数器向上溢出/向下溢出，计数器初始化（通过软件或者内部/外部触发）；触发事件（计数器启动、停止、初始化或者由内部/外部触发计数）；输入捕获；输出比较。

(6) 支持针对定位的增量（正交）编码器和霍尔传感器电路。

(7) 触发输入作为外部时钟或者按周期的电流管理。

TIM 使用的 GPIO 引脚见表 7-1。

嵌入式物联网应用技术实践教程——基于 6LoWPAN

表 7-1 TIM 使用的 GPIO 引脚

TIM 引脚	GPIO 引脚				配置
	TIM2	TIM3	TIM4	TIM5	
CH1	PA.08	PA.00(PB.15)	PA.06(PB.04/ PC.06)	PB.06	浮空输入（输入捕获）复用推挽输出（输出比较）
CH2	PA.09	PA.01(PB.03)	PA.07(PB.05/ PC.07)	PB.07	
CH3	PA.10	PA.02(PB.10)	PA.00(PC.08)	PB.08	
CH4	PA.11	PA.03(PB.11)	PA.01(PC.09)	PB.09	
ETR	PA.12	PA.00	PD.02	—	浮空输入
BKIN	PB.12 (PB.06)	—	—	—	浮空输入
CH1N	PB.13 (PB.07)	—	—	—	复用推挽输出
CH2N	PB.14 (PB.00)	—	—	—	
CH3N	PB.15 (PB.01)	—	—	—	

TIM 通过 11 个寄存器进行操作，具体使用说明见 STM32 参考手册。

7.2 TIM 寄存器结构

TIM 寄存器结构（TIM_TypeDeff），在文件 stm32f10x_map.h 中定义如下：

```
typedef struct
{ vu16 CR1; u16 RESERVED0; vu16 CR2; u16 RESERVED1; vu16 SMCR; u16 RESERVED2;
  vu16 DIER; u16 RESERVED3; vu16 SR; u16 RESERVED4; vu16 EGR; u16 RESERVED5;
  vu16 CCMR1; u16 RESERVED6; vu16 CCMR2; u16 RESERVED7; vu16 CCER; u16 RESERVED8;
  vu16 CNT; u16 RESERVED9; vu16 PSC; u16 RESERVED10; vu16 ARR; u16 RESERVED11[3];
  vu16 CCR1; u16 RESERVED12; vu16 CCR2; u16 RESERVED13; vu16 CCR3; u16 RESERVED14;
  vu16 CCR4; u16 RESERVED15[3]; vu16 DCR; u16 RESERVED16; vu16 DMAR; u16
RESERVED17;
} TIM_TypeDef;
```

3 个 TIM 外设声明于文件 stm32f10x_map.h 中：

```
#define PERIPH_BASE ((u32)0x40000000)
#define APB1PERIPH_BASE PERIPH_BASE
#define APB2PERIPH_BASE (PERIPH_BASE+0x10000)
#define AHBPERIPH_BASE (PERIPH_BASE+0x20000)
#define TIM2_BASE (APB1PERIPH_BASE+0x0000)
#define TIM3_BASE (APB1PERIPH_BASE+0x0400)
#define TIM4_BASE (APB1PERIPH_BASE+0x0800)
#ifndef DEBUG
#ifdef _TIM2
```

```
#define TIM2 ((TIM_TypeDef *) TIM2_BASE)
#endif /*_TIM2 */
#ifdef _TIM3
#define TIM3 ((TIM_TypeDef *) TIM3_BASE)
#endif /*_TIM3 */
#ifdef _TIM4
#define TIM4 ((TIM_TypeDef *) TIM4_BASE)
#endif /*_TIM4 */
#else /* DEBUG */
#ifdef _TIM2
EXT TIM_TypeDef *TIM2;
#endif /*_TIM2 */
#ifdef _TIM3
EXT TIM_TypeDef *TIM3;
#endif /*_TIM3 */
#ifdef _TIM4
EXT TIM_TypeDef *TIM4;
#endif /*_TIM4 */
#endif
```

使用 Debug 模式时，初始化指针 TIM2、TIM3 和 TIM4 于文件 stm32f10x_lib.c 中：

```
#ifdef _TIM2
TIM2 =(TIM_TypeDef *) TIM2_BASE;
#endif /*_TIM2 */
#ifdef _TIM3
TIM3 =(TIM_TypeDef *) TIM3_BASE;
#endif /*_TIM3 */
#ifdef _TIM4
TIM4 =(TIM_TypeDef *) TIM4_BASE;
#endif /*_TIM4 */
```

为了访问 TIM 寄存器，_TIM、_TIM2、_TIM3 和_TIM4 定义于文件 stm32f10x_conf：

```
#define _TIM
#define _TIM2
#define _TIM3
#define _TIM4
```

7.3 TIM 库函数

（1）TIM_DeInit：将外设 TIMx 寄存器重设为缺省值；
（2）TIM_TimeBaseInit：根据 TIM_TimeBaseInitStruct 中的指定参数初始化 TIMx 时间基

数单位；

(3) TIM_OCInit：根据 TIM_OCInitStruct 中指定的参数初始化外设 TIMx；
(4) TIM_ICInit：根据 TIM_ICInitStruct 中指定的参数初始化外设 TIMx；
(5) TIM_TimeBaseStructInit：把 TIM_TimeBaseInitStruct 中的每一个参数按缺省值填入；
(6) TIM_OCStructInit：把 TIM_OCInitStruct 中的每一个参数按缺省值填入；
(7) TIM_ICStructInit：把 TIM_ICInitStruct 中的每一个参数按缺省值填入；
(8) TIM_Cmd：使能或者失能 TIMx 外设；
(9) TIM_ITConfig：使能或者失能指定的 TIM 中断；
(10) TIM_DMAConfig：设置 TIMx 的 DMA 接口；
(11) TIM_DMACmd：使能或者失能指定的 TIMx 的 DMA 请求；
(12) TIM_InternalClockConfig：设置 TIMx 内部时钟；
(13) TIM_ITRxExternalClockConfig：设置 TIMx 内部触发为外部时钟模式；
(14) TIM_TIxExternalClockConfig：设置 TIMx 触发为外部时钟；
(15) TIM_ETRClockMode1Config：配置 TIMx 外部时钟模式 1；
(16) TIM_ETRClockMode2Config：配置 TIMx 外部时钟模式 2；
(17) TIM_ETRConfig：配置 TIMx 外部触发；
(18) TIM_SelectInputTrigger：选择 TIMx 输入触发源；
(19) TIM_PrescalerConfig：设置 TIMx 预分频；
(20) TIM_CounterModeConfig：设置 TIMx 计数器模式；
(21) TIM_ForcedOC1Config：置 TIMx 输出 1 为活动或者非活动电平；
(22) TIM_ForcedOC2Config：置 TIMx 输出 2 为活动或者非活动电平；
(23) TIM_ForcedOC3Config：置 TIMx 输出 3 为活动或者非活动电平；
(24) TIM_ForcedOC4Config：置 TIMx 输出 4 为活动或者非活动电平；
(25) TIM_ARRPreloadConfig：使能或者失能 TIMx 在 ARR 上的预装载寄存器；
(26) TIM_SelectCCDMA：选择 TIMx 外设的捕获比较 DMA 源；
(27) TIM_OC1PreloadConfig：使能或者失能 TIMx 在 CCR1 上的预装载寄存器；
(28) TIM_OC2PreloadConfig：使能或者失能 TIMx 在 CCR2 上的预装载寄存器；
(29) TIM_OC3PreloadConfig：使能或者失能 TIMx 在 CCR3 上的预装载寄存器；
(30) TIM_OC4PreloadConfig：使能或者失能 TIMx 在 CCR4 上的预装载寄存器；
(31) TIM_OC1FastConfig：设置 TIMx 捕获比较 1 快速特征；
(32) TIM_OC2FastConfig：设置 TIMx 捕获比较 2 快速特征；
(33) TIM_OC3FastConfig：设置 TIMx 捕获比较 3 快速特征；
(34) TIM_OC4FastConfig：设置 TIMx 捕获比较 4 快速特征；
(35) TIM_ClearOC1Ref：在一个外部事件时清除或者保持 OCREF1 信号；
(36) TIM_ClearOC2Ref：在一个外部事件时清除或者保持 OCREF2 信号；
(37) TIM_ClearOC3Ref：在一个外部事件时清除或者保持 OCREF3 信号；
(38) TIM_ClearOC4Ref：在一个外部事件时清除或者保持 OCREF4 信号；
(39) TIM_UpdateDisableConfig：使能或者失能 TIMx 更新事件；
(40) TIM_EncoderInterfaceConfig：设置 TIMx 编码界面；

（41）TIM_GenerateEvent：设置 TIMx 事件由软件产生；

（42）TIM_OC1PolarityConfig：设置 TIMx 通道 1 极性；

（43）TIM_OC2PolarityConfig：设置 TIMx 通道 2 极性；

（44）TIM_OC3PolarityConfig：设置 TIMx 通道 3 极性；

（45）TIM_OC4PolarityConfig：设置 TIMx 通道 4 极性；

（46）TIM_UpdateRequestConfig：设置 TIMx 更新请求源；

（47）TIM_SelectHallSensor：使能或者失能 TIMx 霍尔传感器接口；

（48）TIM_SelectOnePulseMode：设置 TIMx 单脉冲模式；

（49）TIM_SelectOutputTrigger：选择 TIMx 触发输出模式；

（50）TIM_SelectSlaveMode：选择 TIMx 从模式；

（51）TIM_SelectMasterSlaveMode：设置或者重置 TIMx 主/从模式；

（52）TIM_SetCounter：设置 TIMx 计数器寄存器值；

（53）TIM_SetAutoreload：设置 TIMx 自动重装载寄存器值；

（54）TIM_SetCompare1：设置 TIMx 捕获比较 1 寄存器值；

（55）TIM_SetCompare2：设置 TIMx 捕获比较 2 寄存器值；

（56）TIM_SetCompare3：设置 TIMx 捕获比较 3 寄存器值；

（57）TIM_SetCompare4：设置 TIMx 捕获比较 4 寄存器值；

（58）TIM_SetIC1Prescaler：设置 TIMx 输入捕获 1 预分频；

（59）TIM_SetIC2Prescaler：设置 TIMx 输入捕获 2 预分频；

（60）TIM_SetIC3Prescaler：设置 TIMx 输入捕获 3 预分频；

（61）TIM_SetIC4Prescaler：设置 TIMx 输入捕获 4 预分频；

（62）TIM_SetClockDivision：设置 TIMx 的时钟分割值；

（63）TIM_GetCapture1：获得 TIMx 输入捕获 1 的值；

（64）TIM_GetCapture2：获得 TIMx 输入捕获 2 的值；

（65）TIM_GetCapture3：获得 TIMx 输入捕获 3 的值；

（66）TIM_GetCapture4：获得 TIMx 输入捕获 4 的值；

（67）TIM_GetCounter：获得 TIMx 计数器的值；

（68）TIM_GetPrescaler：获得 TIMx 预分频值；

（69）TIM_GetFlagStatus：检查指定的 TIM 标志位设置与否；

（70）TIM_ClearFlag：清除 TIMx 的待处理标志位；

（71）TIM_GetITStatus：检查指定的 TIM 中断发生与否；

（72）TIM_ClearITPendingBit：清除 TIMx 的中断待处理位。

7.4 设计实例1——通用定时器

1. 实例要求

在实例中用 TIME2、TIME3 和 TIME4 三个定时器。使用 TIME2 定时器每 500 ms

一次溢出中断，TIME3 每 250 ms 一次溢出中断，TIME4 每 1 000 ms 一次溢出中断。定时器寄存器溢出后，能自动重载。进入 TIME2 定时器中断，跳变一次 D4；进入 TIME3 定时器中断，跳变一次 D5；进入 TIME4 定时器中断，输出一次串口消息。

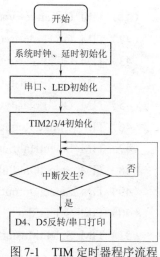

图 7-1　TIM 定时器程序流程

2. 硬件基础

D4、D5 灯的硬件原理如图 3-2 所示。

3. 软件结构

TIM 定时器程序流程如图 7-1 所示。

4. 实例代码

LED 内容显示实例中定时器的配置源码如下：

```
void time_init(void)
{
    TIM_TimeBaseInitTypeDef TIM_TimeBaseStructure ;
    NVIC_InitTypeDef NVIC_InitStructure;
    RCC_APB1PeriphClockCmd(RCC_APB1Periph_TIM2, ENABLE); //打开TIM2 外设时钟
    RCC_APB1PeriphClockCmd(RCC_APB1Periph_TIM3, ENABLE); //打开TIM3 外设时钟
    RCC_APB1PeriphClockCmd(RCC_APB1Periph_TIM4, ENABLE); //打开TIM4 外设时钟
    // 定时器 2 设置:720 分频,500ms 中断一次,向上计数
    TIM_TimeBaseStructure.TIM_Period=50000;
    TIM_TimeBaseStructure.TIM_Prescaler=719;
    TIM_TimeBaseStructure.TIM_ClockDivision=0;
    TIM_TimeBaseStructure.TIM_CounterMode=TIM_CounterMode_Up;
    TIM_TimeBaseInit(TIM2, &TIM_TimeBaseStructure); //初始化定时器
    TIM_ITConfig(TIM2, TIM_IT_Update, ENABLE); //开定时器中断
    TIM_Cmd(TIM2, ENABLE); //使能定时器
    // 定时器 3 设置： 720 分频,250ms 中断一次,向上计数
    TIM_TimeBaseStructure.TIM_Period=25000;
    TIM_TimeBaseStructure.TIM_Prescaler=719;
    TIM_TimeBaseStructure.TIM_ClockDivision=0;
    TIM_TimeBaseStructure.TIM_CounterMode=TIM_CounterMode_Up;
    TIM_TimeBaseInit(TIM3, &TIM_TimeBaseStructure); //初始化定时器
    TIM_ITConfig(TIM3, TIM_IT_Update, ENABLE); //开定时器中断
    TIM_Cmd(TIM3, ENABLE); //使能定时器
    // 定时器 4 设置: 1 440 分频,1 000 ms 中断一次,向上计数
    TIM_TimeBaseStructure.TIM_Period=50000;
    TIM_TimeBaseStructure.TIM_Prescaler=1439;
    TIM_TimeBaseStructure.TIM_ClockDivision=0;
```

```c
    TIM_TimeBaseStructure.TIM_CounterMode=TIM_CounterMode_Up;
    TIM_TimeBaseInit(TIM4, &TIM_TimeBaseStructure); //初始化定时器
    TIM_ITConfig(TIM4, TIM_IT_Update, ENABLE); //开定时器中断
    TIM_Cmd(TIM4, ENABLE); //使能定时器
    // 使能TIM2中断
    NVIC_InitStructure.NVIC_IRQChannel=TIM2_IRQn;
    NVIC_InitStructure.NVIC_IRQChannelPreemptionPriority=2;
    NVIC_InitStructure.NVIC_IRQChannelSubPriority=0;
    NVIC_InitStructure.NVIC_IRQChannelCmd=ENABLE;
    NVIC_Init(&NVIC_InitStructure);
    // 使能TIM3中断
    NVIC_InitStructure.NVIC_IRQChannel=TIM3_IRQn;
    NVIC_InitStructure.NVIC_IRQChannelPreemptionPriority=2;
    NVIC_InitStructure.NVIC_IRQChannelSubPriority=1;
    NVIC_InitStructure.NVIC_IRQChannelCmd=ENABLE;
    NVIC_Init(&NVIC_InitStructure);
    // 使能TIM4中断
    NVIC_InitStructure.NVIC_IRQChannel=TIM4_IRQn;
    NVIC_InitStructure.NVIC_IRQChannelPreemptionPriority=2;
    NVIC_InitStructure.NVIC_IRQChannelSubPriority=2;
    NVIC_InitStructure.NVIC_IRQChannelCmd=ENABLE;
    NVIC_Init(&NVIC_InitStructure);
}
//定时器2中断服务程序 D4 反转
void TIM2_IRQHandler(void)
{   if (TIM_GetITStatus(TIM2, TIM_IT_Update)!=RESET)
    {   TIM_ClearITPendingBit(TIM2, TIM_IT_Update);
        D4_toggle();}
}
//定时器3中断服务程序 D5 反转
void TIM3_IRQHandler(void)
{   if (TIM_GetITStatus(TIM3, TIM_IT_Update)!=RESET)
    {   TIM_ClearITPendingBit(TIM3, TIM_IT_Update);
        D5_toggle(); }
}
//定时器4中断服务程序 串口打印
void TIM4_IRQHandler(void)
{   if(TIM_GetITStatus(TIM4, TIM_IT_Update)!=RESET)
    {   TIM_ClearITPendingBit(TIM4, TIM_IT_Update);
        printf("This is timer test\n");}
}
```

上述定时器的过程中设置定时器溢出时间，那么该时间的计算公式为：T=1/（SYSCLOCK/（Prescaler×Period））（单位：s）。注：SYSCLOCK 为系统时钟频率 72 MHz，Prescaler 为预分频数，Period 为自动重载寄存器的值。

在 IAR 开发环境中打开实例工程题目 tim.eww，选择"Project"->"Rebuild All"重新编译工程。接下来选择"Project"->"Download and debug"将程序下载到 STM32 开发板中。下载完后单击"Debug"->"Go"让程序全速运行。也可以将 STM32 开发板重新上电或者按下复位按钮让刚才下载的程序重新运行。程序成功运行后，在 PC 机上打开串口调试助手或者超级终端，设置接收的波特率为 115 200，数据位为 8，奇偶校验为"无"，停止位为 1，数据流控制为"无"。由于这里开了 3 个定时器，其中定时器 2 的周期是 500 ms，定时器 3 的周期是 250 ms，定时器 4 的周期是 1 000 ms，对应的 3 个中断操作分别是，D4 反转、D5 反转、打印"This is timer test"，所以可以看到实验板上 D4 以 500 ms 为周期闪烁，D5 以 250 ms 为周期闪烁，打开串口调试助手或者超级终端，每隔 1 秒将会在接收区看到如下信息：

```
Stm32 example start!
This is timer test!
```

7.5 设计实例 2——SysTick 定时器

1. 实例要求

在 STM32 开发板中，使用 Cortex-M3 内核的 SysTick 作为定时时钟，设定每 1 ms 产生一次中断，在中断处理函数里对 TimingDelay 减一，在 delay_ms()函数中循环检测 TimingDelay 是否为 0，若不为 0 则进行循环等待；若 0 则关闭 SysTick 时钟，退出函数。在实验中每隔 1 s 向串口打印一条消息。

2. 硬件基础

SysTick 的硬件原理如图 2-1 所示。

3. 软件结构

SysTick 定时器的程序流程如图 7-2 所示。

4. 实例代码

STM32 Cortex-M3 的内核中包含一个 SysTick 时钟。SysTick 为一个 24 位递减计数器，SysTick 设定初值并使能后，每经过 1 个系统时钟周期，计数值就减 1。计数到 0 时，SysTick 计数器自动重装初值并继续计数，同时内部的 COUNTFLAG 标志会置位，触发中断（在中断使能情况下）。使用 SysTick 定时器的方法及步骤如下：

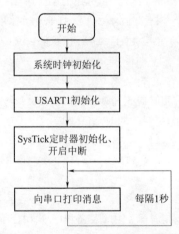

图 7-2 SysTick 定时器的程序流程

（1）SysTick 时钟初始化：

```
void Init_SysTick()
{   if(SysTick_Config(SystemCoreClock/1000))   // SystemCoreClock/1000 意为每隔
```

1ms 中断一次
```
    while(1);
}
```

在 SysTick 时钟初始化中调用 SysTick_Config()方法,在 core_cm3.h 中定义,源码如下:
```
static _INLINE uint32_t SysTick_Config(uint32_t ticks)
{   //初始化、启动 SysTick 定时器、中断
    if(ticks>SysTick_LOAD_RELOAD_Msk) return(1);/* 超出范围*/
    SysTick->LOAD=(ticks & SysTick_LOAD_RELOAD_Msk)-1; /* 设置重载寄存器*/
    NVIC_SetPriority(SysTick_IRQn, (1<<__NVIC_PRIO_BITS)-1); /* 设置中断优先级*/
    SysTick->VAL=0; /*加载 SysTick 计数器的值 */
    SysTick->CTRL=SysTick_CTRL_CLKSOURCE_Msk |
    SysTick_CTRL_TICKINT_Msk |
    SysTick_CTRL_ENABLE_Msk; /* 使能 SysTick 中断和定时器*/
    return(0); /* 初始化成功 */
}
```

通过 SysTick 初始化实现 1 ms 中断一次,要实现毫秒延时,先定义一个 TimingDelay 的全局变量,然后定义一个毫秒延时函数,参数为延时毫秒数,中断服务函数中将 TimingDelay 递减,也就是每 1 ms 中断发生时则将 TimingDelay 的值减 1,从而实现精确的毫秒延时方法。下面是毫秒延时方法和中断服务程序的实现。

(2) 延时函数:
```
void delay_ms(_IO uint32_t nTime)    //需要延时处调用
{   TimingDelay=nTime;
    while(TimingDelay!=0);
}
```

(3) 中断函数:
```
void SysTick_Handler()    //定时器减至零时调用
{   if(TimingDelay!=0x00)
    TimingDelay--;
}
```

在 IAR 开发环境中打开实例工程题目 systick.eww,选择"Project"->"Rebuild All"重新编译工程。接下来选择"Project"->"Download and debug"将程序下载到 STM32 开发板中。下载完后单击"Debug"->"Go"让程序全速运行。也可以将 STM32 开发板重新上电或者按下复位按钮让刚才下载的程序重新运行。程序成功运行后,在 PC 机上打开串口调试助手或者超级终端,设置接收的波特率为 115 200,数据位为 8,奇偶校验为"无",停止位为 1,数据流控制为"无",将会在接收区看到如下信息:

```
Stm32 example start!
Hello Word!
```

并且每隔 1 s 后接收区会再显示一次"Stm32 example start ! Hello Word !"。

第 8 章

看门狗

MCU 系统的工作常常会受到来自外界电磁场的干扰,造成程序的跑飞,从而陷入死循环,程序的正常运行被打断,由 MCU 控制的系统无法继续工作,这会造成整个系统陷入停滞状态,发生不可预料的后果,所以出于对 MCU 运行状态进行实时监测的考虑,便产生了一种专门用于监测 MCU 程序运行状态的芯片,俗称"看门狗"(Watch Dog)。

看门狗,准确地说应该是看门狗定时器,其有两个引脚,一个是输入端,叫喂狗引脚;另一个是输出端,连接到 MCU 的 RESET 引脚。在系统运行以后,启动看门狗的计数器,看门狗就开始自动计数;MCU 正常工作时,每隔一段时间输出一个信号到喂狗端,将 WDT 清零;一旦单片机由于干扰造成程序跑飞,而进入死循环状态时,在超过规定的时间内"喂狗"程序不能被执行,看门狗计数器就会溢出,从而引起看门狗中断,就会输出一个复位信号到 MCU,造成系统复位。所以在使用看门狗时,要注意适时"喂狗"。

STM32F10xxx 内置两个看门狗,提供了更高的安全性、时间的精确性和使用的灵活性。两个看门狗设备(独立看门狗 IWDG 和窗口看门狗 WWDG)可用来检测和解决由软件错误引起的故障。当计数器达到给定的超时值时,触发一个中断(仅适用于窗口型看门狗)或产生系统复位。

8.1 独立看门狗

STM32 的独立看门狗由内部专门的 40 kHz 低速时钟(LSI)驱动,即使主时钟发生故障,它也仍然有效,它也称为"硬件看门狗"。如果用户在选择字节中启用了硬件看门狗功能,在系统上电复位后,看门狗会自动开始运行;如果在计数器计数结束前,软件没有向键值寄存器写入相应的值,则系统会产生复位。

独立看门狗(IWDG)用来解决由软件或者硬件引起的处理器故障。它也可以在停止(Stop)模式和待命(Standby)模式下工作,通过对 LSI 进行校准可获得相对精确的看门狗超时时间。IWDG 最适合应用于那些需要看门狗在主程序之外,能够完全独立工作,并且对时间精度要求较低的场合。

8.1.1 IWDG 功能描述

在键值寄存器（IWDG_KR）中写入 0xCCCC，开始启用独立看门狗，此时计数器开始从其复位值 0xFFF 递减计数。当计数器计数到末尾 0x000 时，会产生一个复位信号（IWDG_RESET）。无论何时，只要键值寄存器 IWDG_KR 中被写入 0xAAAA，IWDG_RLR 中的值就会被重新加载到计数器中，从而避免产生看门狗复位。

IWDG_PR 和 IWDG_RLR 具有写保护功能。要修改这两个寄存器的值，必须先向 IWDG_KR 中写入 0x5555。将其他值写入这个寄存器将会打乱操作顺序，寄存器将重新被保护。重装载操作（即写入 0xAAAA）也会启动写保护功能。

8.1.2 IWDG 寄存器与库函数

IWDG 通过 4 个寄存器进行操作：键寄存器（IWDG_KR）、预分频寄存器（IWDG_PR）、重装载寄存器（IWDG_RLR）和状态寄存器（IWDG_SR）等。可以用半字（16 位）或字（32 位）的方式操作这些外设寄存器。IWDG 寄存器结构（IWDG_TypeDeff）在文件 stm32f10x_map.h 中定义如下：

```
typedef struct { vu32 KR; vu32 PR; vu32 RLR; vu32 SR; } IWDG_TypeDef;
```

其相关的库函数有：

（1）IWDG_WriteAccessCmd：使能或者失能对寄存器 IWDG_PR 和 IWDG_RLR 的写操作；

（2）IWDG_SetPrescaler：设置 IWDG 预分频值；

（3）IWDG_SetReload：设置 IWDG 重装载值；

（4）IWDG_ReloadCounter：按照 IWDG 重装载寄存器的值重装载 IWDG 计数器；

（5）IWDG_Enable：使能 IWDG；

（6）IWDG_GetFlagStatus：检查指定的 IWDG 标志位被设置与否。

8.1.3 IWDG 应用实例

1．实例要求

主函数开始的时候，向串口输出"Stm32 example start !"，然后启动看门狗（溢出时间设定为 1 秒）。在启动看门狗 1 秒内"喂狗"，同时串口打印"Delay XXXms"。预期结果：如果不"喂狗"，则约每 1 秒重启一次，现象是串口隔 1 秒就会打印"Stm32 example start !"；如果在启动后 1 秒内喂狗，则显示"Delay XXXms"，再在 1 秒内按键……这样保证不重启。

2．硬件基础

看门狗功能处于 VDD 供电区，即在停机和待机模式时仍能正常工作。其框图如图 8-1 所示。

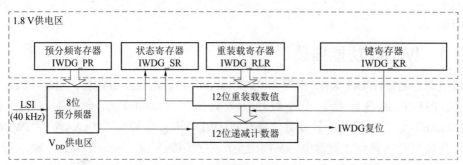

图 8-1 独立看门狗框图

3. 软件结构

在实例中分频因子设置为 32，重载值为 0x4DC，经公式 Tout=40 kHz/((分频因子)×重载值)计算，结果值约为 1 秒，也就是说 STM32 运行大约 1 秒后就需要"喂狗"，否则 STM32 会重启，其流程如图 8-2 所示。

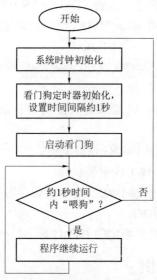

图 8-2 独立看门狗实例流程

4. 实例代码

根据 STM32 开发板和实例要求得知，独立看门狗的主要配置过程如下：
/*独立看门狗初始化，设置时间间隔*/

```
void iwdg_init(void)
{
    IWDG_WriteAccessCmd(IWDG_WriteAccess_Enable);  //使能写 IWDG_PR 和 IWDG_RLR 寄存器
    IWDG_SetPrescaler(IWDG_Prescaler_32);   //设置分频因子
    IWDG_SetReload(0x4DC);   //设定重载值 0x4dc,大约 1s 需要重载一次
    IWDG_ReloadCounter();    //重载 IWDG
    IWDG_Enable();     //使能 IWDG (LSI 时钟自动被硬件使能)
}
```

上述过程中实现了独立看门狗的初始化，其中最关键的是设置了分频因子和重载值，因为这两个参数和低速时钟频率决定了隔多长时间需要喂狗，下面是喂狗的时间计算公式：

$$Tout=40\ kHz/((分频因子)×重载值)$$

在 IAR 开发环境中打开实例工程 iwdg.eww，选择"Project"->"Rebuild All"重新编译工程。接下来选择"Project"->"Download and debug"将程序下载到 STM32 开发板中。下载完后单击"Debug"->"Go"让程序全速运行。也可以将 STM32 开发板重新上电或者按下复位按钮让刚才下载的程序重新运行。程序成功运行后，在 PC 机上打开串口调试助手或者超级终端，设置接收的波特率为 115 200，数据位为 8，奇偶校验为"无"，停止位为 1，数据流控制为"无"，将会在接收区看到如下信息：

```
Stm32 example start !
Delay 100ms
Delay 200ms
```

当延时 1 s 以上时，来不及"喂狗"，于是 STM 32 开发板将会复位，复位之后会看到 STM 32 开发板重新开始运行，又在超级终端上显示如下信息：

```
Stm32 example start !
Delay 100ms
Delay 200ms
```

8.2 窗口看门狗

窗口看门狗（WWDG）通常被用来监测由外部干扰或不可预见的逻辑条件造成的应用程序背离正常的运行序列而产生的软件故障，即 WWDG 由从 APB1 时钟分频后得到的时钟驱动，通过可配置的时间窗口来监测应用程序非正常的过迟或过早的操作。除非递减计数器的值在 T6 位变成 0 前被刷新，看门狗电路在达到预置的时间周期时，会产生一个 MCU 复位。在递减计数器达到窗口寄存器数值之前，如果 7 位的递减计数器数值（在控制寄存器中）被刷新，那么也将产生一个 MCU 复位。这表明递减计数器需要在一个有限的时间窗口中被刷新。WWDG 最适合那些要求看门狗在精确计时窗口起作用的应用程序。

8.2.1 WWDG 功能描述

如果看门狗被启动（WWDG_CR 寄存器中的 WDGA 位被置 1），并且 7 位（T[6：0]）递减计数器从 0x40 翻转到 0x3F（T6 位清零），则产生一个复位。如果软件在计数器值大于窗口寄存器中的数值时重新装载计数器，将产生一个复位。

应用程序在正常运行过程中必须定期写入 WWDG_CR 寄存器以防止 MCU 发生复位。只有当计数器值小于窗口寄存器的值时，才能进行写操作。储存在 WWDG_CR 寄存器中的数值必须在 0xFF 和 0xC0 之间。

1）启动看门狗

在系统复位后，看门狗总是处于关闭状态，设置 WWDG_CR 寄存器的 WDGA 位能够开启看门狗，随后它不能再被关闭，除非发生复位。

2）控制递减计数器

递减计数器处于自由运行状态,即使看门狗被禁止,递减计数器仍继续递减计数。当看门狗被启用时,T6位必须被设置,以防止立即产生一个复位。

T[5:0]位包含了看门狗产生复位之前的计时数目。复位前的延时时间在一个最小值和一个最大值之间变化,这是因为写入WWDG_CR寄存器时,预分频值是未知的。

配置寄存器(WWDG_CFR)中包含窗口的上限值:要避免产生复位,递减计数器必须在其值小于窗口寄存器的数值并且大于0x3F时被重新装载,0描述了窗口寄存器的工作过程。

另一个重新装载计数器的方法是利用早期唤醒中断(EWI)。设置WWDG_CFR寄存器中的WEI位开启该中断。当递减计数器到达0x40时,则产生此中断,相应的中断服务程序(ISR)可以用来加载计数器以防止WWDG复位。在WWDG_SR寄存器中写0可以清除该中断。注:可以用T6位产生一个软件复位(设置WDGA位为1,T6位为0)。

8.2.2 WWDG寄存器与库函数

WWDG通过3个寄存器进行操作:控制寄存器(WWDG_CR)、配置寄存器(WWDG_CFR)和状态寄存器(WWDG_SR)。可以用半字(16位)或字(32位)的方式操作这些外设寄存器。

WWDG寄存器结构(WWDG_TypeDeff)在文件stm32f10x_map.h中定义如下:

```
typedef struct{vu32 CR; vu32 CFR; vu32 SR;} WWDG_TypeDef;
```

WWDG库函数如下:

（1）WWDG_DeInit:将外设WWDG寄存器重设为缺省值;

（2）WWDG_SetPrescaler:设置WWDG预分频值;

（3）WWDG_SetWindowValue:设置WWDG窗口值;

（4）WWDG_EnableIT:使能WWDG早期唤醒中断(EWI);

（5）WWDG_SetCounter:设置WWDG计数器值;

（6）WWDG_Enable:使能WWDG并装入计数器值;

（7）WWDG_GetFlagStatus:检查WWDG早期唤醒中断标志位被设置与否;

（8）WWDG_ClearFlag:清除早期唤醒中断标志位。

8.2.3 WWDG应用实例

1. 实例要求

实验中采用STM32官方库函数来实现窗口看门狗的功能,在库函数中采用中断的方式"喂狗",一旦递减计数器的值等于0x40,就产生中断,在中断里将会"喂狗",而且串口输出"wwdg reloaded"信息,同时D4反转一次。此时若不"喂狗",则MCU会重启。

2. 硬件基础

看门狗功能处于VDD供电区,即在停机和待机模式时仍能正常工作。其框图如图8-3所示。

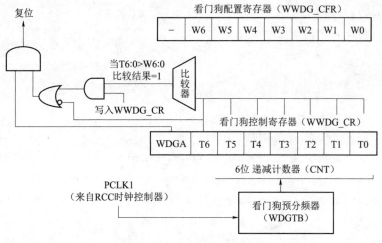

图 8-3　窗口看门狗框图

3. 软件结构

WWDG 应用实例流程如图 8-4 所示。

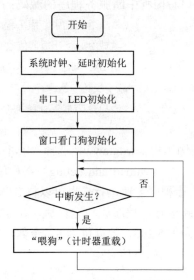

图 8-4　窗口看门狗实例流程

4. 实例代码

下面是窗口看门狗的初始化源码解析：

```
void wwdg_init(void)
{   RCC_APB1PeriphClockCmd(RCC_APB1Periph_WWDG, ENABLE);  //使能 WWDG 时钟
    // 设置分频因子 WWDG clock counter=(PCLK1/4096)/8=244Hz(~4 ms)
    WWDG_SetPrescaler(WWDG_Prescaler_8);
    WWDG_SetWindowValue(65);   //设定窗口值为 65
    //使能 WWDG 并设定计数值为 127, WWDG 时间=~4 ms*64=262 ms
```

```
    WWDG_Enable(127);
    WWDG_ClearFlag();       //清 EWI 标志
    WWDG_EnableIT();        //使能 EW 中断
    //配置中断参数
    NVIC_InitTypeDef NVIC_InitStructure;
    NVIC_SetVectorTable(NVIC_VectTab_FLASH, 0x0);
    NVIC_PriorityGroupConfig(NVIC_PriorityGroup_2);
    NVIC_InitStructure.NVIC_IRQChannel=WWDG_IRQn;
    NVIC_InitStructure.NVIC_IRQChannelPreemptionPriority=0;
    NVIC_InitStructure.NVIC_IRQChannelSubPriority=0;
    NVIC_InitStructure.NVIC_IRQChannelCmd=ENABLE;
    NVIC_Init(&NVIC_InitStructure);
}
```

窗口看门狗初始化结束后，就需要编写窗口看门狗中断服务程序。可以这样理解，一旦中断发生，就需要"喂狗"，如果此时不喂狗，则系统就会重启，若"喂狗"则继续计数，直到下一个中断发生。下面是窗口看门狗中断服务程序的源码：

```
void WWDG_IRQHandler(void)          //窗口看门狗中断服务程序
{   WWDG_SetCounter(0x7F);          //重载 WWDG 计数器值（"喂狗"）
    WWDG_ClearFlag();               //清 EWI 标志
    D4_toggle();                    //D4 反转一次
    printf("wwdg reloaded!\n\r");   //串口打印重载（"喂狗"）信息
}
```

在 IAR 开发环境中打开实例工程 wwdg.eww，选择"Project"->"Rebuild All"重新编译工程。接下来选择"Project"->"Download and debug"将程序下载到 STM32 开发板中。下载完后单击"Debug"->"Go"让程序全速运行。也可以将 STM32 开发板重新上电或者按下复位按钮让刚才下载的程序重新运行。程序成功运行后，在 PC 机上打开串口调试助手或者超级终端，设置接收的波特率为 115 200，数据位为 8，奇偶校验为"无"，停止位为 1，数据流控制为"无"，将会在接收区看到如下信息：

```
Stm32 example start!
```

此时，由于窗口看门狗相对于独立看门狗来说所需要的"喂狗"时间较短，而且可以产生一个中断，所以很快就会进入窗口看门狗的中断内部，在中断里将会"喂狗"，而且打印"wwdg reloaded"信息，同时 D4 反转一次，所以可以看到终端快速地显示"wwdg reloaded"，同时开发板上的 D4 快速地闪烁。

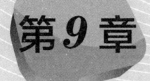

第 9 章

温湿度采集系统设计

本章以温湿度采集系统设计为例介绍 STM32 MCU 系统的设计与实现，包括系统结构、软件结构和程序实现。这为后续 6LoWPAN 无线传感网络的学习奠定了基础。

9.1 系统结构

DHT11 数字温湿度传感器模块与 STM32 开发板部分接口电路如图 9-1 所示。

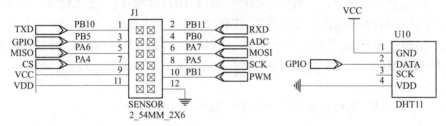

图 9-1 温湿度模块与 STM32 部分接口电路

根据 STM32 开发板的电路原理图得知，图 9-1 中的 GPIO 口连接到 STM32 开发板的 PB5 口。下面介绍 DHT11 获取温湿度值的工作原理。

通过图 9-1 可知，DHT11 模块的 DATA 引脚连接到 MCU，温湿度的获取只和这个引脚有关，DATA 用于微处理器与 DHT11 之间的通信和同步，采用单总线数据格式，一次通信时间为 4 ms 左右，数据分小数部分和整数部分，具体格式在下面说明，当前小数部分用于以后扩展，现读出为零。操作流程如下：

一次完整的数据传输为 40 bit，高位先出。数据格式：8 bit 湿度整数数据 +8 bit 湿度小数数据 +8 bit 温度整数数据 +8 bit 温度小数数据+8 bit 校验和。

数据传送正确时校验和数据等于 "8 bit 湿度整数数据+8 bit 湿度小数数据+8 bit 温度整数数据+8 bit 温度小数数据" 所得结果的末 8 位。STM32 发送一次开始信号后，DHT11 从低功耗模式转换到高速模式，等待主机开始信号结束后，DHT11 发送响应信号，送出 40 bit 的数据，并触发一次信号采集，用户可选择读取部分数据。从模式下，DHT11 接收到开始信号触发一次温湿度采集，如果没有接收到主机发送的开始信号，DHT11 不会主动进行温湿度采集。采集数据后转换到低速模式。通信过程如图 9-2、图 9-3 所示。

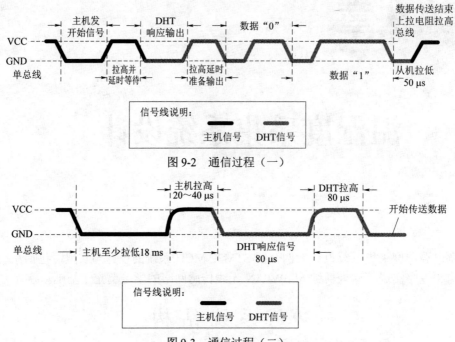

图 9-2 通信过程（一）

图 9-3 通信过程（二）

总线空闲状态为高电平，主机把总线拉低等待 DHT11 响应，主机把总线拉低必须大于 18 ms，以保证 DHT11 能检测到起始信号。DHT11 接收到主机的开始信号后，等待主机开始信号结束，然后发送 80 μs 低电平响应信号。主机发送开始信号结束后，延时等待 20～40 μs 后，读取 DHT11 的响应信号，主机发送开始信号后，可以切换到输入模式，或者输出高电平，总线由上拉电阻拉高。

数字"0"和"1"的信号表示方法分别如图 9-4 和图 9-5 所示。

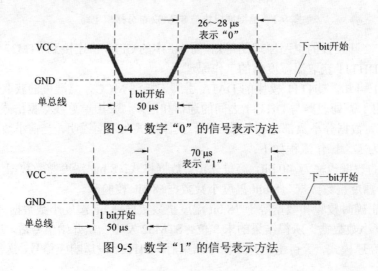

图 9-4 数字"0"的信号表示方法

图 9-5 数字"1"的信号表示方法

9.2 软件结构

温湿度采集系统的软件流程如图 9-6 所示。

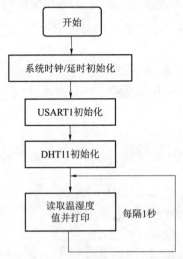

图 9-6 温湿度采集系统的软件流程

9.3 程序实现

温湿度采集是通过 STM32 开发板的 PB5 口模拟 DHT11 的读取时序，读取 DHT11 的温湿度数据，读取到温湿度数据后通过串口打印输出。

根据温湿度传感器 DHT11 的工作原理以及温湿度数据读取时序，通过编程实现温湿度值的采集，程序解析过程如下：

（1）DHT11 I/O 资源宏定义。

```
#define GPIO_CLK RCC_APB2Periph_GPIOB
#define GPIO_PIN GPIO_Pin_5
#define GPIO_PORT
```

（2）DHT11 模块 I/O 初始化。

```
void DHT11_Init(void)
{   RCC_APB2PeriphClockCmd(GPIO_CLK, ENABLE);
    GPIO_InitStructure.GPIO_Pin=GPIO_PIN;
    GPIO_InitStructure.GPIO_Speed=GPIO_Speed_2MHz;
    GPIO_InitStructure.GPIO_Mode=GPIO_Mode_Out_PP;  //推挽输出
    GPIO_Init(GPIO_PORT, &GPIO_InitStructure);
}
```

（3）将 DHT11 的 I/O 端口设置成上拉输入。

```
static void DHT11_IO_IN(void)
```

```c
{  GPIO_InitStructure.GPIO_Mode=GPIO_Mode_IPU;
   GPIO_Init(GPIO_PORT, &GPIO_InitStructure); }
```

（4）将 DHT11 的 I/O 端口设置成推挽输出。

```c
static void DHT11_IO_OUT(void)
{  GPIO_InitStructure.GPIO_Mode=GPIO_Mode_Out_PP;
   GPIO_Init(GPIO_PORT, &GPIO_InitStructure); }
```

（5）I/O 端口电平输出。

```c
static void DHT11_DQ_OUT(uint8_t dat)
{  GPIO_WriteBit(GPIO_PORT, GPIO_PIN, dat); }
```

（6）读取 I/O 端口的电平值。

```c
static uint8_t DHT11_DQ_IN(void)
{  return GPIO_ReadInputDataBit(GPIO_PORT, GPIO_PIN); }
```

（7）主机发送起始信号。

```c
void DHT11_Rst(void)
{  DHT11_IO_OUT();  //将I/O端口设置成推挽输出
   DHT11_DQ_OUT(0); //主机拉低
   delay_ms(20);    //拉低至少18ms
   DHT11_DQ_OUT(1); //主机拉高
   delay_us(30);    //主机拉高20~40us  }
```

（8）检查 DHT11 是否发送响应信号。

```c
u8 DHT11_Check(void)
{  u8 retry=0;
   DHT11_IO_IN();//将I/O端口设置成上拉输入
   while (!DHT11_DQ_IN()&&retry<100)//DHT11会拉低40~80us
   { retry++; delay_us(1); };
   if(retry>=100)
      return 1;
   else retry=0;
   while (DHT11_DQ_IN()&&retry<100)//DHT11拉低后会再次拉高40~80us
   {  retry++; delay_us(1); };
   if(retry>=100) return 1;
   return 0;
}
```

（9）读取 DHT11 的一个数据位。

```c
static u8 DHT11_Read_Bit(void)
{  u8 retry=0;
   while(DHT11_DQ_IN()&&retry<100)//等待变为低电平
   {  retry++; delay_us(1); }
   retry=0;
```

```
    while(!DHT11_DQ_IN()&&retry<100)//等待变为高电平
    { retry++; delay_us(1); }
    delay_us(40);//等待40us
    if(DHT11_DQ_IN())return 1;
    else return 0;
}
```

（10）读取DHT11的一个字节的数据。

```
static u8 DHT11_Read_Byte(void)
{   u8 i,dat = 0;
    for (i=0;i<8;i++)  {
        dat<<=1;
        dat|=DHT11_Read_Bit();  }
    return dat;
}
```

（11）读取DHT11的温湿度数据并打印。

```
int DHT11_Read_Data(void)
{   u8 buf[5], u8 i;
    static unsigned int t, h;
    DHT11_Rst();//主机发送起始信号
    //判断DHT11是否发送响应信号
    if(DHT11_Check()) return -1;
    for(i=0;i<5;i++)   //读取40位数据
    { buf[i]=DHT11_Read_Byte(); }
    if((buf[0]+buf[1]+buf[2]+buf[3])==buf[4]) //数据校验
    { h=buf[0]; t=buf[2];
        if(h&t) printf("湿度: %u%% 温度: %u℃ \r\n", h, t);
    }
    return 0;
}
```

在IAR开发环境中打开实例工程HumiTemp.eww，选择"Project"->"Rebuild All"重新编译工程。接下来选择"Project"->"Download and debug"将程序下载到STM32开发板中。下载完后单击"Debug"->"Go"让程序全速运行。也可以将STM32开发板重新上电或者按下复位按钮让刚才下载的程序重新运行。程序成功运行后，在PC机上打开串口调试助手，设置接收波特率为115 200，数据位为8，奇偶校验为"无"，停止位为1，数据流控制为"无"。观察串口调试工具接收区显示的数据。

第10章 Contiki 开发基础

10.1 Contiki 操作系统介绍

1. Contiki 简介

Contiki 完全采用 C 语言开发，易于移植，对硬件的要求极低，支持大量的硬件平台和开发工具，事件驱动机制占用内存小，集成了多种无线传感器网络协议，无专利和版权费，集成仿真工具的特点和优势，已经成为无线传感器网络学术研究和产品开发的理想平台，在欧洲已经得到广泛应用，并逐渐得到其他地区开发人员的支持。随着物联网、无线传感器网络的发展，IP 地址将耗尽，骨干网络必将升级到 IPv6，因此 6LoWPAN 标准被越来越多的标准化组织所采纳，研发 6LoWPAN 的人员将越来越多，这将使 Contiki 成为嵌入系统中的 Linux，在物联网领域得到广泛应用，发挥重要作用。

2. Contiki 的特征

1）事件驱动（event-driven）的多任务内核

Contiki 基于事件驱动模型，即多个任务共享同一个栈（stack），而不是每个任务分别占用独立的栈（如 uCOS、FreeRTOS、Linux 等）。Contiki 的每个任务只占用几个字节的 RAM，可以大大节省 RAM 空间，更适合节点资源十分受限的无线传感器网络应用。在典型的配置下 Contiki 只占用约 2 KB 的 RAM 以及 40 KB 的 FlASH 存储器，可运行于各种平台，因此在科研以及产业化方面得到广泛的应用。在该领域，还有一个知名的类似系统——TinyOS，两者都实现了网络协议，两者的比较见表 10-1。

表 10-1 TinyOS 和 Contiki 平台比较

性能指标	TinyOS	Contiki
所属领域	无线传感器网络、物联网	无线传感器网络、物联网

续表

性能指标	TinyOS	Contiki
软件类型	小型 OS＋无线网络协议栈	小型 OS＋无线网络协议栈
OS 特性	非抢占、共享栈空间	非抢占、共享栈空间
协议支持	802.15.4、6LoWPAN、RPL、CoAP	802.15.4、6LoWPAN、RPL、CoAP
开发语言	专用 NesC 语言，入门较难，其他领域几乎不使用(有可能导致失业)	通用的 C 语言，入门容易，在各领域广泛使用
编译器	专用的编译器，性能和稳定性未经过验证，目前无商用编译器支持	通用的 C 编译器，如 GCC、IAR 等
开发环境	Linux、Cygwin，命令行模式，开发调试困难，门槛高	Linux Eclipse 或者 Windows IAR，IAR 图形化集成开发环境，功能强大
可移植性	需要移植编译器，很难	C 语言很好移植
支持的硬件	少数几种类型的处理器	8 位、16 位、32 位等，几乎所有的处理器类型
开发团队	主要由伯克利大学开发，目前核心人员已经去思科公司，不再开发，目前 TinyOS 很少更新代码	由 LWIP 的作者 Adam dunkels 团队以及苏黎世联邦理工学院开发，目前已经成立公司全职开发，每周都有代码更新
发展趋势	TinyOS 从一开始就主要作科研仿真，用户逐年减少，基本上无产品	Contiki 可以作科研，也有不少产品，2014 年 Adam dunkels 团队的目标是使 Contiki 成为物联网领域的首要选择

2）低功耗无线传感器网络协议栈

Contiki 提供完整的 IP 网络和低功耗无线网络协议栈。对于 IP 协议栈，其支持 IPv4 和 IPv6 两个版本，IPv6 还包括 6LoWPAN 帧头压缩适配器、ROLL RPL 无线网络组网路由协议、CoRE/CoAP 应用层协议，还包括一些简化的 Web 工具，包括 Telnet、Http 和 Web 服务等。Contiki 还实现了无线传感器网络领域知名的 MAC 和路由层协议，其中 MAC 层包括 X-MAC、CX-MAC、ContikiMAC、CSMA-CA、LPP 等，路由层包括 AODV、RPL 等。

3）集成无线传感器网络仿真工具

Contiki 提供了 Cooja 无线传感器网络仿真工具，能够多对协议在电脑上进行仿真，仿真通过后才下载到节点上进行实际测试，有利于发现问题，减少调试工作量。除此之外，Contiki 还提供 MSPsim 仿真工具，能够对 MSP430 微处理器进行指令级模拟和仿真。仿真工具对于科研、算法和协议验证、工程实施规划、网络优化等很有帮助。

4）集成 Shell 命令行调试工具

传感器网络中节点数量多，节点运行维护是一个难题，而 Contiki 具有多种交互方式，如 Web 浏览器、基于文本的命令行接口，或者存储和显示传感器数据的专用程序等。基于文本的命令行接口是类似于 Unix 命令行的 Shell 工具，用户通过串口输入命令可以查看和配置传感器节点的信息、控制其运行状态，是部署、维护中实用而有效的工具。

5）基于 FLASH 的小型文件系统：Coffee File System

Contiki 实现了一个简单、小巧、易于使用的文件系统，称为 CoffeeFile System（CFS），它是基于 FLASH 的文件系统，用于在资源受限的的节点上存储数据和程序。CFS 是充分考虑传感器网络数据采集、数据传输需求以及硬件资源受限的特点而设计的，因此在耗损平衡、坏块管理、掉电保护、垃圾回收、映射机制等方面进行优化，具有使用的存储空间少、支持大规模存储的特点。CFS 的编程方法与常用的 C 语言编程类似，提供 open()、read()、write()、close()等函数，易于使用。

6）集成功耗分析工具

为了延长传感器网络的生命周期，控制和减少传感器节点的功耗至关总重要，无线传感器网络领域的许多网络协议都围绕降低功耗而展开。为了评估网络协议以及算法能耗性能，需要测量出每个节点的能量消耗，由于节点数量多，使用仪器测试几乎不可行。Contiki 提供了一种基于软件的能量分析工具，自动记录每个传感器节点的工作状态、时间，并计算出能量消耗，在不需要额外的硬件或仪器的情况下就能完成网络级别的能量分析。Contiki 的能量分析机制既可用于评价传感器网络协议，也可用于估算传感器网络的生命周期。

7）开源免费

Contiki 采用 BSD 授权协议，用户可以下载代码，且可以任意修改代码，无需任何专利以及版权费用，是彻底的开源软件。尽管是开源软件，但是 Contiki 开发十分活跃，在持续不断的更新和改进之中。Contiki 的作者 Adam 是一个编程的天才，它发明了 LwIP、uIP、Protothred、Contiki 等软件，都在工业界得到广泛应用，人们熟知的 LwIP 就是一个例子。Adam 还是 IPSO 组织的发起人之一，未来将会不断推进 6LoWPAN 的标准化及应用。

10.2　事件驱动机制和 protothread 机制

Contiki 有两个主要机制：事件驱动机制和 protothread 机制。前者是为了降低功耗，后者是为了节省内存。

10.2.1　事件驱动

嵌入式系统常常被设计成响应周围环境的变化，而这些变化可以看成一个个事件。事件到来，操作系统处理之，没有事件到来，则系统休眠（降低功耗），这就是所谓的事件驱动，类似于中断。

在 Contiki 系统中，事件被分为以下三种类型。

1. 定时器事件（timer events）

进程可以设置一个定时器，在给定的时间完成之后生成一个事件，进程一直阻塞直到定时器终止时才继续执行。定时器事件对于周期性的操作很有帮助，如一些网络协议等。

2. 外部事件（external events）

外围设备连接到具有中断功能的微处理器的 I/O 引脚，触发中断时就会生成事件。最常见的如按键中断，可以生成此类事件。这类事件产生后，相应的进程就会响应。

3. 内部事件（internal events）

任何进程都可以为自身或其他进程指定事件。这类事件对进程间的通信很有作用，例如通知某一个进程数据已经准备好，可以进行计算。

对事件的操作称为投递（posted），当一个进程执行时，中断服务程序将投递一个事件给进程。事件具有如下信息：

（1）process：进程被事件寻址，它可以是特定的进程或者所有注册的进程。

（2）event type：事件类型。用户可以为进程定义一些事件类型以区分它们，比如一个类型为接收数据包，另一个类型为发送数据包。

（3）data：数据可以和事件一起提供给进程。

Contiki 操作系统的主要原理是事件投递给进程，进程触发后开始执行直到阻塞，再等待下一个事件。

10.2.2　Contiki 的事件驱动原理

为了理解事件驱动原理，先来看一段包含 etimer 的 hello_world 程序，代码如下：

```
PROCESS(hello_world_process, "Hello world process");
AUTOSTART_PROCESSES(&hello_world_process);
PROCESS_THREAD(hello_world_process, ev, data)
{ static struct etimer timer;
  static int count=0;
    PROCESS_BEGIN();  /* Any process must start with this. */
  /* Set the etimer to generate an event in one second. */
    etimer_set(&timer, CLOCK_CONF_SECOND);
  while(1) {   /* Wait for an event. */
    PROCESS_WAIT_EVENT();
    /* Got the timer's event~ */
    if(ev==PROCESS_EVENT_TIMER) {
      printf("Hello, world #%i\n", count);
      count++;
      etimer_reset(&timer);
    }
  } // while (1)
  PROCESS_END();
}
```

展开宏整段代码如下：

```
static char process_thread_hello_world_process(struct pt *process_pt,
process_event_t ev, process_data_t data);
struct process hello_world_process={ ((void *)0), "Hello world process",
process_thread_hello_world_process};
struct process * const autostart_processes[]={&hello_world_process, ((void *)0)};
static char process_thread_hello_world_process(struct pt *process_pt,
```

```
process_event_t ev, process_data_t data)
{   static struct etimer timer;
    static uint8_t leds_state=0;
    {   char PT_YIELD_FLAG=1;
        switch((process_pt)->lc)
        {   case 0:
            ;
            etimer_set(&timer, CLOCK_CONF_SECOND);
            while(1)
            {   PROCESS_WAIT_EVENT();   /* Wait for an event. */
                do {
                    PT_YIELD_FLAG=0;
                    (process_pt)->lc=38; case 38:
                    if(PT_YIELD_FLAG==0) return 1;
                } while(0);
                if (ev==PROCESS_EVENT_TIMER)
                {   printf("Hello, world #%i\n", count);
                    count++;
                    etimer_reset(&timer); }
            }
        };
        PT_YIELD_FLAG=0;
        (process_pt)->lc=0;
        return 3; }
}
```

首先 process 的 body 定义一个 etimer 类型的数据 timer，etimer 的定义如下：

```
struct etimer {
  struct timer timer;
  struct etimer *next;
  struct process *p;
};// This structure is used for declaring a timer. The timer must be set with
etimer_set() before it can be used.
```

timer 的定义如下：

```
struct timer {
  clock_time_t start;
  clock_time_t interval;
};// This structure is used for declaring a timer. The timer must be set with
timer_set() before it can be used.
```

timer 的 start 为起始时刻，interval 为间隔时间，所以 timer 只记录到期的时间。一个 etimer

类型的数据包含一个 timer，以及下一个 etimer，同时也包含一个进程。当 etimer 的 timer 到期时，就会给相应的 process 发送一个事件，从而使这个 process 启动，其实也就是给这个进程的 PROCESS_THREAD 宏参数 ev 传递一个值，可能是 PROCESS_EVENT_TIMER。

接着对 etimer 类型的 timer 用 etimer_set()进行初始化，函数的定义如下：

```
etimer_set(struct etimer *et, clock_time_t interval)
{  timer_set(&et->timer, interval);
   add_timer(et);
}
```

timer_set 也就是初始化 etimer 里面的 timer，start 用当前的时钟初始化，interval 用传递的参数，而 add_timer()定义如下：

```
static void add_timer(struct etimer *timer)
{  struct etimer *t;
   etimer_request_poll();
   if(timer->p!=PROCESS_NONE) {   /* Timer not on list. */
    for(t=timerlist; t!=NULL; t=t->next) {
      if(t==timer) {/* Timer already on list, bail out. */
        update_time();
        return; } }
   }
   timer->p=PROCESS_CURRENT();
   timer->next=timerlist;
   timerlist=timer;
   update_time();
}
```

etimer_request_poll()函数用来提醒 etimer 系统的时钟已经改变，定义如下：

```
void etimer_request_poll(void)   { process_poll(&etimer_process); }
```

其中 process_poll(&etimer_process)是一个函数，etimer 也是一个进程，名字叫 etimer_process，它维护的是一个 etimer 链表，叫 timerlist，在同文件 etimer.c 中有定义：如"PROCESS(etimer_process, "Event timer");"，并且也定义 etimer_process 进程的函数，只是没有让它自启动，但是开机的时候会对 etimer_process 进行初始化：

```
PROCESS_THREAD(etimer_process, ev, data);
```

process_poll()的定义如下：

```
void process_poll(struct process *p)
{   if(p!=NULL) {
      if(p->state==PROCESS_STATE_RUNNING||p->state==PROCESS_STATE_CALLED)
      { p->needspoll=1; poll_requested=1; } }
}
```

有两种方法可以让一个进程运行：

方法一：Post an event。其包含 process_post（process_ptr，eventno，ptr）和 process_post_synch （process_ptr，eventno，ptr）两个函数，前一个函数是把事件扔进一个事件队列里面去，然后再通过 do_event()函数来轮询相应的事件，传递给相应的 process 并让其执行，后一个函数是直接让这个进程执行，相比于前一个来说，具有更高的优先级。

方法二：Poll the process。它有一个函数，就是 process_poll（process_ptr）。假如一个 process 被 poll（其实就是 process 的 needspoll 变量被设为 1）了，在执行的过程中比 Post an Event 具有更先执行的机会，process 就不会参与事件队列的轮询，而被直接率先执行，比如说上面的 etimer_process。

add_timer()的 etimer_request_poll()函数，其实也就是将 poll 定时器进程 etimer_process，让其有优先执行的机会。add_timer()所做的工作就是：把这个 etimer 加入到 etimer 链表 timerlist 里面去，并且把当前的 process 注册到这个 etimer 中。update_time()遍历 timerlist，更新下一个最近的到期时刻 next_expiration。etimer_set（&timer，CLOCK_CONF_SECOND）设置一秒钟产生一个事件。

timer 是怎样产生事件的？先看看 main()函数的两个初始化语句：

```
PROCINIT(&etimer_process, &tcpip_process, &sensors_process);  //初始化3个系统进程
procinit_init();
```

procinit_init()函数的定义如下：

```
void procinit_init(void)
{  for(int i=0; procinit[i]!=NULL; ++i)
     process_start((struct process *)procinit[i], NULL);
}
```

对各个进程执行 call_process，就像执行一般的 user process 一样，接下来学习 etimer 的 PROCESS_THREAD 宏，了解 etimer_process 的执行过程。

```
PROCESS_THREAD(etimer_process, ev, data)
{   struct etimer *t, *u;
    PROCESS_BEGIN();
    timerlist=NULL;
    while(1) {
    PROCESS_YIELD();
    if(ev==PROCESS_EVENT_EXITED) {
      struct process *p=data;
      while(timerlist!= NULL && timerlist->p == p) { timerlist = timerlist->next; }
      if(timerlist!=NULL) {
         t=timerlist;
         while(t->next!=NULL) {
            if(t->next->p==p) t->next=t->next->next;  else t=t->next; }
      }
      continue;
    } else if(ev!=PROCESS_EVENT_POLL) {  continue;  }
 again: u=NULL;
```

```
      for(t=timerlist; t!=NULL; t=t->next) {
          if(timer_expired(&t->timer)) {
              if(process_post(t->p, PROCESS_EVENT_TIMER, t)==PROCESS_ERR_OK)
              { t->p=PROCESS_NONE;
                if(u!=NULL) u->next=t->next; else timerlist=t->next;
                  t->next=NULL;
                  update_time();
                  goto again;
         } else etimer_request_poll();
        }
      u=t; }
  }
  PROCESS_END();
}
```

etimer_process 主要完成一个初始化、两个事件：

（1）第一次调用 etimer_process 需要做的初始化：设置 etimer 队列 timerlist 为 null；

（2）接受 PROCESS_EVENT_EXITD 事件，接着把这个退出的进程所对应的 etimer 从 timerlist 中清除；

（3）接受 PROCESS_EVENT_POLL 事件，然后再从事件队列里取出已经到期的 etimer，并执行相应的 process。

程序为何能一直运行，关键在于 main()函数的这段代码：

```
while(1)
{   int r;
    do { /* Reset watchdog. */
      watchdog_periodic();
      r=process_run();
    } while(r > 0);
}
```

watchdog_periodic()与 watchdog 有关，是为防止程序"跑飞"。process_run()函数的定义如下：

```
int process_run(void)
{ /* Process poll events. */
  if(poll_requested)
     do_poll();   //Call each process' poll handler
  /* Process one event from the queue */
  do_event(); // Process the next event in the event queue and deliver it to listening processes.
  return nevents+poll_requested;
}
```

只要 poll_requested==1 或者 nevents>0，循环就会一直执行。do_poll()函数的定义如下：

```
static void do_poll(void)
{  struct process *p;
   poll_requested=0;
   /* Call the processes that needs to be polled. */
   for(p=process_list; p!=NULL; p=p->next) {
    if(p->needspoll) {
      p->state=PROCESS_STATE_RUNNING;
      p->needspoll=0;
      call_process(p, PROCESS_EVENT_POLL, NULL);   }
   }
}
```

只要存在 process 的 needspoll 值为 1，那么 poll_requestd 的值就为 1，就执行 do_poll()函数，将 process_list 中 needspoll 为 1 的进程取出来执行，并给这些进程传递一个 PROCESS_EVENT_POLL 事件。要将一个进程的 needspoll 标记为 1，那么就得执行 process_poll()函数。etimer_process 在注册到一个 process 的时候就会执行 etimer_request_poll()函数，使其 needspoll 值为 1。被 poll 过的进程可能具有更高的优先级，不需要进入事件队列来等待，而优先执行。

do_poll()函数就是把进程队列里 needspoll 不为零的 process 取出来，把它的 state 改为 PROCESS_STATE_RUNNING，并把 needspoll 变量重置为零，最后在调用 call_process()使其运行，给 PROTOTHREAD 传递的是一个 PROCESS_EVENT_POLL 事件，让这个 process 执行，典型的是 etimer_process。因为 hello_world 这个 process 是这样声明的：struct process hello_world_process = { 0, "Hello world process", process_thread_hello_world_process}，如此声明的 process 的 needspoll 变量都默认为 0，所以只能靠 do_event()来给它传递一个事件之后才能使其执行。

do_event()函数的定义如下：

```
static void do_event(void)
{  static process_event_t ev;
   static process_data_t data;
   static struct process *receiver;
   static struct process *p;
   if(nevents > 0) {
    ev=events[fevent].ev;
    data=events[fevent].data;
    receiver=events[fevent].p;
    fevent=(fevent+1)%PROCESS_CONF_NUMEVENTS;
    --nevents;
    if(receiver==PROCESS_BROADCAST) {//#define PROCESS_BROADCAST NULL
       for(p=process_list; p!=NULL; p=p->next) {
          if(poll_requested) do_poll();
```

```
            call_process(p, ev, data); }
    } else {
     if(ev==PROCESS_EVENT_INIT)
        receiver->state=PROCESS_STATE_RUNNING;
     call_process(receiver, ev, data); }
  }
}
```

events 是一个事件队列，nevents 也就是事件队列里的事件数，fevent 就是事件队列里下一个要传递的事件的位置，do_event 就是把下一个事件（fevent 指向的事件）从事件队列里取出来，然后传递给相应的正在监听的 process，进而调用它，使其执行。

小结：Contiki 的程序执行三要素：timer、event、process。timer 也有对应的系统进程 etimer_process，etimer_process 维护的是一个 timer 列表 timerlist，并且每个 etimer 都绑定了一个 process。在程序执行的过程中，首先通过 do_poll()函数执行 etimer_process，把所有到时的 timer 取出，然后给相应的进程通过 process_post()函数传递一个事件，把这个事件以及对应的进程放到事件队列里面去；然后再通过 do_event()函数依次取出事件队列 events 里面的事件，执行 call_process，启动相应的 process。

10.2.3　protothread 机制

传统的操作系统使用栈保存进程上下文，每个进程需要一个栈，这对于内存极度受限的传感器设备将难以忍受。protothread 机制解决了这个问题，它通过保存进程被阻塞处的行数（进程结构体的一个变量，unsiged short 类型，只需两个字节）实现进程切换，当该进程下一次被调用时，通过 switch（__LINE__）跳转到刚才保存的点，恢复执行。整个 Contiki 只用一个栈，当进程切换时清空，大大节省内存。

1. protothread 的特点

protothread（Lightweight，Stackless Threads in C）的最大特点就是轻量级，每个 protothread 不需要自己的堆栈，所有的 protothread 使用同一个堆栈，而保存程序断点时用两个字节保存被中断的行数即可。编程时，应谨慎使用局部变量。当进程切换时，因 protothread 没有保存堆栈上下文（只使用两个字节保存被中断的行号），故局部变量得不到保存。这就要求使用局部变量时要特别小心，一个好的解决方法是使用局部静态变量（加 static 修饰符），这样该变量在整个生命周期中都存在。

2. protothread 进程控制模型

现以 Contiki 2.6 中最简单的 example/hello_world.c 为例。程序的代码如下：

```
PROCESS(hello_world_process, "Hello world");
AUTOSTART_PROCESSES(&hello_world);
PROCESS_THREAD(hello_world_process, ev, data)
{
  PROCESS_BEGIN();            /* Must always come first */
```

```
  printf("Hello, world!\n");          /* Initialization code goes here */
  while(1) {
    PROCESS_WAIT_EVENT();     /* Wait for something to happen */
  }
  PROCESS_END();              /* Must always come last */
}
```

protothread 是 Contiki 的进程控制模型，是 Contiki 关于进程的精华，详情可参考 Contiki protothreads。其他关于 Contiki 的信息也可参考 The Contiki Operating System，比如 Contiki 的 process、protothread、timer，以及 communication stack 的一些内容。

Contiki 程序有着非常规范的步骤，PROCESS 宏用来声明一个进程，而 AUTOSTART_PROCESS 宏使这个进程自启动，PROCESS_THREAD 定义的是程序的主体，并且主体内部要以 PROCESS_BEGIN()开头，以 PROCESS_END()结束。下面通过每个宏展开来学习 Contiki 程序。

1）PROCESS

PROCESS 宏定义在 core/sys 的 process.h 文件内，定义如下：

```
#define PROCESS(name, strname) PROCESS_THREAD(name, ev, data); \
struct process name={ NULL, strname,  process_thread_##name }
```

PROCESS_THREAD 的宏定义如下，它用来定义一个 process 的 body：

```
#define PROCESS_THREAD(name, ev, data) static
PT_THREAD(process_thread_##name(struct pt *process_pt, process_event_t ev,
process_data_t data))
```

PT_THREAD 宏中参数定义为：

```
struct pt { lc_t lc; };  //typedef unsigned short lc_t;
typedef unsigned char  process_event_t;
typedef void * process_data_t;
```

第一个参数 lc 是英文"local continuation"的简写，是 protothread 的控制参数，因为 protothread 的核心在 C 的 switch 控制语句中，这个 lc 就是 switch 里面的参数。

第二个参数就是 timer 给这个进程传递的事件了，其实就是一个 unsigned char 类型的参数，具体的参数值在 process.h 中定义。

第三个参数也是给进程传递的一个参数（举个例子，假如要退出一个进程的话，那么必须把这个进程所对应的 timer 从 timer 队列的 timerlist 中清除掉，进程在死掉之前就要给 etimer_process 传递这个参数，参数的值就是进程本身，这样才能使 etimer_process 在 timer 队列里找到相应的 etimer 进而清除。

PT_THREAD 定义一个 protothread，每个 protothread 都要用到这个宏，其宏定义为：

```
#define PT_THREAD(name_args) char name_args
```

所以"PROCESS（hello_world_process, "Hello world process"）;"的展开代码如下：

```
static char process_thread_hello_world_process(struct pt *process_pt,
process_event_t ev, process_data_t data);
struct process hello_world_process={ ((void *)0), "Hello world process",
```

```
process_thread_hello_world_process};
```

第一个语句声明一个 process_thread_hello_world_process()函数，返回值是 char 型，其实是声明 hello_world 这个 process 的 body 函数，PROCESS_THREAD 宏是这个函数的定义。

第二个语句是声明一个 process 类型的数据，是 hello_world_process。其类型定义为：

```
struct process {
  struct process *next;
  const char *name;
  PT_THREAD((*thread)(struct pt *, process_event_t, process_data_t));
  struct pt pt;
  unsigned char state, needspoll;
};
```

第一个参数 struct process *next 是指向它的下一个进程，声明一个 process 时初始化为 0；因为要维持一个进程的链表。

第二个参数 const char *name 指的是这个进程的名字。

第三个参数 thread 是一个函数指针，也就是说 process 包含了一个函数，每个 process 都包含了一个函数，process 的执行其实就是这个函数体的执行。

第四个参数 lc 是为 switch 语句服务的，保留 process 的 pt 值，在下一次 process 执行时便可通过 switch 语句直接跳到要执行的语句，从而恢复 process 的执行，实现对 process 的控制。

第五个参数 state 表示 process 的状态，具体定义在 process.h 文件中。

对于第六个参数，一般 process 初始化的时候 needspoll 的值为 0，假如 needspoll 的值为 1，可以优先执行，具体先不深入讨论。

2）AUTOSTART_PROCESSES

AUTOSTART_PROCESS 的宏定义如下：

```
#define AUTOSTART_PROCESSES(...)   \
  struct process *const autostart_processes[]={__VA_ARGS__, NULL}
```

autostart_process 是一个指针数组，每个指针指向的都是一个 process。所以展开代码是：

```
struct process *const autostart_processes[]={&hello_world_process, ((void *)0)};
```

在 main()函数中的进程自启动函数 autostart_start()函数中参数进程就是这个指针数组，从这里取 process 一依次执行。

3）PROCESS_THREAD

process 的 body 定义在 PROCESS_THREAD 中，展开它就是一个函数，展开如下：

```
static char process_thread_hello_world_process(struct pt *process_pt,
process_event_t ev, process_data_t data)
{}  // process 的 body 就定义在{ }中。
```

4）PROCESS_BEGIN 和 PROCESS_END

process 的 body 必须要以这两个宏作为开始和结尾：

```
#define PROCESS_BEGIN()   PT_BEGIN(process_pt)
```

```
#define PT_BEGIN(pt) { char PT_YIELD_FLAG = 1; LC_RESUME((pt)->lc)
#define LC_RESUME(s) switch(s) { case 0:
```

PROCESS_END 的宏定义：

```
#define PROCESS_END()  PT_END(process_pt)
#define PT_END(pt) LC_END((pt)->lc); PT_YIELD_FLAG = 0; PT_INIT(pt); return
PT_ENDED; }
#define LC_END(s) }
#define PT_INIT(pt)   LC_INIT((pt)->lc)
#define LC_INIT(s) s=0;
#define PT_ENDED  3
```

5）总体展开的代码

```
struct process hello_world_process={ ((void *)0), "Hello world process",
process_thread_hello_world_process};
struct process *const autostart_processes[]={&hello_world_process, ((void *)0)};
static char process_thread_hello_world_process(struct pt *process_pt,
process_event_t ev, process_data_t data)
{  char PT_YIELD_FLAG = 1;
   switch((process_pt)->lc)
   {  case 0: ;
      printf("Hello, world!\n");  /* Initialization code goes here */
      while(1)
      {  do { PT_YIELD_FLAG=0;
            (process_pt)->lc = __LINE__;
            case __LINE__: ;
            if(PT_YIELD_FLAG == 0) return 1;
         } while(0);  /* Got the timer's event~ */
      };
      PT_YIELD_FLAG = 0;
      (process_pt)->lc = 0;
      return 3;
   }
}
```

这段代码用几个宏包装，首先声明一个进程函数 process_thread_hello_world_process()，然后再声明一个进程 hello_world_process，并且这个进程的函数指针指向的就是前一个进程函数，接着再声明一个自启动进程列表供 main()函数调用，最后再定义进程函数 process_thread_hello_world_process()，当进程执行的时候，执行的就是 process_thread_hello_world_process()函数。

要知道 hello_world 进程是怎么被执行的，得看 main()函数，找到 platform 文件夹下的对应平台，这里选的是 mb8051 下的 main()函数。要执行 hello_world.c 的 process，主要是用到 main()函数的 autostart_start（autostart_processes）函数。

```
void autostart_start(struct process * const processes[])
{   for(int i=0; processes[i]!=NULL; ++i)
    { process_start(processes[i], NULL);
      PRINTF("autostart_start: starting process '%s'\n", processes[i]->name);   }
}
```

struct process * const process[]维护的是一个进程队列，它是一个 extern 变量，如果编译的是 hello_world，那么这个外部变量引用的就是 hello_world.c 文件中的 process[]变量。然后轮流执行队列里面的 process，此例中只有一个 hello_world 进程，当然还可以同时定义多个进程。要启动一个进程，必须要用到 process_start()函数，此函数定义如下：

```
void process_start(struct process *p, const char *arg)
{   struct process *q;
    /* First make sure that we don't try to start a process that is already running. */
    for(q = process_list; q!=p&&q!=NULL; q=q->next);
    /* If we found the process on the process list, we bail out. */
    if(q==p) return;
    /* Put on the procs list.*/
    p->next=process_list;
    process_list=p;
    p->state=PROCESS_STATE_RUNNING;
    PT_INIT(&p->pt);
    PRINTF("process: starting '%s'\n", p->name);
    /* Post a synchronous initialization event to the process. */
    process_post_synch(p, PROCESS_EVENT_INIT, (process_data_t)arg);
}
```

process_start 所负责的工作是：先把将要执行的进程加入到进程队列 process_list 的首部，如果这个进程已经在 process_list 中，就 return；接下来就把 state 设置为 PROCESS_STATE_RUNNING 并且初始化 pt 的 lc 为 0（这一步初始化很重要，关系到 protothread 进程模型的理解）；最后通过函数 process_post_synch()给进程传递一个 PROCESS_EVENT_INIT 事件，让其开始执行，此函数定义如下：

```
void process_post_synch(struct process *p, process_event_t ev, process_data_t data)
{   struct process *caller=process_current;
    call_process(p, ev, data);
    process_current=caller;
}
```

为什么在 process_post_synch()中要把 process_current 保存起来呢？process_current 指向的

是一个正在运行的 process，当调用 call_process 执行这个 hello_world 这个进程时，process_current 就会指向当前的 process，也就是 hello_world 这个进程，而 hello_world 这个进程可能会退出或者正在被挂起等待一个事件，这时"process_current = caller"语句正是要恢复先前的那个正在运行的 process。接下来展开 call_process()，开始真正的执行这个 process：

```
static void call_process(struct process *p, process_event_t ev, process_data_t data)
{ int ret;
#if DEBUG
  if(p->state==PROCESS_STATE_CALLED) {
    printf("process: process '%s' called again with event %d\n", p->name, ev);
  }
#endif /* DEBUG */
  if((p->state & PROCESS_STATE_RUNNING)&&p->thread != NULL) {
    PRINTF("process: calling process '%s' with event %d\n", p->name, ev);
    process_current=p;
    p->state=PROCESS_STATE_CALLED;
    ret=p->thread(&p->pt, ev, data);
    if(ret==PT_EXITED||ret==PT_ENDED||ev==PROCESS_EVENT_EXIT)
      exit_process(p, p);
    else
      p->state=PROCESS_STATE_RUNNING;
  }
}
```

这个函数中才是真正的执行 hello_world_process 的内容。假如进程 process 的状态是 PROCESS_STATE_RUNNING 以及进程中的 thread()函数不为空，就执行这个进程：首先把 process_current 指向 p；接着把 process 的 state 改为 PROCESS_STATE_CALLED；然后执行 hello_world 这个进程的 body，也就是函数 p->thread，并将返回值保存在 ret 中，如果返回值表示退出或者遇到了 PROCESS_EVENT_EXIT 事件，便执行 exit_process()函数，process 退出。不然程序就应该在挂起等待事件的状态，那么就继续把 p 的状态维持为 PROCESS_STATE_RUNNING。最后再了解一下 exit_process()函数：

```
static void exit_process(struct process *p, struct process *fromprocess)
{ register struct process *q;
  struct process *old_current = process_current;
  PRINTF("process: exit_process '%s'\n", p->name);
  if(process_is_running(p)) {    /* Process was running */
    p->state=PROCESS_STATE_NONE;
    /* Post a synchronous event to all processes to inform them that this process
is about to exit. This will allow services to deallocate state associated with
this process.    */
```

```
    for(q=process_list; q!=NULL; q=q->next) {
      if(p!=q) call_process(q, PROCESS_EVENT_EXITED, (process_data_t)p);
    }
    if(p->thread!=NULL&&p!=fromprocess) {
      /* Post the exit event to the process that is about to exit. */
      process_current=p;
      p->thread(&p->pt, PROCESS_EVENT_EXIT, NULL);
    }
  }
  if(p==process_list) process_list=process_list->next;
  else for(q=process_list; q!=NULL; q=q->next) {
    if(q->next==p) {q->next=p->next;break; }
  }
 }
 process_current=old_current;
}
```

exit_process()函数有两个参数,前一个是要退出的process,后一个是当前的process。

在这个进程要退出之前,必须要给所有的进程都要发送一个 PROCESS_EVENT_EXITED 事件,告诉所有与之相关的进程它要离开,若收到这个事件的进程与要"死"的进程有关的话,自然会作出相应的处理(一个典型的例子是,如果一个程序要退出的话,就会给 etimer_process 进程发送一个 PROCESS_EVENT_EXITED 事件,那么收到这个事件之后,etimer_process 就会查找 timerlist 看看哪个 timer 是与这个进程相关的,然后把它从 timerlist 中清除)。

如果要退出的 process 就是当前的 process,那么就只需要把它从进程列表中清除即可;如果要退出的 process 不是当前的 process,那么当前的 process 就要给要退出的 process 传递一个 PROCESS_EVENT_EXIT 事件,让其进程的 body 退出,然后再将其从进程列表中清除。

下面从 process_thread_hello_world_process()函数的执行过程来观察一下 protothread。

(1)当第一次执行这个函数时,便会执行 "PT_YIELD_FLAG = 1",因为 (process_pt) ->lc 被初始化为 0,所以就直接输出 "hello world"。

(2)当进入到 while 循环时:

```
while(1) {
  PROCESS_WAIT_EVENT();
  do { PT_YIELD_FLAG=0;
    (process_pt)->lc=__LINE__; case __LINE__: ;
    if(PT_YIELD_FLAG==0)  return 1;
  } while(0);
}
```

首先执行 "PT_YIELD_FLAG = 0" 语句,要注意这个宏__LINE__,这个宏在程序编译的时候会被预处理成这条语句所在的行号,所以程序接着就会 return 1,返回这个函数。看似函数不留痕迹地退出,其实它保留了一个重要的值(process_pt)->lc,相当于记录的阻塞的位置。那么这样什么好处呢?当这个 process 收到一个事件再次被执行的信息的时候,首先会进行初始化,让 PT_YIELD_FLAG = 1,接着进入 switch 语句,因为(process_pt)->lc 已经被保存,所以这次 process 直接跳到了上次执行结束的地方重新开始执行,因为 PT_YIELD_FLAG 已经是 1,所以就不会 return,而是继续执行上次执行的代码。所以(process_pt)->lc 相当于保持了现场,下次函数再运行的时候就可以通过 switch 语句迅速找到执行代码语句的入口,恢复现场,继续执行。执行完毕后,接着 while 循环,return 后,再等待事件,一直循环。

总体来说,当 protothread 程序运行到 PROCESS_WAIT_EVENT()时,判断其运行条件是否满足,若不满足则阻塞。通过 PROCESS_WAIT_EVENT 宏展开的程序代码可以得知,protothread 的阻塞其实质就是函数返回,只不过在返回前保存了当前的阻塞位置(也就是 lc 值),待下一次 protothread 被调用时,通过 switch 语句直接跳到阻塞位置执行,再次判断运行条件是否满足,并执行后续程序或继续阻塞。编程时要注意的两个地方:

(1)在 PROCESS_THREAD 内部,auto 变量在 process 挂起时,也就是函数返回时不会被保存,若需要的话,要把变量设置为 static,这是为使进程挂起的时候变量的值还在。

(2)在 PROCESS_THREAD 内部不要用 switch 语句。

10.3 Contiki 的主要数据结构

10.3.1 数据结构的进程

进程结构体源码如下:

```
struct process
{   struct process *next; //指向下一个进程
 #if PROCESS_CONF_NO_PROCESS_NAMES
   #define PROCESS_NAME_STRING(process) ""
 #else
   const char *name;
   #define PROCESS_NAME_STRING(process) (process)->name
 #endif
   PT_THREAD((*thread)(struct pt *, process_event_t, process_data_t));
   struct pt pt;
   unsigned char state;
   unsigned char needspoll;
};
```

1. 进程名称

运用 C 语言预编译指令，可以配置进程名称，宏 PROCESS_NAME_STRING（process）用于返回进程 process 名称，若系统无配置进程名称，则返回空字符串。在以后的讨论中，均假设配有进程名称。

2. PT_THREAD 宏

PT_THREAD 宏定义为"#define PT_THREAD（name_args）char name_args"。语句展开为"char（*thread）(struct pt *, process_event_t, process_data_t);"。声明一个函数指针 thread，指向的是一个含有 3 个参数、返回值为 char 类型的函数。这是进程的主体，当进程执行时，主要是执行这个函数的内容。另声明一个进程包含在宏 PROCESS（name，strname）里，通过宏 AUTOSTART_PROCESSES（…）将进程加入自启动数组中。pt 结构体展开为"struct pt {lc_t lc;};typedef unsigned short lc_t;"。如此，可以把 struct pt pt 直接理解成 unsigned short lc，以后如无特殊说明，pt 就直接理解成 lc。lc 用于保存程序被中断的行数（只需两个字节，这恰是 protothread 轻量级的集中体现），被中断的地方，保存行数（s=_LINE_），接着是语句"case_LINE_"。当该进程再次被调用时，从 PROCESS_BEGIN()开始执行，而该宏展开含有语句"switch（process_pt->pt）"，从而跳到上一次被中断的地方（即 case_LINE_）继续执行。

3. 进程状态

进程共 3 个状态，宏定义如下：

```
#define PROCESS_STATE_NONE      0
    /*类似于 Linux 系统的僵尸状态,进程已退出,只是还没从进程链表中删除*/
#define PROCESS_STATE_RUNNING   1      /*进程正在执行*/
#define PROCESS_STATE_CALLED    2      /*实际上是返回,并保存 lc 值*/
```

4. needspoll

简而言之，needspoll 为 1 的进程有更高的优先级。具体表现为，当系统调用 process_run() 函数时，把所有 needspoll 标志为 1 的进程投入运行，而后才从事件队列取出下一个事件传递给相应的监听进程。与 needspoll 相关的另一个变量 poll_requested，用于标识系统是否存在高优先级进程，即标记系统是否有 needspoll 为 1 的进程：

static volatile unsigned char poll_requested；

基于上述分析，将代码展开或简化，得到如下进程链表 process_list（图 10-1）：

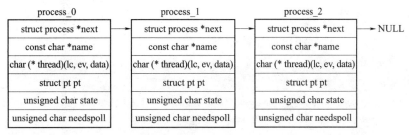

图 10-1　Contiki 进程链表

创建进程主要由 PROCESS 宏（声明进程）和 PROCESS_THREAD 宏（定义进程执行主体）完成，启动进程由 process_start()函数完成，总是把进程加入到进程链表的头部。

10.3.2 数据结构之事件

本小节介绍 Contiki 主要数据结构之事件，深入源码分析事件结构体，图示事件队列，并介绍事件处理和新事件加入是如何影响事件队列的。

1. 事件结构体

事件也是 Contiki 重要的数据结构，其定义如下：

```
struct event_data
{ process_event_t ev;
  process_data_t data;
  struct process *p;
};
typedef unsigned char process_event_t;
typedef void * process_data_t;
```

各成员变量含义为：ev 指标识所产生事件；data 指保存事件产生时获得的相关信息，即事件产生后可以给进程传递的数据；p 指向监听该事件的进程。

事件可以被分为 3 类：时钟事件（timer events）、外部事件、内部事件。那么，Contiki 核心数据结构就只有进程和事件了，把 etimer 理解成一种特殊的事件。

2. 事件队列

Contiki 用环形队列组织所有事件（用数组存储），定义如下：

```
static struct event_data events[PROCESS_CONF_NUMEVENTS];
```

Contiki 事件队列如图 10-2 所示。

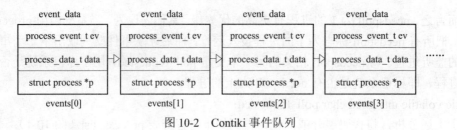

图 10-2 Contiki 事件队列

3. 系统定义的事件

系统定义了 10 个事件，源码和注释如下：

```
/*配置系统最大事件数*/
#ifndef PROCESS_CONF_NUMEVENTS
  #define PROCESS_CONF_NUMEVENTS 32
#endif
#define PROCESS_EVENT_NONE            0x80  //调用 dhcpc_request()函数
```

```
handle_dhcp(PROCESS_EVENT_NONE,NULL)
#define PROCESS_EVENT_INIT          0x81  //启动一个进程process_start,以传递该事件
#define PROCESS_EVENT_POLL          0x82 //在PROCESS_THREAD(etimer_process,ev,data)
使用到
#define PROCESS_EVENT_EXIT          0x83  //进程退出,传递该事件给进程主体函数thread()
#define PROCESS_EVENT_SERVICE_REMOVED 0x84
#define PROCESS_EVENT_CONTINUE      0x85  //PROCESS_PAUSE 宏用到这个事件
#define PROCESS_EVENT_MSG           0x86
#define PROCESS_EVENT_EXITED        0x87  //进程退出,传递该事件给其他进程
#define PROCESS_EVENT_TIMER         0x88  //etimer 到期时,传递该事件
#define PROCESS_EVENT_COM           0x89
#define PROCESS_EVENT_MAX           0x8a  /*进程初始化时,让lastevent=PROCESS_EVENT_MAX,
即新产生的事件从0x8b开始,函数process_alloc_event(),用于分配一个新的事件*/
```

注：事件 PROCESS_EVENT_EXIT 用于传递给进程的主体函数 thread()，如在 exit_process() 函数中的 p->thread（&p->pt，PROCESS_EVENT_EXIT，NULL）。而 PROCESS_EVENT_EXITED 用于传递给进程，如 call_process（q，PROCESS_EVENT_EXITED，（process_data_t）p）。

4．一个特殊事件

如果事件结构体 event_data 的成员变量 p 指向 PROCESS_BROADCAST，则该事件是一个广播事件。在 do_event()函数中，若事件的 p 指向的是 PROCESS_BROADCAST，则让进程链表 process_list 的所有进程投入运行。部分源码如下：

```
#define PROCESS_BROADCAST NULL  //广播进程
/*保存待处理事件的成员变量*/
ev=events[fevent].ev;
data=events[fevent].data;
receiver=events[fevent].p;
if(receiver==PROCESS_BROADCAST)
{ for (p=process_list; p!=NULL; p=p->next)
  { if (poll_requested) do_poll();
    call_process(p, ev, data);
  }
}
```

10.3.3 数据结构之 etimer

在 Contiki 中，Contiki 有一个 clock 模块和一系列 timer 模块：timer、stimer、ctimer、etimer 和 rtimer。

clock 模块提供一些处理系统时间的函数，还有一些用来阻塞 CPU 的函数。timer 模块的实现以 clock 模块为基础。

timer 和 stimer 提供最简单的形式来判断一段时间是否到期。timer 使用 clock tick 来判断。stimer 使用秒来判断，可以判断更长的时间间隔。timer 和 stimer 可以使用在中断中。

etimer 用于在一段时间后向 Contiki processes 发送 event。etimer 可使 Contiki processes 在等待一段时间的同时，可以继续做其他的工作，或者进入低功耗模式。

ctimer 提供回调 timer，可以在一段时间后调用回调函数。像 etimer 模块一样，ctimer 使系统在等待一段时间的同时可以继续工作，或者进入低功耗模式。因为 ctimer 是调用回调函数，这在一些没有和特定进程相关联的代码中特别有用，特别是协议的实现，rimer 协议栈使用 callback timer 来处理通信超时。

rtimer 用于处理实时任务。

1. etimer 结构体

etimer 提供一种 timer 机制以产生 timed events，可以理解成 etimer 是 Contiki 的一种特殊事件。当 etimer 到期时，会给相应的进程传递事件 PROCESS_EVENT_TIMER，从而使该进程启动 。etimer 结构体源码如下：

```
struct etimer {struct timer timer; struct etimer *next; struct process *p;};
struct timer {clock_time_t start; clock_time_t interval;};
typedef unsigned int clock_time_t;
```

timer 仅包含起始时刻和间隔时间，所以 timer 只记录到期时间。其通过比较到期时间和新的当前时钟，从而判断该定时器是不是到期。

2. timerlist

全局静态变量 timerlist 指向系统第一个 etimer，timerlist 如图 10-3 所示。
static struct etimer *timerlist;

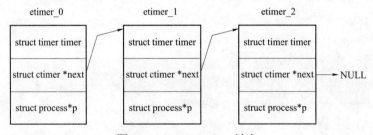

图 10-3　Contiki etimer 链表

通过 add_timer()函数将 etimer 加入 timerlist，其处理由系统进程 etimer_process 负责。

10.3.4　进程、事件、etimer 关系

进程 process、事件 event_data、etimer 都是 Contiki 的核心数据结构，理清这三者的关系有助于对系统的理解。

1. 事件与 etimer 的关系

事件可以分为同步事件、异步事件，也可以分为定时器事件、内部事件、外部事件。etimer 属于定时器事件的一种，可以理解成 Contiki 系统把 etimer 单列出来，以方便管理（由

etimer_process 系统进程管理）。

当 etimer_process 执行时，会遍历 etimer 链表，检查 etimer 是否有到期的，凡遇有 timer 到期就把事件 PROCESS_EVENT_TIMER 加入到事件队列中，并将该 etimer 成员变量 p 指向 PROCESS_NONE。在这里，PROCESS_NONE 用于标识该 etimer 是否到期，函数 etimer_expired()会根据 etimer 的 p 是否指向 PROCESS_NONE 来判断该 etimer 是否到期。

2. 进程与 etimer 的关系

etimer 与 process 还不是一一对应的关系，一个 etimer 必定绑定一个 process，但 process 不一定非得绑定 etimer。etimer 只是一种特殊事件。

3. 进程与事件的关系

当有事件传递给进程时，就新建一个事件加入事件队列，并绑定该进程，所以一个进程可以对应于多个事件（即事件队列有多个事件跟同一个进程绑定），而一个事件可以广播给所有进程，即该事件成员变量 p 指向空。当调用 do_event()函数时，将进程链表的所有进程投入运行。

10.4 启动一个进程 process_start

process_start()函数用于启动一个进程，将进程加入进程链表（事先验证参数，确保进程不在进程链表中），初始化进程（将进程状态设为运行状态及将 lc 设为 0），给进程传递一个 PROCESS_EVENT_INIT 事件，让其开始执行（事先参数验证，确保进程已被设为运行态并且进程的函数指针 thread 不为空），事实上是执行进程结构体中的 thread 函数指针所指的函数，而这恰恰是 PROCESS_THREAD（name，ev，data）函数的实现。判断执行结果，如果返回值表示退出、结尾或者遇到 PROCESS_EVENT_EXIT，进程退出，否则进程被挂起，等待事件。

整个调用过程为：

process_start —> process_post_synch —> call_process —> exit_process

1. process_start()函数

该函数将进程加入进程链表（事先验证参数，确保进程不在进程链表中），初始化进程（将进程状态设为运行状态及将 lc 设为 0），给进程传递一个 PROCESS_EVENT_INIT 事件，让其开始执行。

```
void process_start(struct process *p, const char *arg)  //可以传递 arg 给进程 p,也可不传直接"NULL"
{
    struct process *q;
    /*参数验证:确保进程不在进程链表中*/
    for(q=process_list; q!=p&&q!=NULL; q=q->next);
    if(q==p) return;
```

```
/*把进程加到进程链表首部*/
p->next=process_list;
process_list=p;
p->state=PROCESS_STATE_RUNNING;
PT_INIT(&p->pt);  //将 p->pt->lc 设为 0,使进程从 case 0 开始执行
PRINTF("process: starting '%s'\n", PROCESS_NAME_STRING(p));
//给进程传递一个 PROCESS_EVENT_INIT 事件,让其开始执行
process_post_synch(p, PROCESS_EVENT_INIT, (process_data_t)arg);
}
```

2. process_post_synch()函数

process_post_synch()函数直接调用 call_process(),期间需要保存 process_corrent,这是因为当调用 call_process()执行这个进程 p 时,process_current 就会指向当前进程 p,而进程 p 可能会退出或者被挂起以等待一个事件。

```
void process_post_synch(struct process *p, process_event_t ev, process_data_t data)
{   struct process *caller = process_current;  //相当于 PUSH,保存现场 process_current
    call_process(p, ev, data);
    process_current = caller;  //相当于 POP,恢复现场 process_current
}
```

3. call_process()函数

如果进程 process 的状态为 PROCESS_STATE_RUNNING,并且进程中的 thread 函数指针（相当于该进程的主函数）不为空的话,就执行该进程。如果返回值表示退出、结尾或者遇到 PROCESS_EVENT_EXIT,进程退出,否则进程被挂起,等待事件。

```
static void call_process(struct process *p, process_event_t ev, process_data_t data)
{   int ret;
#if DEBUG
   if(p->state==PROCESS_STATE_CALLED)
     printf("process: process '%s' called again with event %d\n",
PROCESS_NAME_STRING(p), ev);
 #endif /* DEBUG */
   if((p->state&PROCESS_STATE_RUNNING)&&p->thread!=NULL) //thread 是函数指针
   {
       PRINTF("process: calling process '%s' with event %d\n",
PROCESS_NAME_STRING(p), ev);
       process_current=p;
```

```
        p->state=PROCESS_STATE_CALLED;
        ret = p->thread(&p->pt, ev, data); //才真正执行 PROCESS_THREAD(name, ev, data)
定义的内容
        if(ret==PT_EXITED||ret==PT_ENDED||ev==PROCESS_EVENT_EXIT)
            exit_process(p, p);  //如果返回值表示退出、结尾或者遇到 PROCESS_EVENT_EXIT,进
程退出
        else
            p->state=PROCESS_STATE_RUNNING;  //进程挂起,等待事件
    }
}
```

PT 的 4 种状态如下：

```
#define PT_WAITING 0 /*被阻塞,等待事件发生*/
#define PT_YIELDED 1 /*主动让出*/
#define PT_EXITED  2 /*退出*/
#define PT_ENDED   3 /*结束*/
```

进程状态如下：

```
#define PROCESS_STATE_NONE      0  /*进程已退出,只是还没从进程链表中删除*/
#define PROCESS_STATE_RUNNING   1  /*进程正在执行*/
#define PROCESS_STATE_CALLED    2  /*被阻塞*/
```

4. process_run()函数

process_run()函数用于处理系统所有 needspoll 标记为 1 的进程及处理事件队列的下一个事件。

（1）运行 process_run()函数。

```
int main()
{
  dbg_setup_uart();
  usart_puts("Initialising\n");
  clock_init();
  process_init();
  process_start(&etimer_process, NULL);
  autostart_start(autostart_processes);
  while (1)
  { /*执行完所有 needspoll 为 1 的进程及处理完所有队列*/
    do { } while (process_run() > 0);
  }
  return 0;
}
```

（2）process_run()函数剖析

process_run()函数处理系统中所有needspoll标记为1的进程及处理事件队列的下一个事件，源代码如下：

```
static volatile unsigned char poll_requested;  //全局静态变量,标识系统是否有needspoll为1的进程
int process_run(void)
{ if (poll_requested)   //进程链表有needspoll为1的进程
      do_poll();
  do_event();
  return nevents + poll_requested; //若和为0,表示处理完系统的所有事件,且没有needspoll为1的进程
}
```

从上述源码可以直观地看出 needspoll 标记为1的进程可以优先执行，并且每执行一次 process_run()函数，将处理系统所有 needspoll 标记为1的进程，而只处理事件队列中的一个事件。

5. do_poll()函数

复位全局变量 poll_requested，遍历整个进程链表，将 needspoll 标记为1的进程投入运行，并将相应的 needspoll 复位。源代码如下：

```
static void do_poll(void)
{ struct process *p;
  poll_requested=0;  //复位全局变量
  for(p=process_list; p!=NULL; p=p->next)  //处理所有needspoll为1的进程
  { if(p->needspoll)  //将needspoll为1的进程投入执行
    { p->state=PROCESS_STATE_RUNNING;
      p->needspoll=0;
      call_process(p, PROCESS_EVENT_POLL, NULL);  }
  }
}
```

6. do_event()函数

do_event()函数处理事件队列的一个事件，有两种事件需特殊处理：PROCESS_BROADCAST 和 PROCESS_EVENT_INIT。前者是广播事件，需处理所有进程，后者是初始化事件，需将进程状态设为 PROCESS_STATE_RUNNING。源代码如下：

```
static process_num_events_t nevents;  /*事件队列的总事件数*/
static process_num_events_t fevent;  /*指向下一个要传递的事件的位置*/
static struct event_data events[PROCESS_CONF_NUMEVENTS];
 /*事件队列,用数组存储,逻辑上是环形队列*/
static void do_event(void)
```

```
{/*以下3个变量恰为struct event_data的成员,用于暂存即将处理(fevent事件)的值*/
 static process_event_t ev;
 static process_data_t data;
 static struct process *receiver;
 static struct process *p;
 if(nevents>0)
 { /*提取将要处理事件的成员变量*/
   ev=events[fevent].ev;
   data=events[fevent].data;
   receiver=events[fevent].p;
   fevent=(fevent+1)%PROCESS_CONF_NUMEVENTS; //更新fevent(指向下一个待处理的事件)
   --nevents;  //事件队列被组织成环形队列,所以取余数
   if(receiver==PROCESS_BROADCAST)
   //如果事件是广播事件PROCESS_BROADCAST,则处理所有进程
   {for(p=process_list; p!=NULL; p=p->next)
      {if (poll_requested)
      do_poll();
      call_process(p, ev, data); //jelline note: call the receiver process twice??
      }
   } else {
     if(ev==PROCESS_EVENT_INIT)
     //若事件是初始化,设置进程状态,确保进程状态为PROCESS_STATE_RUNNING
        receiver->state=PROCESS_STATE_RUNNING;
     call_process(receiver, ev, data);}
 }
}
```

因此,将新事件加入到事件队列,主要由process_post()函数完成,详情见系统进程etimer_process,代码精简后如下:

```
static process_num_events_t snum;
snum=(process_num_events_t)(fevent + nevents)%PROCESS_CONF_NUMEVENTS;
events[snum].ev=ev;
events[snum].data=data;
events[snum].p=p;
++nevents;
```

事件处理由do_event()函数完成,do_event()函数把下一个事件(fevent 指向的事件)从事件队列里取出来,然后传递给其对应的监听进程。把fevent前移一位(即++),把nevents减1。

7. exit_process()函数

该函数先进行参数验证,确保进程在进程链表中并且不是 PROCESS_STATE_NONE 状态,向所有进程发一个同步事件 PROCESS_EVENT_EXITED,通知它们将要退出,让与该进程相关的进程进行相应处理。

如果一个程序要退出的话,就会给 etimer_process 进程发送一个 PROCESS_EVENT_EXITED 事件,那么收到这个事件之后,etimer_process 进程就会查找 timerlist,看哪个 timer 是与这个进程相关的,然后把它从 timerlist 中清除。

```
static void exit_process(struct process *p, struct process *fromprocess)
{   register struct process *q;
    struct process *old_current=process_current;
    PRINTF("process: exit_process '%s'\n", PROCESS_NAME_STRING(p));
    /*参数验证:确保要退出的进程在进程链表中*/
    for(q=process_list; q!=p&&q!=NULL;q=q->next);
    if(q==NULL)  return;
    if(process_is_running(p)) //return p->state!=PROCESS_STATE_NONE;
    {   p->state=PROCESS_STATE_NONE;
    /*向所有进程发一个同步事件PROCESS_EVENT_EXITED,通知它们将要退出,使与该进程相关的进程进行相应处理*/
        for(q=process_list; q!=NULL; q=q->next)
        {  if(p!=q) call_process(q, PROCESS_EVENT_EXITED, (process_data_t)p); }
        if(p->thread!=NULL&&p!=fromprocess)  /*退出的进程不是当前进程*/
        {   /* Post the exit event to the process that is about to exit. */
            process_current=p;
            p->thread(&p->pt, PROCESS_EVENT_EXIT, NULL);
 /*给进程p传递一个PROCESS_EVENT_EXIT事件,通常用于退出死循环(如PROCESS_WAIT_EVENT()
函数),从而使其从主体函数退出*/
        }
    }
    /*将进程p从进程链表删除*/
    if(p==process_list) //进程p恰好在进程链表首部
        process_list=process_list->next;
    else  //进程p不在进程链表首部
    { for(q=process_list; q!=NULL; q=q->next) //遍历进程链表,寻找进程p,删除之
        if(q->next==p)
          { q->next=p->next; break; }
    }
    process_current=old_current;
}
```

10.5　Contiki 编程模式

1. 代码框架

Contiki 实际编程通常只需替代"Hello world"内容，main()函数内容甚至无须修改，大概的代码框架如下（以两个进程为例）：

```
/*步骤1:包含需要的头文件*/
#include "contiki.h"
#include "debug-uart.h"
/*步骤2:用 PROCESS 宏声明进程执行主体,并定义进程*/
PROCESS(example_1_process, "Example 1"); //PROCESS(name, strname)
PROCESS(example_2_process, "Example 1");
/*步骤3:用 AUTOSTART_PROCESSES 宏让进程自启动*/
AUTOSTART_PROCESSES(&example_1_process, &example_2_process);
//AUTOSTART_PROCESSES(...)
/*步骤4:定义进程执行主体 thread*/
PROCESS_THREAD(example_1_process, ev, data) //PROCESS_THREAD(name, ev, data)
{
  PROCESS_BEGIN();   /*代码总是以宏 PROCESS_BEGIN 开始*/
  /*example_1_process 的代码*/
  PROCESS_END();   /*代码总是以宏 PROCESS_END 结束*/
}
PROCESS_THREAD(example_2_process, ev, data)
{
  PROCESS_BEGIN();
  /*example_2_process 的代码*/
  PROCESS_END();
}
```

2. 顺序、选择、循环框架

1）顺序

```
PROCESS_BEGIN();
(*...*)
PROCESS_WAIT_UNTIL(cond1); //注
(*...*)
PROCESS_END();
```

2）选择

```
PROCESS_BEGIN();
(*...*)
```

```
if (condtion)
  PROCESS_WAIT_UNTIL(cond2a); //注
else
  PROCESS_WAIT_UNTIL(cond2b); //注
(*...*)
PROCESS_END();
```

3）循环

```
PROCESS_BEGIN();
(*...*)
while (cond1)
  PROCESS_WAIT_UNTIL(cond1 or cond2); //注
(*...*)
PROCESS_END();
```

注：这里不一定非得用宏 PROCESS_WAIT_UNTIL，事实上有很多选择，比如宏 PROCESS_WAIT_EVENT_UNTIL(c)、宏 PROCESS_WAIT_EVENT()、宏 PROCESS_YIELD_UNTIL(c)等，实际编程应根据实际情况加以选择。

3. Contiki 挂起进程相关 API

1）PROCESS_WAIT_EVENT 和宏 PROCESS_YIELD

从代码展开来看，宏 PROCESS_WAIT_EVENT 和宏 PROCESS_YIELD 实现的功能是一样的（或者说 PROCESS_WAIT_EVENT 只是 PROCESS_YIELD 的一个别名），只是两种不同的描述。也就是说当 PT_YIELD_FLAG 为 1 时（即该进程再次被调度的时候，想想 PROCESS_BEGIN 宏包含语句 PT_YIELD_FLAG=1），才执行宏后面的代码，否则返回。代码展开如下：

```
#define PROCESS_WAIT_EVENT() PROCESS_YIELD()
#define PROCESS_YIELD() PT_YIELD(process_pt)
#define PT_YIELD(pt)  do { PT_YIELD_FLAG=0; LC_SET((pt)->lc); \
  if(PT_YIELD_FLAG==0) return PT_YIELDED; } while(0)
```

2）PROCESS_WAIT_EVENT_UNTIL 和宏 PROCESS_YIELD_UNTIL

宏 PROCESS_WAIT_EVENT_UNTIL 和宏 PROCESS_YIELD_UNTIL 是一组，在 1）的基础是增加了一个额外条件，也就是说当 PT_YIELD_FLAG 为 1 且条件为 true 时（即进程再次被调度的时候，条件为 true，因为 PROCESS_BEGIN 宏已包含语句 PT_YIELD_FLAG），才执行宏后面的代码，否则返回。代码展开如下：

```
#define PROCESS_WAIT_EVENT_UNTIL(c) PROCESS_YIELD_UNTIL(c)
#define PROCESS_YIELD_UNTIL(c) PT_YIELD_UNTIL(process_pt, c)
#define PT_YIELD_UNTIL(pt, cond)  do{ PT_YIELD_FLAG=0; LC_SET((pt)->lc); \
  if((PT_YIELD_FLAG==0) || !(cond)) return PT_YIELDED; } while(0)
```

3）宏 PROCESS_WAIT_UNTIL 和宏 PROCESS_WAIT_WHILE

宏 PROCESS_WAIT_UNTIL 和宏 PROCESS_WAIT_WHILE 判断的条件相反，宏 PROCESS_

WAIT_UNTIL 当条件为真时（即某个事件发生），执行宏后面的内容；而宏 PROCESS_WAIT_WHILE 当条件为假时，执行宏后面的内容（即当条件为真时，阻塞该进程）。

```
/*PROCESS_WAIT_UNTIL 宏展开*/
#define PROCESS_WAIT_UNTIL(c) PT_WAIT_UNTIL(process_pt, c)
/*PROCESS_WAIT_WHILE 宏展开*/
#define PROCESS_WAIT_WHILE(c) PT_WAIT_WHILE(process_pt, c)
#define PT_WAIT_WHILE(pt, cond)  PT_WAIT_UNTIL((pt), !(cond))
/*PT_WAIT_UNTIL 宏展开*/
#define PT_WAIT_UNTIL(pt, condition)    do { LC_SET((pt)->lc);  \
    if(!(condition))  return PT_WAITING;  } while(0)
```

4) 宏 PROCESS_PT_SPAWN

宏 PROCESS_PT_SPAWN 用于产生一个子 protothread，若执行完 thread 并退出 PT_EXITED，则继续执行宏 PROCESS_PT_SPAWN 后面的内容。宏展开如下：

```
#define PROCESS_PT_SPAWN(pt, thread) PT_SPAWN(process_pt, pt, thread)
#define PT_SPAWN(pt, child, thread) do { PT_INIT((child));  \
    PT_WAIT_THREAD((pt), (thread));   } while(0)
#define PT_WAIT_THREAD(pt, thread) PT_WAIT_WHILE((pt), PT_SCHEDULE(thread))
#define PT_WAIT_WHILE(pt, cond)  PT_WAIT_UNTIL((pt), !(cond))
#define PT_SCHEDULE(f) ((f)<PT_EXITED)
```

5) 宏 PROCESS_PAUSE

宏 PROCESS_PAUSE 用于向进程传递事件 PROCESS_EVENT_CONTINUE，并等到任一事件发生，即被挂起（但并看不到哪个地方对事件 PROCESS_EVENT_CONTINUE 优先处理了）。宏展开如下：

```
#define PROCESS_PAUSE() do {       \
    process_post(PROCESS_CURRENT(), PROCESS_EVENT_CONTINUE, NULL);   \
    PROCESS_WAIT_EVENT();                         \
} while(0)
```

宏 PROCESS_WAIT_EVENT_UNTIL 和宏 PROCESS_WAIT_UNTIL 的区别在于：前者除了要判断条件外，还需判断 PT_YIELD_FLAG；而后者只需判断条件，并且返回值也不一样。

6. 编写"Hello world"实例程序

Contiki 程序开发是以进程的方式实现的。创建一个 Contiki 进程包含两个步骤，即声明和定义，由两个宏分别完成。宏 PROCESS（process_name，"process description"）用于声明一个进程；宏 PROCESS_THREAD（process_name，event，data）用于定义进程执行主体。如果进程需要在系统启动时被自动执行，则可以使用宏 AUTOSTART_PROCESSES（&process_name）。该宏可以指定多个进程，如 AUTOSTART_PROCESSES（&process_1，&process_2），表示 process_1 和 process_2 都会在系统启动时被启动。

进程执行主体代码中，必须以宏 PROCESS_BEGIN()开始，以宏 PROCESS_END()结束。这是由 Contiki 特殊的进程模型所导致的。此外，在进程中不能使用 switch 语句，慎重使用局部变量，这同样也是因为 Contiki 进程模型的原因。

下面介绍如何使用 Contiki 的进程模型方便快速地开发第一个应用程序。正如所有的程序设计学习一样，实例的应用程序被命名为"Hello world"。

1）建立项目文件夹

Contiki 中的每一个应用程序都需要一个单独的文件夹，为"Hello world"建立一个名为"helloworld"的文件夹，并在其中创建 hello-world.c 和 Makefile 文件。为了方便，建议将文件夹放在 Contiki 的 examples 目录下。

2）编写"Hello world"源代码

在 hello-world.c 文件中输入如下代码：

```c
#include "contiki.h"
#include <stdio.h>
PROCESS(hello_world_process, "Hello world process");  /* 声明一个名为 hello_world_process 的进程 */
/* 这个进程需要自动启动，即当节点启动时启动本进程 */
AUTOSTART_PROCESSES(&hello_world_process);
/* hello_world_process 进程的主体部分 */
PROCESS_THREAD(hello_world_process, ev, data)
{
    PROCESS_BEGIN();   /*所有的进程开始执行前都必须有这条语句 */
    printf("Hello world :)\n");
    PROCESS_END();     /*所有的进程结束时都必须有这条语句 */
}
```

3）编写 Makefile

在 Makefile 文件中输入如下代码：

```
CONTIKI_PROJECT=hello-world      /* 项目名称(主文件名称) */
all: $(CONTIKI_PROJECT)
CONTIKI=../..                    /* Contiki 源文件根目录,根据实际情况修改 */
include $(CONTIKI)/Makefile.include /* 包含 Contiki 的 Makefile,以实现整个 Contiki 系统的编译 */
```

4）编译项目

在控制台 Shell 中进入 Hello world 项目目录，运行如下命令：make。这时编译的目标平台是默认的 native 平台。如果需要指定目标平台，可以使用 TARGET 参数，如"make TARGET=native"。编译成功后，项目目录下就会生成"hello-world.[目标平台]"的目标文件，如 hello-world.native。如果使用的是 Linux 操作系统，可以运行"./hello-world.native"命令查看 Contiki 程序的运行结果（由于 Contiki 还在运行，需要按"Ctrl+C"组合键退出程序）：

```
Starting Contiki
Hello world:)
```

至此，完成了第一个 Contiki 应用程序的开发，希望对读者快速上手 Contiki 有所帮助。

第11章 Contiki 系统移植

前面几章主要是在 STM32 开发板上进行的裸机实验,即无操作系统。从本章开始在开发板上运行 Contiki 系统,并在此系统的基础上进行 6LoWPAN 嵌入式物联网应用移植。

11.1 认识 Contiki 开发套件

进行 6LoWPAN 嵌入式物联网应用开发,需要相关硬件和软件。在硬件方面,本章基于联创中控(北京)科技有限公司自主研发的 UI-IOT-IPv6 教学科研平台,用于了解 6LoWPAN 开发套件各个模块的硬件资源、使用说明及各种运行模式,同时介绍 6LoWPAN 嵌入式物联网应用开发环境的搭建方法。

11.1.1 Contiki 开发套件介绍

UI-IOT-IPv6 平台在硬件设计上分成两个区域:移动互联网网关板、物联网无线节点板,其中物联网无线节点板采用 UI-WSN 系列物联网套件,如图 11-1 和图 11-2 所示。

图 11-1 Contiki 移植开发套件

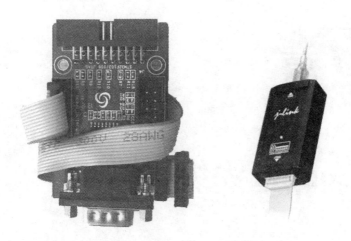

图 11-2 无线节点调试扩展接口板（左）和 JLINK 仿真器（右）

11.1.2 跳线设置及硬件连接

（1）无线协调器直接安装到实验主板对应插槽中，跳线使用如图 11-3 所示。

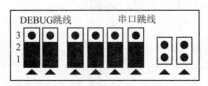 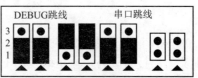

图 11-3 模式一（左）和模式二（右）

① 模式一：调试 STM32F103，STM32F103 串口连接到网关（默认）。
② 模式二：调试 STM32F103，STM32F103 串口连接到调试扩展板。

（2）无线节点板上提供了两组跳线用于选择调试不同的处理器，跳线使用如图 11-4 所示。

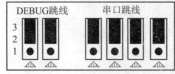 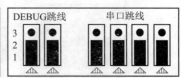

图 11-4 模式一（左）和模式二（右）

① 模式一：调试 CC2530，CC2530 串口连接到调试扩展板。
② 模式二：调试 STM32F103，STM32F103 串口连接到调试扩展板（默认）。

（3）通过调试接口板的转接，无线节点可以使用仿真器进行调试，同时还可以使用 RS232 串口。调试接口板的连接如图 11-5 所示。

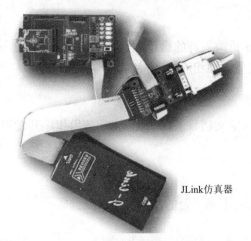

图 11-5　调试接口板的连接

11.2　搭建 Contiki 开发环境

在 ARM Cortex-M3 核的 STM32F103 处理器上进行基于 Contiki 的 IPv6 协议移植，其开发环境需要的主要软件包为：

（1）CD-EWARM-5411-1760.zip。这是学习嵌入式接口技术、传感器接口技术的开发环境（安装方法见本书第 2 章）。

（2）Contiki 2.6.zip。这是学习 Contiki 操作系统及 IPv6 协议的开发工具。用户可以从官网获取源码。Contiki 官网下载系统源码地址：http://sourceforge.net/projects/contiki/files/Contiki/Contiki%202.6/。本书配套的软件资源包中的"03-系统代码"目录下也有 Contiki 系统源码，该系统源码与官网下载的源码有一部分不同，即资源包中的 Contiki 系统源码增加了与开发套件配套的 STM32 官方库文件，有个别文件的名称也不尽相同。

11.2.1　Contiki 源代码结构

Contiki 是一个高度可移植的操作系统，它的设计就是为了获得良好的可移植性，因此其源代码的组织很有特点。下面简单介绍 Contiki 的源代码组织结构以及各部分代码的作用。打开 Contiki 源文件目录，可以看到主要有以下部分。

1. apps

apps 目录下是一些应用程序，例如 ftp、shell、webserver 等，在项目程序开发过程中可以直接使用。使用这些应用程序的方式为，在项目的 Makefile 中，定义 APPS = [应用程序名称]。在以后的示例中会具体看到如何使用 apps。

2. core

core 目录下是 Contiki 的核心源代码，包括网络（net）、文件系统（cfs）、外部设备（dev）、链接库（lib）等，并且包含了时钟、I/O、ELF 装载器、网络驱动等的抽象。

3. cpu

cpu 目录下是 Contiki 目前支持的微处理器，例如 arm、avr、msp430 等。如果需要支持新的微处理器，可以在这里添加相应的源代码。

4. doc

doc 目录是 Contiki 帮助文档目录，对 Contiki 应用程序开发很有参考价值。使用前需要先用 Doxygen 进行编译。

5. examples

examples 目录下是针对不同平台的示例程序。

6. platform

platform 目录下是 Contiki 支持的硬件平台，例如 mx231cc、micaz、sky、win32 等。Contiki 的平台移植主要在这个目录下完成。这一部分的代码与相应的硬件平台相关。

7. tools

tools 目录下是开发过程中常用的一些工具，例如 CFS 相关的 makefsdata、网络相关的 tunslip、模拟器 Cooja 和 Mspsim 等。

为了获得良好的可移植性，除了 CPU 和 platform 中的源代码与硬件平台相关以外，其他目录中的源代码都尽可能与硬件无关。编译时，根据指定的平台来链接对应的代码。

11.2.2 Contiki 系统移植过程

嵌入式的操作系统在硬件平台上的移植，一直以来让很多新手望而却步，因为移植一个操作系统比写一个 C 语言程序复杂多了。那么究竟怎样移植 Contiki 系统到 STM32 上呢？移植过程中需要修改源码的哪个部分呢？通过下面的分析，读者就知道了。

Contiki 采用事件驱动机制，通常有两种方法产生事件：一是通过时钟定时，定时时间到就产生一个事件；二是通过某种中断，某个中断发生，就产生某个事件，例如外部中断。由于 Contiki 是非抢占的操作系统，所以移植时时钟一定是必要的，移植 Contiki 系统的重点就在 SysTick 上。下面以一个实例详细介绍 Contiki 系统移植的整个过程。

1. 创建 IAR for ARM 空工程

将本书配套的软件资源包中"03-系统代码"目录下的 contiki-2.6 解压后整个文件夹拷贝到 PC 机任意目录下，比如 D:\根目录，进入 Contiki 系统源码的 contiki-2.6\zonesion\example\iar 目录下，创建 testSample 目录，然后在 testSample 目录下创建一个 IAR for ARM 空工程，工程名称以及工作空间的名称为"testSample"，过程如下：

（1）创建一个空的 ARM 工程，将之命名为"testSample"。

单击"开始"->"程序"->"IAR Systems"->"IAR Embedded Workbench for ARM 5.41"->"IAR Embedded Workbench"，单击"Project"选项，选择"Create New Project"，创建工程，如图 11-6 所示。

在工具链（Tool chain）里面选择"ARM"，并选择"Empty project"，单击"OK"按钮后，就会提示工程的保存路径，填写工程名，此处填写"testSample"。

（2）保存工作空间并将之命名为"testSample"。

单击"File"->"Save workspace"，保存工程，创建完工程后，在 testSample 工程目录下即可看到新增了几个文件，如图 11-7 所示。

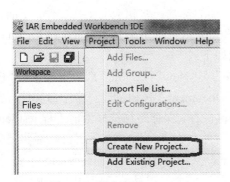

图 11-6　创建工程 testSample

图 11-7　testSample 工程区文件

2．给工程添加组目录

在工程名上单击鼠标右键，选择"Add"->"Add Group"，填写组目录名称。按照添加组目录的方法，依次添加如图 11-8 所示的组目录结构。添加子目录的方法，以 core 目录下的子目录 sys 为例，只要在 core 文件夹上单击鼠标右键，选择"Add"->"Group"即可。

3．在组目录里添加.c 等文件

（1）添加 Contiki 系统文件。

在工程 sys 目录名上单击鼠标右键。选择"Add"->"Add Files..."。添加 Contiki 的系统文件：autostart.c、ctimer.c、etimer.c、process.c、timer.c。这几个文件位于 Contiki 系统源码的 contiki-2.6\core\sys 目录下。

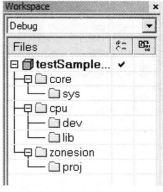

图 11-8　testSample 组目录

（2）添加 STM32 官方库文件。

将 STM32F10x_StdPeriph_Lib_V3.5.0（ST 公司提供的 STM32 标准库文件，3.5 版本库放在 Contiki 系统源码的 contiki-2.6\cpu\arm\stm32f10x 目录下。

在工程的 cpu\lib 组目录下添加 STM32 的库文件到工程中，添加的文件为：system_stm32f10x.c、startup_stm32f10x_md.s、misc.c、stm32f10x_exti.c、stm32f10x_gpio.c、stm32f10x_rcc.c、stm32f10x_usart.c。

system_stm32f10x.c 文件所在目录为：STM32F10x_StdPeriph_Lib_V3.5.0\Libraries\CMSIS\

CM3\DeviceSupport\ST\STM32F10x。

startup_stm32f10x_md.s 文件所在目录为：STM32F10x_StdPeriph_Lib_V3.5.0\Libraries \CMSIS\CM3\DeviceSupport\ST\STM32F10x\startup\iar。

其余 5 个文件所在目录均为：STM32F10x_StdPeriph_Lib_V3.5.0\Libraries\STM32F10x_StdPeriph_Driver\src。

（3）在工程的 cpu 组目录下添加 Contiki 系统时钟文件 clock.c，该文件所在目录为：contiki-2.6\cpu\arm\stm32f10x。

4. 创建 contiki-main.c 文件

移植 Contiki 系统所需要的 Contiki 系统文件、STM32 官方库所需文件都添加完毕后，若想让程序执行就必须有 main()函数，因为 1～3 步添加的都是一些相应的支持文件，下面在工程的 zonesion\proj 组目录下新建一个 contiki-main.c 文件，创建方法如下：

单击"File"->"New"->"File"或者直接单击"File"下面的"New Document"按钮创建一个空白文件。按下"Ctrl+S"组合键保存，保存路径选择当前工程 testSample 根目录，保存文件名为"contiki-main.c"。然后将已创建的 contiki-main.c 文件添加到工程的 zonesion\proj 组目录下。添加完成后整个工程目录结构如图 11-9 所示。

添加完.c 文件后，就需要配置工程，如硬件芯片型号选择、头文件路径等。配置方法及步骤如下：在工程名上单击鼠标右键，选择"Options"->"General Options"配置页面，勾选"Device"，然后选择"ST"->"STM32F10xxB"。在"Debugger"配置页面，将"Driver"选项设置成"J-Linker/J-Trace"。配置完工程选项之后，就需要在工程配置选项里面添加头文件路径和宏定义，否则在编译.c 文件时就找不到相应头文件，会出现编译错误。添加的头文件有：

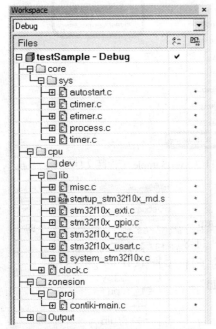

图 11-9 testSample 工程目录文件结构

```
$PROJ_DIR$\..\..\..\..\core
$PROJ_DIR$\..\..\..\..\core\lib
$PROJ_DIR$\..\..\..\..\core\sys
$PROJ_DIR$\..\..\..\..\zonesion\example
$PROJ_DIR$\..\..\..\..\cpu\arm\stm32f10x
$PROJ_DIR$\..\..\..\..\cpu\arm\stm32f10x\STM32F10x_StdPeriph_Lib_V3.5\Libraries\STM32F10x_StdPeriph_Driver\inc
$PROJ_DIR$\..\..\..\..\cpu\arm\stm32f10x\STM32F10x_StdPeriph_Lib_V3.5\Libraries\CMSIS\CM3\DeviceSupport\ST\STM32F10x
```

```
$PROJ_DIR$\..\..\..\..\cpu\arm\stm32f10x\STM32F10x_StdPeriph_Lib_V3.5\Librari
es\CMSIS\CM3\CoreSupport\
```

添加方法：将头文件路径复制到"C/C++Compiler"配置选项中的"Additionnal include derectories"输入框中；将宏定义添加到"Defined symbols"输入框中，如图 11-10 所示。

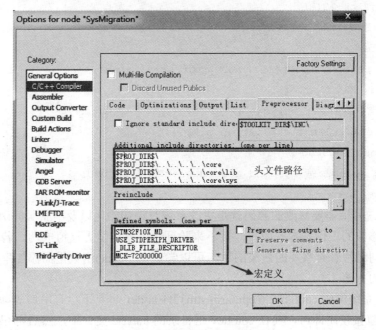

图 11-10　添加头文件路径和宏定义

图中，"STM32F10X_MD"指中容量型号 CPU；"USE_STDPERIPH_DRIVER"指使用官方提供的标准库；"MCK=72000000"指 MCU 的主频为 72MHz；"_DLIB_FILE_DESCRIPTOR"指文件描述符。

5. 系统时钟移植

没有系统时钟，系统就跑不起来，在本次移植过程中并不需要修改 clock.c 文件，因为该 clock.c 文件已修改好，直接拿过来使用即可。下面对 clock.c 源码进行相应解析。

1）系统时钟初始化

系统时钟初始化是整个 STM32 工作的核心，根据 STM32 的主频，以及 CLOCK_SENCOND 的参数，可以设置系统时钟中断的时间。

```
void clock_init()
{   NVIC_SET_SYSTICK_PRI(8);
    SysTick->LOAD=MCK/8/CLOCK_SECOND;
    SysTick->CTRL=SysTick_CTRL_ENABLE | SysTick_CTRL_TICKINT;
}
```

2）系统时钟中断处理函数

要让 Contiki 操作系统运行起来，关键就是启动系统时钟，对应到 Contiki 系统的进程就是启动 etimer 进程。etimer_process 由 Contiki 系统提供，这里只需对系统时钟进行初始化并定时更新系统时钟（用户自定义 current_clock），并判断 etimer 的下一个定时时刻是否已到（通过比较 current_clock 与 etimer 的定时时刻来判定）。如果时钟等待序列中有等待时钟的进程，那么就调度 etimer 进程执行，通过其来唤醒相关进程。

```
void Systick_handler(void)
{   (void)SysTick->CTRL;
    SCB->ICSR=SCB_ICSR_PENDSTCLR;
    current_clock++;
    if(etimer_pending()&&etimer_next_expiration_time()<=current_clock) {
      etimer_request_poll();
      /*printf("etimer: %d,%d\n",
clock_time(),etimer_next_expiration_time());*/ }
    if (--second_countdown==0) {
      current_seconds++; second_countdown=CLOCK_SECOND; }
}
```

Contiki 系统移植需要修改的源码就是更改系统时钟初始化以及中断服务函数，上述步骤完成后，系统移植的工作基本完成了，接下来验证一下系统是否移植成功。若要验证系统是否移植成功，同时想看到直观的效果的话，可以尝试在 main()函数里面添加串口初始化以及串口打印消息的方法。

在 Contiki 系统源码 contiki-2.6\cpu\arm\stm32f10x\dev 目录下已有串口驱动程序（uart1.c、uart2.c），这里直接使用即可，其在 cpu\dev 组目录的 uart1.c 文件中，然后再在工程配置选项添加 uart1.h 头文件的路径：$PROJ_DIR$\...\...\cpu\arm\stm32f10x\dev\。

最终的 contiki-main.c 文件源代码如下：

```
#include <stm32f10x_map.h>
#include <stm32f10x_dma.h>
#include <gpio.h>
#include <nvic.h>
#include <stdio.h>
#include <debug-uart.h>
#include <sys/process.h>
#include <sys/procinit.h>
#include <etimer.h>
#include <sys/autostart.h>
#include <clock.h>
#include "contiki.h"
#include "contiki-lib.h"
#include "uart1.h"
#include <string.h>
unsigned int idle_count = 0;
int main()
```

```c
{   clock_init();
    uart1_init(115200);
    process_init();
    process_start(&etimer_process, NULL);
    printf("HelloWorld!\r\n");
    while(1) {
      do {} while(process_run()>0);
      idle_count++;}
    return 0;
}
/*参数校验函数,此处为空,官方库函数需要调用*/
void assert_param(int b)  {;}
```

6. 实验结果

系统移植结束后，将程序烧写到 STM32 无线节点开发板上验证 Contiki 系统是否移植成功。具体步骤为：

（1）正确连接 JLINK 仿真器、串口线到 PC 机和 STM32 开发板（见图 11-5），在 PC 机上打开串口调试助手或者超级终端，设置接收的波特率为 115 200。

（2）在 IAR for ARM 开发环境中打开移植工程文件（或双击 testSample.eww 文件）。

（3）通过 5 V 电源适配器给 STM32 开发板通电（将 STM32 电源开关拨到"ON"，让 STM32 开发板上电，下同），然后打开 J-Flash ARM 软件，单击"Target"->"Connect"，连接成功后，LOG 窗口会提示"Connected Successfully"，接下来通过 IAR 选择"Project"->"Download and debug"，将程序下载到 STM32 开发板中。

（4）下载完后可以单击"Debug"->"Go"让程序全速运行；也可以将 STM32 开发板重新上电或者按下复位按钮让刚才下载的程序重新运行。

（5）程序成功运行后，若在串口显示区显示"HelloWorld!"，即表明 Contiki 系统已成功移植到 STM32 开发板。

11.3　Contiki 系统移植实例

本节通过 6 个实例进一步介绍基于 Contiki 系统的嵌入式物联网应用的关键技术。

11.3.1　LED 控制

基于 Contiki 系统，学习使用 Contiki 进程控制 LED 灯以及掌握其相关原理。

1. 实例要求

实现一个 blink_process 进程，该进程可使 STM32 开发板上的 D4、D5 灯闪烁。LED 灯的显示一共有 3 种状态：D4 点亮、D5 点亮、D4 和 D5 同时点亮。

2. 实例代码

blink_process 进程定义在工程根目录下的 blink.c 文件中，源代码如下：

```c
#include "contiki.h"
#include "dev/leds.h"
#include <stdio.h>
static struct etimer et_blink;
static uint8_t blinks;
PROCESS(blink_process, "blink led process");   //定义 blink 进程
AUTOSTART_PROCESSES(&blink_process);   //将 blink 进程定义成自启动
PROCESS_THREAD(blink_process, ev, data)
{
    PROCESS_BEGIN();  //进程开始
    blinks=0;
    while(1){
        etimer_set(&et_blink, CLOCK_SECOND);   //设置定时器 1s
        PROCESS_WAIT_EVENT_UNTIL(ev==PROCESS_EVENT_TIMER);
        leds_off(LEDS_ALL);   //关灯
        leds_on(blinks&LEDS_ALL);   //开灯
        blinks++;
        printf("Blink... (state%0.2X)\n\r", leds_get());
    }
    PROCESS_END();  //进程结束
}
```

代码中 leds_on（blinks&LEDS_ALL）函数实现两个 LED 灯点亮的不同方式，其中函数参数实现具体选择哪一个 LED 灯点亮。在实例中，LED 灯的显示一共有 3 种状态：D4 点亮、D5 点亮、D4 和 D5 同时点亮。尽管读者对 blink_process 进程的基本功能已有初步了解，但对进程定义，以及进程执行难以理解。另外声明变量最好不要放在 PROCESS_BEGIN 之前，因为进程再次被调用，总是从头开始执行，直到 PROCESS_BEGIN 宏中的 switch 判断才跳转到断点 case_LINE_。也就是说，进程被调用时总是会执行 PROCESS_BEGIN 之前的代码。

下面根据 blink_process 进程进行详细的解析。

1）宏 PROCESS

（1）宏 PROCESS 有两个功能：一是声明一个函数，该函数是进程执行体，即进程的 thread 函数指针所指的函数；二是定义一个进程。源码展开如下：

```c
//PROCESS(blink_process, "blink led process");
#define PROCESS(name, strname) PROCESS_THREAD(name, ev, data);
struct process name={ NULL, strname, process_thread_##name }
```

对应参数展开为：

```c
#define PROCESS((blink_process, "blink led process")
```

```
PROCESS_THREAD(blink_process, ev, data);
struct process blink_process={ NULL, "blink led process",
process_thread_blink_process };
```

（2）宏 PROCESS_THREAD 用于定义进程执行主体，宏展开如下：

```
#define PROCESS_THREAD(name, ev, data) \
static PT_THREAD(process_thread_##name(struct pt *process_pt, process_event_t ev,
process_data_t data))
```

对应参数展开为：

```
//PROCESS_THREAD(blink_process, ev, data);
static PT_THREAD(process_thread_blink_process(struct pt *process_pt,
process_event_t ev, process_data_t
data));
```

（3）宏 PT_THREAD 用于声明一个 protothread，即进程的执行主体，宏展开如下：

```
#define PT_THREAD(name_args) char name_args
```

展开之后即：

```
//static PT_THREAD(process_thread_blink_process(struct pt *process_pt,
process_event_t ev, process_data_t
data));
static char process_thread_blink_process(struct pt *process_pt, process_event_t
ev, process_data_t data);
```

容易得知，上面的宏定义其实就是声明一个静态函数 process_thread_blink_process，返回值是 char 类型。struct pt *process_pt 可以直接理解成 lc，用于保存当前被中断的地方（保存程序断点），以便下次恢复执行。

宏 PROCESS 展开的第二句，定义一个进程 blink_process，源码如下：

```
struct process blink_process={ NULL, "Blink led process",
process_thread_blink_process };
```

结构体 process 定义如下：

```
struct process
{   struct process *next;
    const char *name;   /*此处简化,源代码包含预编译#if,即通过配置使进程名称可有可无*/
    PT_THREAD((*thread)(struct pt *, process_event_t, process_data_t));
    struct pt pt;
    unsigned char state, needspoll;
};
```

进程 blink_process 的 lc、state、needspoll 都默认置为 0。

2）宏 AUTOSTART_PROCESSES

宏 AUTOSTART_PROCESSES 定义一个指针数组，存放 Contiki 系统运行时需自动启动的进程，宏展开如下：

```
//AUTOSTART_PROCESSES(&blink_process);
```

```
#define AUTOSTART_PROCESSES(...)struct process *const autostart_processes[] = 
{__VA_ARGS__ , NULL}
```

这里用到 C99 支持可变参数宏的特性，如：#define debug（…）printf（__VA_ARGS__），缺省号代表一个可以变化的参数表，宏展开时，实际参数就传递给 printf()。例："debug("Y = %d\n", y);"被替换成"printf("Y = %d\n", y);"。那么，"AUTOSTART_PROCESSES(&blink_process);"实际上被替换成：

```
struct process * const autostart_processes[]={&blink_process, NULL};
```

这样就知道如何让多个进程自启动，直接在宏 AUTOSTART_PROCESSES()中加入需自启动的进程地址，比如让 hello_process 和 world_process 这两个进程自启动，格式如下：

```
AUTOSTART_PROCESSES(&hello_process,&world_process);
```

最后一个进程指针设成 NULL，这是一种编程技巧，即设置一个哨兵（提高算法效率的一个手段），以提高遍历整个数组的效率。

3）宏 PROCESS_THREAD

"PROCESS（blink_process, "Blink led process"）"展开成两句，其中一句也是"PROCESS_THREAD（blink_process，ev，data）;"。这里要注意到分号，是一个函数声明。而"PROCESS_THREAD（blink_process，ev，data）"没有分号，而是紧跟着"{}"，是上述声明函数的实现。

关于宏 PROCESS_THREAD 的分析，最后展开如下：

```
static char process_thread_blink_process(struct pt *process_pt, process_event_t 
ev, process_data_t data);
```

注意：在阅读 Contiki 源码手动展开宏时，应特别注意分号。

4）宏 PROCESS_BEGIN 和宏 PROCESS_END

原则上，所有执行代码都要放在宏 PROCESS_BEGIN 和宏 PROCESS_END 之间（如果程序全部使用静态局部变量，这样做总是对的。倘若使用局部变量，情况就比较复杂，不建议这样做），看完下面的宏展开，读者就知道为什么了。

宏 PROCESS_BEGIN 一步展开如下：

```
#define PROCESS_BEGIN() PT_BEGIN(process_pt)
```

process_pt 是 struct pt*类型，在函数头传递过来的参数，直接理解成 lc，用于保存当前被中断的地方，以便下次恢复执行。继续展开：

```
#define PT_BEGIN(pt) { char PT_YIELD_FLAG=1; LC_RESUME((pt)->lc)
#define LC_RESUME(s) switch(s) { case 0:
```

把参数替换，结果如下：

```
{ char PT_YIELD_FLAG=1; /*将 PT_YIELD_FLAG 置 1,类似于关中断*/
  switch(process_pt->lc) /*程序根据 lc 的值进行跳转,lc 用于保存程序断点*/
  {
  case 0:  /*第一次执行从这里开始,可以放一些初始化的内容*/
   ;
```

宏 PROCESS_BEGIN 展开并不是完整的语句，通过下面的 PROCESS_END 宏定义读者就知道 Contiki 是怎么设计的。

宏 PROCESS_END 一步展开如下：

```
#define PROCESS_END() PT_END(process_pt)
#define PT_END(pt) LC_END((pt)->lc); PT_YIELD_FLAG=0; \ PT_INIT(pt); return PT_ENDED; }
#define LC_END(s) }
#define PT_INIT(pt) LC_INIT((pt)->lc)
#define LC_INIT(s) s=0;
#define PT_ENDED 3
```

整理，实际上得到如下代码：

```
  }
  PT_YIELD_FLAG=0;
  (process_pt)->pt=0;
  return 3;
}
```

综合来看就知道宏 PROCESS_BEGIN 和宏 PROCESS_END 的作用。根据上述分析，该实例全部展开的代码如下：

```
#include "contiki.h"
#include <stdio.h>
static char process_thread_blink_process(struct pt *process_pt, process_event_t ev, process_data_t data);
struct process blink_process={ ((void *)0), "Blink led process", process_thread_blink_process};
struct process * const autostart_processes[]={&blink_process, ((void *)0)};
char process_thread_blink_process(struct pt *process_pt, process_event_t ev, process_data_t data)
{   char PT_YIELD_FLAG=1;
    switch((process_pt)->lc)
    { case 0:
        ;
        blinks = 0;
      while(1){
            etimer_set(&et_blink, CLOCK_SECOND);   //设置定时器 1s
            PROCESS_WAIT_EVENT_UNTIL(ev==PROCESS_EVENT_TIMER);
            leds_off(LEDS_ALL);    //关灯
            leds_on(blinks & LEDS_ALL);   //开灯
            blinks++;
            printf("Blink... (state %0.2X)\n\r", leds_get()); }
      };
    PT_YIELD_FLAG=0;
```

```
    (process_pt)->lc=0;;
    return 3;
}
```

以上示例进程源码分析了进程在定义、执行时的原理,并没有讲到 LED 灯的驱动程序与 Contiki 系统之间的关联。那么 Contiki 系统是如何实现对 LED 灯的控制呢?

通过 LED 灯的显示进程,可以看到对 LED 灯的控制是通过调用 leds_off()、leds_on()这两个方法,这两个方法的区别无非就是将 LED 灯的 I/O 引脚的电平分别置为高电平、低电平。以 leds_on()方法为例,通过分析源码,Contiki 系统对 LED 灯的控制过程调用方法流程如下:

leds_on()-> show_leds()-> leds_arch_set()-> GPIO_WriteBit()

其中 shao_leds()方法是确定要点亮的 LED 灯的序号,GPIO_WriteBit()方法就是给 LED 灯的 I/O 引脚置为高电平或低电平,从而达到控制 LED 灯的功能。

3. 实例结果

(1) 正确连接 JLINK 仿真器、串口线到 PC 机和 STM32 开发板,在 PC 机上打开串口调试助手或者超级终端,设置接收的波特率为 115 200。

(2) 在 IAR for ARM 开发环境中打开例程文件(或双击 blink.eww 文件,注意事先将 blink 整个文件夹拷贝到系统源码目录的 D: \contiki-2.6\zonesion\example\iar 文件夹下,下同)。

(3) 通过 5 V 电源适配器给 STM32 开发板通电,然后打开 J-Flash ARM 软件,单击 "Target" -> "Connect",连接成功后,LOG 窗口会提示 "Connected Successfully",接下来通过 IAR 选择 "Project" -> "Download and debug",将程序下载到 STM32 开发板中。

(4) 下载完后可以单击 "Debug" -> "Go",让程序全速运行;也可以将 STM32 开发板重新上电或者按下复位按钮让刚才下载的程序重新运行。

(5) 程序成功运行后,此时在 STM32 开发板可观察到 D4 和 D5 有规则地点亮,同时在串口显示区有如下显示:

```
Starting Contiki 2.6 on STM32F10x
autostart_start: starting process 'blink led process'
Blink... (state 00)
Blink... (state 01)
Blink... (state 02)
Blink... (state 03)
```

串口显示区的 "Starting Contiki 2.6 on STM32F10x" 表明 Contiki-OS 成功移植到 STM32 开发板中,"Blink...(state 00)" 表示 D4 点亮,"Blink...(state 01)" 表示 D5 点亮,"Blink... (state 03)" 表示 D4 和 D5 同时点亮。

11.3.2 Contiki 多线程

基于 Contiki 系统,学习使用 Contiki 多线程编程以及掌握其相关原理。

1. 实例要求

实现两个进程:一个是显示 "HelloWorld!" 的进程,设置成 4 秒显示 1 次;另一个是使

LED 灯闪烁的 blink 进程，设置成 1 秒执行 1 次。

2．实例代码

源码实现过程如下：

（1）定义 helloworld 进程：

```
PROCESS(helloworld_process, "Hello world process");
```

（2）定义 LED 灯闪烁进程：

```
PROCESS(blink_process,"LED blink process");
```

（3）两个进程定义结束之后在自动启动进程的参数列表里面加上两个进程名：

```
AUTOSTART_PROCESSES(&hello_world_process, &blink_process);
```

（4）编写 helloworld_process 进程和 blink_process 进程的执行体：

```
PROCESS_THREAD(hello_world_process, ev, data)
{
    PROCESS_BEGIN();
    etimer_set(&et_hello, CLOCK_SECOND * 4); //设置定时器4s
    while(1){
        PROCESS_WAIT_EVENT();
        if(ev==PROCESS_EVENT_TIMER) {
            printf("HelloWorld!\n\r");
            etimer_reset(&et_hello);
        }
    }
    PROCESS_END();
}
//LED 灯闪烁进程
PROCESS_THREAD(blink_process, ev, data)
{   PROCESS_BEGIN();
    blinks=0;
    while(1){
        etimer_set(&et_blink, CLOCK_SECOND); //设置定时器1s
        PROCESS_WAIT_EVENT_UNTIL(ev==PROCESS_EVENT_TIMER);
        leds_off(LEDS_ALL);
        leds_on(blinks & LEDS_ALL);
        blinks++;
        printf("Blink... (state %0.2X)\n\r", leds_get());
    }
    PROCESS_END();
}
```

两个进程的执行体分别添加打印"HelloWorld!"和控制 LED 灯闪烁的代码，然后在 Contiki

的 main()函数中调用这两个进程即可实现多线程的运行。在实验中,helloworld 进程设置成 4 秒执行 1 次,blink 进程设置成 1 秒执行 1 次,blink 进程中 LED 灯的闪烁分成了 3 个状态,状态 01 表示 D4 点亮,状态 02 表示 D5 点亮,状态 03 表示 D4 和 D5 同时点亮。

3. 实例结果

(1)正确连接 JLINK 仿真器、串口线到 PC 机和 STM32 开发板,在 PC 机上打开串口调试助手或者超级终端,设置接收的波特率为 115 200。

(2)在 IAR for ARM 开发环境中打开例程文件(或双击 blink-hello.eww 文件)。

(3)通过 5 V 电源适配器给 STM32 开发板通电,然后打开 J-Flash ARM 软件,单击"Target"->"Connect",连接成功后,LOG 窗口会提示"Connected Successfully",接下来通过 IAR 选择"Project"->"Download and debug",将程序下载到 STM32 开发板中。

(4)下载完后可以单击"Debug"->"Go"让程序全速运行;也可以将 STM32 开发板重新上电或者按下复位按钮让刚才下载的程序重新运行。

(5)程序成功运行后,在串口显示区显示:

```
Starting Contiki 2.6 on STM32F10x
autostart_start: starting process 'Blink led process'
autostart_start: starting process 'LED blink process'
Blink... (state 01)
Blink... (state 02)
Blink... (state 03)
HelloWorld!
Blink... (state 00)
Blink... (state 01)
Blink... (state 02)
Blink... (state 03)
HelloWorld!
....
```

串口显示区的信息表示两个进程开始运行,显示"Blink…(state 01)"时,STM32 开发板上 D4 点亮,显示"Blink…(state 02)"时,可看到 D5 点亮,显示"Blink…(state03)"时,D4 和 D5 同时点亮。串口显示区显示"HelloWorld!"时,表明 helloworld 进程已开始工作。

11.3.3 Contiki 进程间的通信

进程通信的方式有多种,本次实验基于 Contiki 系统,使用的是共享内存的方式。共享内存的方式是指相互通信的进程间设有公共内存,一组进程向公共内存中写,另一组进程从公共内存中读,通过这种方式实现两组进程间的信息交换。共享内存是最有用的进程间通信方式,也是最快的进程间通信形式。

两个不同进程 A、B 共享内存本质上是同一块物理内存被映射到进程 A、B 各自的进程地址空间。进程 A 可以即时看到进程 B 对共享内存中数据段的更新。

1. 实例要求

实现两个进程：一个 count 进程，另一个 print 进程。在 count 进程中添加 LED 灯翻转效果，以便观看 count 进程是否执行，同时设置一个静态变量 count，只要 count 的值发生变化，print 进程可即时看到 count 数值的变化，并将其通过串口显示出来。

2. 实例代码

两个进程的实现源码如下：

```
static process_event_t event_data_ready;
/*定义 count 进程和 print 进程*/
PROCESS(count_process, "count process");
PROCESS(print_process, "print process");
/*将两个进程设置成自启动*/
AUTOSTART_PROCESSES(&count_process, &print_process);
PROCESS_THREAD(count_process, ev, data)   //count 进程执行体
{   static struct etimer count_timer;
    static int count = 0;
    PROCESS_BEGIN();
    event_data_ready=process_alloc_event();
    etimer_set(&count_timer, CLOCK_SECOND / 2); //设置定时器 2s
    leds_init();   //LED 初始化
    leds_on(1);   //点亮 LED1
    while(1) {
        PROCESS_WAIT_EVENT_UNTIL(ev==PROCESS_EVENT_TIMER); //2s 结束后
        leds_toggle(LEDS_ALL);   //LED 反转
        count ++;
        //将 event_data_ready 事件、count 数据传递给 print 进程
        process_post(&print_process, event_data_ready, &count);
        etimer_reset(&count_timer); }  //复位 count_timer,相当于继续延时 2s
    PROCESS_END();
}
PROCESS_THREAD(print_process, ev, data)  //打印进程执行体
{   PROCESS_BEGIN();
    while(1){
        PROCESS_WAIT_EVENT_UNTIL(ev==event_data_ready);
        printf("counter is %d\n\r", (*(int *)data)); }
    PROCESS_END();
}
```

那么 count_process 与 print_process 是怎么交互的呢？count_process 一直执行到 PROCESS_

WAIT_EVENT_UNTIL（ev==PROCESS_EVENT_TIMER），此时etimer还没到期，进程被挂起，转去执行 print_process，待执行到 PROCESS_WAIT_EVENT_UNTIL（ev == event_data_ready）被挂起（因为count_process还没post事件），而后再转去执行系统进程etimer_process，若检测到 etimer 到期，则继续执行 count_process，count++，并传递事件event_data_ready给print_process，初始化timer，待执行到PROCESS_WAIT_EVENT_UNTIL（while死循环），再次被挂起，转去执行 print_process，打印 count 的数值，待执行到PROCESS_WAIT_EVENT_UNTIL（ev==event_data_ready）又被挂起，再次执行系统进程etimer_process，如此反复执行。

3. 实例结果

（1）正确连接JLINK仿真器、串口线到PC机和STM32开发板，在PC机上打开串口调试助手或者超级终端，设置接收的波特率为115 200。

（2）在IAR for ARM 开发环境中打开例程文件（或双击event-post.eww 文件）。

（3）通过5 V电源适配器给STM32开发板通电，然后打开J-Flash ARM软件，单击"Target"->"Connect"，连接成功后，LOG窗口会提示"Connected Successfully"，接下来通过IAR选择"Project"->"Download and debug"，将程序下载到STM32开发板中。

（4）下载完后可以单击"Debug"->"Go"让程序全速运行；也可以将STM32开发板重新上电或者按下复位按钮让刚才下载的程序重新运行。

（5）程序成功运行后，在串口显示区显示：

```
Starting Contiki 2.6 on STM32F10x
autostart_start: starting process 'count process'
autostart_start: starting process 'print process'
counter is 1
counter is 2
counter is 3
counter is 4
counter is 5
counter is 6
counter is 7
….
```

上面第一行表示Contiki-OS成功移植到STM32开发板中，并成功运行。从第二行开始每看到STM32开发板上的LED灯亮一次，就会看到串口显示区的counter数值在增加，这表明两个进程都在运行，且实现了进程之间的通信。

11.3.4 按键位检测

从第4章的实例可知，按下K1键或者K2键就会触发1个按键中断服务程序，那么在本实例中，其实也是一样的，因为按键中断服务程序是最底层的程序，基于Contiki系统要实现按键实验，也脱离不开最底层的按键中断服务程序，Contiki系统没有中断，而是各种各样的事件，当某一事件来临时，就会执行相应的进程代码。

1. 实例要求

实现一个 buttons_test 进程，在 buttons_test 进程中实现按键位操作即可。

2. 实例代码

buttons_test 进程关键源码如下：

```
PROCESS(buttons_test_process, "Button Test Process");  // buttons_test 进程的定义
AUTOSTART_PROCESSES(&buttons_test_process);    // button_test 进程设置成自启动
PROCESS_BEGIN();
while(1){
  PROCESS_WAIT_EVENT_UNTIL(ev==sensors_event); //在 sensors_event 到来之前将此进程挂起
  sensor=(struct sensors_sensor *)data;
  if(sensor==&button_1_sensor) {  //如果检测到按钮 1
     PRINTF("Button 1 Press\n\r");
     leds_toggle(LEDS_1) ;//翻转 D4
  }
  if(sensor==&button_2_sensor) {  //如果检测到按钮 2
     PRINTF("Button 2 Press\n\r");
     leds_toggle(LEDS_2);//翻转 D5
  }
}
PROCESS_END();
```

从源代码可知，buttons_test_process 进程执行的关键就是等待 sensors_event 事件发生，该事件一旦发生就将按键的相关参数传递给 buttons_test_process 进程，该进程在执行时就会判断具体是哪一个按键，从而执行相应的操作。sensors_event 事件是如何产生的？怎样将该事件传递给 buttons_test_process 进程？这个过程的事件是由 sensor.c 文件中的 sensor_process 进程来实现的，那么该进程又是如何启动的呢？即底层的按键中断是如何与 sensor_event 事件关联在一起的呢？下面通过分析按键中断服务程序的源码进行分析。

```
//按键 1 服务中断程序
void EXTI0_IRQHandler(void)
{
   if(EXTI_GetITStatus(EXTI_Line0)!=RESET) {
      if(Bit_RESET==GPIO_ReadInputDataBit(GPIOA, GPIO_Pin_0)) {
         timer_set(&debouncetimer, CLOCK_SECOND / 20);
      } else if(timer_expired(&debouncetimer)) {
         // bv=1;
         sensors_changed(&button_1_sensor); } //将按键 1 的信息传递给
sensors_changed()函数
      /* Clear the EXTI line 0 pending bit */
```

```
        EXTI_ClearITPendingBit(EXTI_Line0); }
}
//按键 2 服务中断程序
void EXTI1_IRQHandler(void)
{
    if(EXTI_GetITStatus(EXTI_Line1)!=RESET) {
        if(Bit_RESET==GPIO_ReadInputDataBit(GPIOA, GPIO_Pin_1)) {
            timer_set(&debouncetimer, CLOCK_SECOND / 20);
        } else if(timer_expired(&debouncetimer)) {
            // bv=2;
            sensors_changed(&button_2_sensor); }   //将按键 2 的信息传递给
sensors_changed 函数
    /* Clear the EXTI line 0 pending bit */
    EXTI_ClearITPendingBit(EXTI_Line1); }
}
```

上述中断服务程序与第 4 章的中断服务程序大同小异，只不过在其中调用了 sensors_changed 方法。继续剖析，将 sensors_changed 方法源代码展开：

```
void sensors_changed(const struct sensors_sensor *s)
{   sensors_flags[get_sensor_index(s)]|=FLAG_CHANGED;   //标记改变的状态
    process_poll(&sensors_process);   //更改 sensors_process 进程的优先级为 1
}
```

上述代码将 sensors_process 进程优先级进行了修改，其实就相当于启动了该进程。

```
PROCESS_THREAD(sensors_process, ev, data)
{   static int i;
    static int events;
    PROCESS_BEGIN();
    sensors_event=process_alloc_event();
    for(i=0; sensors[i]!=NULL; ++i)  { //初始化状态
        sensors_flags[i]=0;
        sensors[i]->configure(SENSORS_HW_INIT, 0);
    }
    num_sensors=i;
    while(1) {
        PROCESS_WAIT_EVENT();
        do{
            events=0;
            for(i=0; i<num_sensors; ++i) {
                if(sensors_flags[i]&FLAG_CHANGED) {
/*如果状态改变,将 sensor_event 事件广播给所有进程,并传递 sensor[i]的数据给所有进程*/
```

```
        if(process_post(PROCESS_BROADCAST, sensors_event, (void *)sensors[i])==
PROCESS_ERR_OK)
            PROCESS_WAIT_EVENT_UNTIL(ev==sensors_event);
            sensors_flags[i]&=~FLAG_CHANGED;
            events++; }
        }
    } while(events);
  }
  PROCESS_END();
}
```

为了更好地理解这个按键流程，给出按键进程部分流程，如图 11-11 所示。

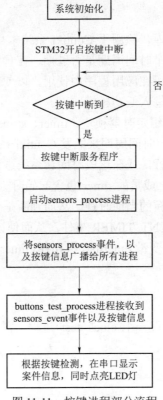

图 11-11　按键进程部分流程

3. 实例结果

（1）正确连接 JLINK 仿真器、串口线到 PC 机和 STM32 开发板，在 PC 机上打开串口调试助手或者超级终端，设置接收的波特率为 115 200。

（2）在 IAR for ARM 开发环境中打开例程文件（或双击 key-detect.eww 文件）。

（3）通过 5 V 电源适配器给 STM32 开发板通电，然后打开 J-Flash ARM 软件，单击"Target"->"Connect"，连接成功后，LOG 会提示"Connected Successfully"，接下来通过 IAR

选择"Project"->"Download and debug"将程序下载到STM32开发板中。

（4）下载完后可以单击"Debug"->"Go"让程序全速运行；也可以将STM32开发板重新上电或者按下复位按钮让刚才下载的程序重新运行。

（5）程序成功运行后，在STM32开发板上按下K1键和K2键，可观察到D4和D5灯点亮，同时在串口显示区有如下显示：

```
Starting Contiki 2.6 on STM32F10x
autostart_start: starting process 'Button Test Process'
Button 1 Press
Button 2 Press
```

串口显示区的"Starting Contiki 2.6 on STM32F10x"表明Contiki-OS成功移植到STM32开发板中，"Button 1 Press"表明button_test进程成功被调用，并执行相应按键检测操作。

11.3.5 Timer实例

Contiki系统提供一组timer库，除用于Contiki系统本身，也可用于应用程序。timer库包含一些实用功能，例如检查一个时间周期是否过期、在预定时间将系统从低功耗模式唤醒以及实时任务的调度。定时器也可在应用程序中使用，以使系统与其他任务协调工作，或使系统在恢复运行前的一段时间内进入低功耗模式。

Contiki有一个时钟模块和一组定时器模块：timer、stimer、ctimer、etimer、rtimer。其中etimer库主要用于调度事件按预定时间周期来触发Contiki系统的进程，其可使进程等待一段时间，以便于系统的其他功能运行，或在这段时间让系统进入低功耗模式。

etimer提供时间事件，etimer成员的timer包含起始时刻和间隔时间，故此timer只记录到期时间。通过比较到期时间和新的当前时钟，从而判断是否到期。当etimer时间到期，会给相应的进程传递PROCEE_EVENT_TIMER事件，从而使该进程运行。

Contiki系统有一个全局静态变量timerlist,保存各etimer,其是etimer链，从第一个etimer到最后的NULL。

1. 实例要求

应用etimer定时器模块，实现一个clock_test进程，需要在clock_test的执行体中实现定时器的操作。

2. 实例代码

clock_test进程关键源码如下：

```
PROCESS(clock_test_process, "Clock test process");
AUTOSTART_PROCESSES(&clock_test_process);
PROCESS_BEGIN();
etimer_set(&et, 2*CLOCK_SECOND);
PROCESS_YIELD();
printf("Clock tick and etimer test, 1 sec (%u clock ticks):\n\r", CLOCK_SECOND);
i=0;
```

```
while(i < 10) {
    etimer_set(&et, CLOCK_SECOND);
    PROCESS_WAIT_EVENT_UNTIL(etimer_expired(&et));
    etimer_reset(&et);
    count=clock_time();
    printf("%u ticks\n\r", count);
    leds_toggle(LEDS_RED);
    i++; }
    printf("Clock seconds test (5s):\n\r");
    i=0;
    while(i<10){
       etimer_set(&et, 5*CLOCK_SECOND);
       PROCESS_WAIT_EVENT_UNTIL(etimer_expired(&et));
       etimer_reset(&et);
       sec=clock_seconds();
       printf("%lu seconds\n\r", sec);
       leds_toggle(LEDS_GREEN);
     i++;}
    printf("Done!\n\r");
PROCESS_END();
```

3. 实例结果

（1）正确连接 JLINK 仿真器、串口线到 PC 机和 STM32 开发板，在 PC 机上打开串口调试助手或者超级终端，设置接收的波特率为 115 200。

（2）在 IAR for ARM 开发环境中打开例程文件（或双击 timer-test.eww 文件）。

（3）通过 5 V 电源适配器给 STM32 开发板通电，然后打开 J-Flash ARM 软件，单击"Target"->"Connect"，连接成功后，LOG 窗口会提示"Connected Successfully"，接下来通过 IAR 选择"Project"->"Download and debug"将程序下载到 STM32 开发板中。

（4）下载完后可以单击"Debug"->"Go"让程序全速运行；也可以将 STM32 开发板重新上电或者按下复位按钮让刚才下载的程序重新运行。

（5）程序成功运行后，此时在串口显示区有如下实验结果：

```
Starting Contiki 2.6 on STM32F10x
autostart_start: starting process 'Clock test process'
Clock tick and etimer test, 1 sec(100 clock ticks):
300 ticks
400 ticks
500 ticks
600 ticks
700 ticks
```

```
800 ticks
900 ticks
1000 ticks
1100 ticks
1200 ticks
Clock seconds test(5s):
17 seconds
22 seconds
27 seconds
32 seconds
37 seconds
42 seconds
47 seconds
52 seconds
57 seconds
62 seconds
Done!
```

串口显示"Starting Contiki 2.6 on STM32F10x"表明 Contiki-OS 成功移植到 STM32 开发板。

11.3.6 LCD 屏显示实例

基于 Contiki 系统的 LCD 屏显示，主要分成两部分：LCD 屏驱动的实现、LCD 屏显示进程的实现。LCD 屏驱动的实现参见本书第 6.4 节实例内容，本节主要实现 LCD 屏显示进程。

1. 实例要求

实现 LCD 屏驱动和 LCD 屏显示进程，让 LCD 屏分行显示不同颜色的 "This is a LCD example"。

2. 实例代码

下面是 LCD 屏显示进程的实现源码：

```
PROCESS(lcd_process, "lcd process");   //定义 LCD 屏显示进程
AUTOSTART_PROCESSES(&lcd_process);     //将 LCD 屏显示进程设置成自动启动
PROCESS_THREAD(lcd_process, ev, data)  //进程执行体
{
  PROCESS_BEGIN();
  char *tail="LCD process example";
  char *head="Contiki 2.6";
  Display_Clear_Rect(0, 0, LCDW, 12, 0xffff);//将 LCD 屏顶端的 160*12 的区域清屏成白色
   Display_ASCII6X12((LCDW-strlen(head)*6)/2, 1, 0x0000, head);  //顶端居中显示
```

head 的内容
```
    //以不同行、不同颜色显示This is a LCD example 2017.10.17*/
    Display_ASCII6X12(1,24, 0xf800, "This");
    Display_ASCII6X12(1,36, 0x07e0, "is");
    Display_ASCII6X12(1,48, 0x0f0f0, "a");
    Display_ASCII6X12(1,60, 0xffff, "LCD");
    Display_ASCII6X12(1,72, 0x0000, "example");
    Display_ASCII6X12(1,84, 0x0000, "2017.10.17");
    //将LCD屏的底部160*12 的区域清屏成白色
    Display_Clear_Rect(0, LCDH-12, LCDW, 12, 0xffff);
    //在LCD屏底部居中黑色字体显示LCD process example
    Display_ASCII6X12((LCDW-strlen(tail)*6)/2, LCDH-12, 0x0000, tail); //函数实
现参见6.4节
    PROCESS_END();
}
```

3. 实例结果

（1）正确连接JLINK仿真器、串口线到PC机和STM32开发板，在PC机上打开串口调试助手或者超级终端，设置接收的波特率为115 200。

（2）在IAR for ARM 开发环境中打开例程文件（或双击lcd.eww文件）。

（3）通过5 V 电源适配器给STM32开发板通电，然后打开J-Flash ARM 软件，单击"Target"->"Connect"，连接成功后，LOG窗口会提示"Connected Successfully"，接下来通过IAR选择"Project"->"Download and debug"将程序下载到STM32开发板中。

（4）下载完后可以单击"Debug"->"Go"让程序全速运行；也可以将STM32开发板重新上电或者按下复位按钮让刚才下载的程序重新运行。

（5）程序成功运行后，可观察到STM32开发板的LCD屏显示如图11-12所示内容。

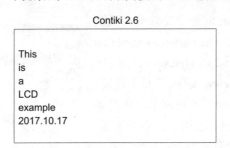

图11-12　基于Contiki系统的LCD屏显示

第12章 Contiki 无线网络

基于 Contiki 的无线网络,本书配套开发平台无线模块有 802.15.4 IPv6、WiFi、蓝牙等节点,主要运用 IPv6、UDP 和 TCP 等原理实现节点间通信及节点与 PC 之间的通信。

12.1 Contiki 网络工程解析

本章后续内容将会涉及多个节点进行 RPL 组网、WiFi 组网、蓝牙组网、节点之间的通信、CoAP 等通信,而这些通信项目的创建都是根据模板工程更改而来,所以在学习多种网络组网通信之前,先解析一下模板工程,了解工程目录结构以及相应功能。

12.1.1 网络工程目录结构

将模板工程例程 template 的整个文件夹拷贝到 Contiki 系统源码 D:\contiki-2.6\zonesion\example\iar 目录文件夹下。双击 contiki-2.6\zonesion\example\iar\template 目录下的 zx103.eww 文件,打开工程后,在 IAR 左边窗口"Workspace"下拉框中,可看到如图 12-1 所示的几个子工程,选择不同的子工程,工程配置、源文件编译都会有所不同。

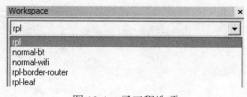

图 12-1　子工程选项

下面分别介绍 rpl、normal-bt、normal-wifi 等子工程的功能:

(1) rpl 802.15.4 节点工程。该工程是基于 802.15.4 的 IPv6 节点组网工程,实现对多种传感器的数据采集,并上报给 802.15.4 网关处理,在这种组网的模式下,无线节点既可以充当终端节点的功能,也可以充当路由的功能。

(2) rpl-border-router 802.15.4 网关工程。该工程负责收集并转发 802.15.4 节点上传的数据。

（3）normal-bt 蓝牙节点工程。该工程是基于蓝牙的 IPv6 节点组网工程，实现对多种传感器的数据采集，并上报给蓝牙网关处理。

（4）normal-wifi WiFi 节点工程。该工程是基于 WiFi 的 IPv6 节点组网工程，实现对多种传感器的数据采集，并上报给 WiFi 网关处理。

（5）rpl-leaf 叶子节点工程。该工程是基于 802.15.4 的 IPv6 节点组网工程，实现对多种传感器的数据采集，并上报给 802.15.4 网关处理，在这种组网模式下，无线节点只充当终端节点的功能。

每个子工程的目录结构都是一致的，选择不同的子工程后都可以看到如图 12-2 所示的工程目录结构。

下面讲解此工程目录的结构。

（1）apps。此目录是 CoAP 应用层协议 API，由于后续章节均用到 CoAP 协议，所以在应用层编码时就用到 CoAP 相关 API。apps 目录展开如图 12-3 所示。

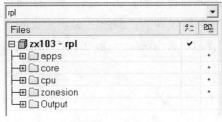

图 12-2　工程目录结构

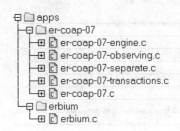

图 12-3　apps 目录结构

（2）core。此目录中是 Contiki 系统的核心源代码，没有这些核心文件，Contiki 系统就无法运行。该目录分成 dev、lib、net、sys 四个子目录，core 目录展开如图 12-4 所示。

其中，dev 目录中是 Contiki 系统自带的外部设备接口 API，例如 LED 灯点亮、熄灭的 API 等；lib 目录中是 Contiki 系统自带的一些常用 API 库文件，例如 CRC 校验、随机数等；net 目录中是 Contiki 系统网络文件，如 RPL 协议、rime 协议、6LowPAN 协议、uip 协议栈等网络协议的实现；sys 目录中是 Contiki 系统文件，包括 Contiki 系统进程、事件驱动、protothread 机制、系统定时器等系统功能的实现。

（3）cpu。此目录中是 Contiki 系统运行的 CPU 平台相关文件，在不同厂商的 CPU 上运行 Contiki 系统时目录下的文件就会不同，cpu 目录展开如图 12-5 所示。

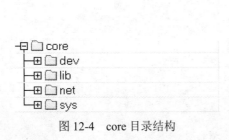

图 12-4　core 目录结构

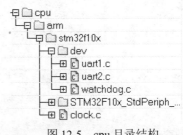

图 12-5　cpu 目录结构

从 cpu 目录结构可知，本书的 Contiki 系统是运行在 ARM 芯片上，其芯片型号为 stm32f10x 系列，在 stm32f10x 目录下有 dev、STM32F10x_StdPeriph_Lib 两个子目录和 clock.c 文件。其中，dev 目录基于 STM32 芯片外部设备驱动程序；STM32F10x_StdPeriph_Lib 目录是 ST

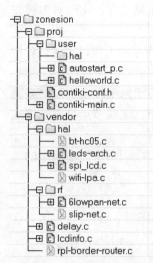

公司提供 STM32 芯片的官方库文件；clock.c 文件是 Contiki 系统在 CPU 芯片上运行的时钟配置程序，Contiki 系统移植的关键就是修改这个文件。

（4）zonesion。此目录是工程自定义的一些进程文件、硬件设备驱动及 main 文件，若要修改成自定义工程，只需更改此目录下的某些文件即可。zonesion 目录展开如图 12-6 所示。

其中，proj 子目录与工程有关，主要存放用户自定义的进程文件（如 helloworld.c）、用户自定义的硬件驱动程序（hal 文件夹）、程序入口文件（contiki-main.c）等；vendor 目录下的文件是蓝牙、WiFi、802.15.4 网络设备（如 hal 目录下的 bt-hc05.c、wifi-lpa.c 等）、LCD 显示模块（spi_lcd.c）等公用设备的驱动程序的实现。rf 文件夹下的 6lowpan-net.c 是实现将网络层的数据包发送给 802.15.4 网络设备的，slip-net.c 是将网络层的数据包发送给蓝牙、WiFi 网络设备的；delay.c 是自定义实现的延时函数；lcdinfo.c 是实现 LCD 屏显示的进程文件；rpl-border-router.c 是 802.15.4 网关（也称边界路由器）实现的源程序。

图 12-6 zonesion 目录结构

12.1.2 网络工程配置

1. 头文件的路径配置

在工程模板中用到 Contiki 系统网络、库函数、系统接口、CoAP 应用、STM32 库文件、用户自定义驱动等文件，在编译时需要找到相应的头文件，因此在配置工程时需要记录这些头文件的路径。下面是头文件路径的一般配置：

```
$TOOLKIT_DIR$\arm\inc

$PROJ_DIR$\..\..\..\..\core

$PROJ_DIR$\..\..\..\..\core\sys

$PROJ_DIR$\..\..\..\..\core\lib

$PROJ_DIR$\..\..\..\..\core\net

$PROJ_DIR$\..\..\..\..\core\net\rpl

$PROJ_DIR$\..\..\..\..\apps\erbium

$PROJ_DIR$\..\..\..\..\apps\er-coap-07

$PROJ_DIR$\..\..\..\..\cpu\arm\stm32f10x

$PROJ_DIR$\..\..\..\..\cpu\arm\stm32f10x\STM32F10x_StdPeriph_Lib_V3.5\Libraries\CMSIS\CM3\DeviceSupport\ST\STM32F10x

$PROJ_DIR$\..\..\..\..\cpu\arm\stm32f10x\STM32F10x_StdPeriph_Lib_V3.5\Libraries\CMSIS\CM3\CoreSupport

$PROJ_DIR$\..\..\..\..\cpu\arm\stm32f10x\STM32F10x_StdPeriph_Lib_V3.5\Librari
```

```
es\STM32F10x_StdPeriph_D
river\inc
$PROJ_DIR$\..\..\..\..\
$PROJ_DIR$\..\..\..\
$PROJ_DIR$\..\..\
$PROJ_DIR$\..\
$PROJ_DIR$\
$PROJ_DIR$\..\..\..\vendor
$PROJ_DIR$\..\..\..\vendor\rf
$PROJ_DIR$\..\..\..\vendor\hal
```

2. 宏定义的配置

由于工程模板中涵盖 WiFi、蓝牙、802.15.4 节点组网等功能的所有源码，而在实际编译烧写过程中，只会选择编译其中的一部分，宏定义是实现选择编译的一个好方法，所以必须配置宏定义。下面是工程模板宏定义的一般配置：

```
STM32F10X_MD
MCK=72000000
WITH_IPV6
xWITH_SLIP_NET
WITH_II_802154
WITH_COAP=7
REST=coap_rest_implementation
xWITH_CTK=1
WITH_RPL
xRPL_LEAFONLY
WITH_LCD
```

12.1.3　contiki-main.c 文件解析

在 Contiki 系统中，统一用到唯一的 contiki-main.c 文件，为实现 802.15.4、WiFi、蓝牙组网等应用，contiki-main.c 已实现对这些应用中所有功能的调用，然而不同功能调用的代码前后添加了条件编译，这样就确保根据设置不同宏定义或者选择不同子工程，就编译相应功能。下面逐条解析 contiki-main.c 文件中的 main()函数。

1. 系统时钟、串口、LED 初始化

```
clock_init();
uart1_init(115200);
/*串口打印 Contiki 系统信息*/
printf("\r\nStarting ");
```

```
printf(CONTIKI_VERSION_STRING);
printf("on STM32F10x\r\n");
uart2_init(115200);
leds_init();
leds_on(1);
```

2. 根据 WiFi、蓝牙和 802.15.4 的宏定义选择在 LCD 屏上显示不同的功能

```
#ifdef WITH_LCD  //判断是否开启 LCD 显示
    SPI_LCD_Init();  //LCD SPI 总线驱动实现
    lcd_initial();  //LCD 模块初始化
    Display_Clear(0x001f);  //LCD 屏清屏-蓝色
/*根据不同的宏定义在 LCD 屏上显示不同的标题*/
#if defined(WITH_BT_NET)  //蓝牙组网
    lcd_title_bar("ipv6 node for bluetooth");
#elif defined(WITH_WIFI_NET)  // WiFi 组网
    lcd_title_bar("ipv6 node for wifi");
#elif defined(WITH_RPL)  //802.15.4 组网
/*802.15.4 组网根据不同的节点类型，显示不同的标题*/
#if defined(WITH_RPL_BORDER_ROUTER)  //是否是路由节点
    lcd_title_bar("ipv6 node for rpl border-router");
#elif RPL_LEAFONLY  //是否是叶子节点
    lcd_title_bar("ipv6 node for rpl leaf");
#else
    lcd_title_bar("ipv6 node for rpl");//普通 RPL 节点
#endif
#endif
    lcd_status_bar("www.zonesion.com.cn");  //LCD 屏底部显示
#endif
```

3. 蓝牙模块初始化

```
#ifdef WITH_BT_NET
{
    void hc05_init(void);
    hc05_init();
}
#endif
```

4. WiFi 模块初始化

```
#ifdef WITH_WIFI_NET
```

```
    wifi_lpa_init();
#endif
```

5. 802.15.4 初始化

```
#ifdef WITH_II_802154
    netstack_init();
#endif
```

6. 进程初始化、事件定时器开启、ctimer 定时初始化

```
process_init();
process_start(&etimer_process, NULL);
ctimer_init();
```

7. 设置并串口打印无线模块（WiFi、蓝牙和 802.15.4 模块）的 MAC 地址

```
set_rime_addr(get_arch_rime_addr());
```

8. 初始化 slip 串行连接（蓝牙、WiFi 模块需要这个功能）

```
#ifdef WITH_SLIP_NET
{   void slipnet_init(void);
    slipnet_init();
}
#elif WITH_SERIAL_LINE_INPUT
    uart1_set_input(serial_line_input_byte);
    serial_line_init();
#endif
```

9. IPv6 数据队列缓冲区初始化，启动 tcpip 网络进程

```
#if UIP_CONF_IPV6
    queuebuf_init();
    process_start(&tcpip_process, NULL);
#endif /* UIP_CONF_IPV6 */
```

10. 串口打印无线模块的 IPv6 链接地址

```
#if UIP_CONF_IPV6
{   uip_ds6_addr_t *lladdr;
    int i;
    printf("Tentative link-local IPv6 address ");
    lladdr=uip_ds6_get_link_local(-1);
    for(i=0; i<7; ++i) {
        printf("%02x%02x:", lladdr->ipaddr.u8[i*2],
```

```
    lladdr->ipaddr.u8[i*2+1]); }
  printf("%02x%02x\n", lladdr->ipaddr.u8[14], lladdr->ipaddr.u8[15]);
}
#endif //UIP_CONF_IPV6
```

11. 启动 LCD 屏显示进程

```
#ifdef WITH_LCD
  PROCESS_NAME(lcdinfo_app);
  process_start(&lcdinfo_app, NULL);
#endif
```

12. 条件编译启动 802.15.4 边界路由器进程或者设置自启动的进程

```
#ifdef WITH_RPL_BORDER_ROUTER
  PROCESS_NAME(border_router_process);
  process_start(&border_router_process, NULL);
#else
#if AUTOSTART_ENABLE
  autostart_start(autostart_processes);
#endif
#endif
```

13. 等待执行完所有的进程

```
while(1) {
  do{ }while(process_run()>0);
  idle_count++;
}
```

以上便是整个 Contiki 系统网络工程模板的解析，最终目的是让读者了解 Contiki 网络工程的整个工程目录结构，作为理解后续章节内容的基础。

12.1.4 模板工程实例

1. 实例内容

选择 802.15.4 模块（STM32W108）、无线模块（读者也可以选择 WiFi、蓝牙模块进行实验）插到 STM32 开发板上，通过 LCD 进程在 LCD 屏上显示无线模块的 MAC 地址等信息，同时添加一个 helloword 串口打印进程，在串口显示打印 "Hello World！"。

2. 操作步骤

（1）将烧写好射频驱动程序的 STM32W108 模块正确连接到 STM32 开发板，将 LCD 屏正确插到 STM32 开发板上，正确连接 JLINK 仿真器到 PC 机和 STM32 开发板，将串口线的一端连接 STM32 开发板，另一端连接 PC 机。

（2）将例程 template 的整个文件夹拷贝到"D:\contiki-2.6\zonesion\example\iar"系统源码目录文件夹下，双击 zx103.eww 文件。

（3）将连接好的硬件平台通电，然后将 J-Flash ARM 仿真软件与开发板进行软连接，接下来在"workspace"下拉框中选择 rpl 子工程，然后单击"Project"->"Download and debug"将程序下载到 STM32 开发板中。

（4）下载完后单击"Debug"->"Go"让程序全速运行；也可以将 STM32 开发板重新上电或者按下复位按钮让刚才下载的程序重新运行。

（5）程序成功运行后，在 PC 机上打开串口调试助手，设置接收的波特率为 115 200。此时在 STM32 开发板的 LCD 屏上显示与 802.15.4 节点相关的信息，如 Contiki 系统信息、模块的 MAC 地址信息等，如图 12-7 所示。

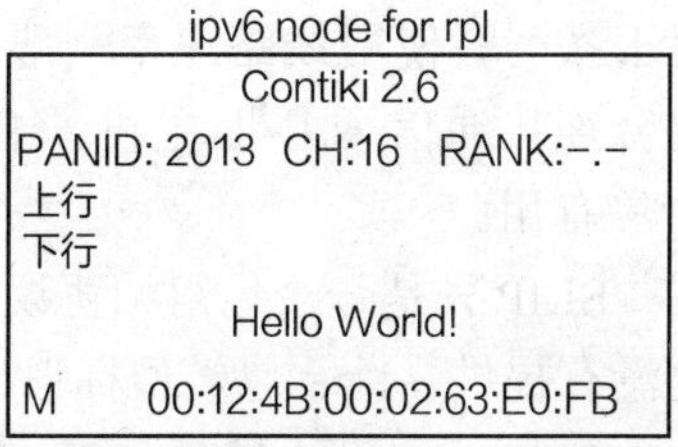

```
ipv6 node for rpl
Contiki 2.6
PANID: 2013  CH:16  RANK:-.-
上行
下行
Hello World!
M      00:12:4B:00:02:63:E0:FB
```

图 12-7 模板工程的 LCD 屏显示信息

同时在串口终端显示如下内容：

```
Starting Contiki 2.6 on STM32F10x
send rime addr request!
Rime set with address 0.18.75.0.2.96.224.251
Tentative link-local IPv6 address fe80:0000:0000:0000:0212:4b00:0260:e0fb
Hello wrold!
autostart_start: starting process 'helloworld'
```

串口终端显示内容有：802.15.4 模块的 MAC 地址、IPv6 链接地址，同时启动 helloworld 进程，打印"Hello World!"。

12.2 IPv6 网关

基于 Contiki 系统实现网关与节点之间的通信时，由于不同节点模块以不同方式与网关进行通信，故网关将所有不同的通信渠道统一中转到 TUN/TAP 虚拟网络设备进行处理；由于 TUN/TAP 虚拟网络设备处理的是 IPv6 数据包，而网关驱动接收的是 SLIP 数据包，故需要使用 Tunslip6 服务进行 SLIP 数据包与 IPv6 数据包的转换。TUN/TAP 虚拟网络设备的工作原理和 SlIP 数据包概况介绍如下。

12.2.1 IPv6 网关的工作原理

1. TUN/TAP 虚拟网络设备的工作原理

在计算机网络中，TUN 与 TAP 是操作系统内核中的虚拟网络设备。不同于普通依据硬件网路板卡实现的设备，这些虚拟的网络设备全部用软件实现，并向运行于操作系统上的软件提供与硬件的网络设备完全相同的功能。TAP 等同于一个以太网设备，它操作第二层数据包如以太网数据帧；TUN 模拟网络层设备，操作第三层数据包如 IP 数据封包。

操作系统通过 TUN/TAP 设备向绑定该设备的用户空间的程序发送数据，反之，用户空间的程序也可以像操作硬件网络设备那样，通过 TUN/TAP 设备发送数据。在后面这种情况下，TUN/TAP 设备向操作系统的网络栈投递（或"注入"）数据包，从而模拟从外部接收数据的过程。服务器如果拥有 TUN/TAP 模块，就可以开启 VPN 代理功能。

2. SLIP（串行线路 IP）

SLIP（Serial Line IP）用于 TCP/IP 点对点串行连接。SLIP 常用于串行连接，有时也用于拨号，使用线路速率一般介于 1 200 bit/s 和 19.2 kbit/s 之间。SLIP 允许主机和路由器混合连接通信（主机-主机、主机-路由器、路由器-路由器都是 SLIP 网络通用配置），因而非常有用。

SLIP 只是一个包组帧协议，仅仅定义了在串行线路上将数据包封装成帧的一系列字符。它没有提供寻址、包类型标识、错误检查/修正或者压缩机制。

SLIP 定义两个特殊字符：END 和 ESC。END 是八进制 300（十进制 192），ESC 是八进制 333（十进制 219）。发送分组时，SLIP 主机只是简单地发送分组数据。如果数据中有一个字节与 END 字符的编码相同，就连续传输两个字节 ESC 和八进制 334（十进制 220）。如果与 ESC 字符相同，就连续传输两个字节 ESC 和八进制 335（十进制 221）。当分组的最后一个字节发出后，再传送一个 END 字符。

3. 3 种网络信息

IPv6 网关集成了 3 种网络，包括 802.15.4 网络、蓝牙网络、WiFi 网络。下面介绍 3 种网络的详细信息。

1）802.15.4 网络信息

Zigbee 网络通过 PANID 和 CHANNEL 来确定网络的唯一性，802.15.4 在 3 个频段定义了 27 个物理信道。其中，868 MHz 频段中定义 1 个 20 kbit/s 信道；915 MHz 频段中定义 10 个 40 kbit/s 信道，信道间隔为 2 MHz；2.4 GHz 频段上定义 16 个 250 kbit/s 信道，信道间隔为 5 MHz。

PANID 一般伴随在确定 CHANNEL 信道以后，针对一个或多个应用网络，用于区分不同的 ZigBee 网络（MESH 或 Cluster Tree 两种拓扑结构）。所有节点 PANID 唯一，一个网络只有一个 PANID。PANID 是 16 位地址，取值范围为 0x0001~0xFFFF，当设置为 0xFFFF 时，设备就将建立（协调器）或加入（路由/终端节点）一个"最优"的网络。

2）WiFi 网络信息

WiFi 网络组成的是一个星型网，S5PV210 网关 WiFi 模块设置为 AP 热点模式（在 Android 下设置，WiFi HF-LPA 无线节点将自动连接到指定 WiFi 热点，可通过修改代码来设置）。在多套开发平台进行实验时，需要修改连接 WiFi 热点名称来避免网络冲突。

3）Bluetooth 网络信息

Bluetooth 网络组成的是一个星型网，S5PV210 网关蓝牙模块设置为 Master 模式，蓝牙 HC05 无线节点通过与网关蓝牙模块进行配对连接才可以进行通信。

12.2.2 IPv6 网关架构解析

1. IPv6 网关架构图

3 种不同的节点模块以不同的方式与网关进行通信，如图 12-8 所示。802.15.4 模块通过串口连接与网关通信；蓝牙模块、WiFi 模块通过 USB 连接与网关通信。为实现多网融合通信，IPv6 网关将 3 种不同的通信渠道统一中转到 TUN/TAP 虚拟网络设备处理，保证 802.15.4 子网、蓝牙子网、WiFi 子网同时在 IPv6 网关上正常通信。

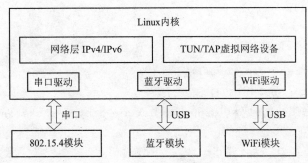

图 12-8 IPv6 网关框架结构

2. IPv6 网关通信原理

802.15.4 模块通过串口发送 SLIP 数据包到 Tunslip6 服务，通过 Tunslip6 服务转换成 IPv6 数据包，并转发到 TUN/TAP 虚拟网络设备进行统一中转；蓝牙模块/WiFi 模块分别通过蓝牙驱动/WiFi 驱动发送 SLIP 数据包到指定的服务程序，该服务通过指定端口将 SLIP 数据包转发给 tunslip6.c 实现的 Tunslip6 服务，Tunslip6 服务将根据端口号生成 Socket，将发送过来的 SLIP 数据包转换成 IPv6 数据包，转发到 TUN/TAP 虚拟网络设备进行统一中转。

3. Tunslip6 服务实现原理

Tunslip6.c 实现 3 个功能：读取串口的 SLIP 数据包并转发到 TUN/TAP 虚拟网络设备；读取 TUN/TAP 虚拟网络设备的 SLIP 数据包并转发到串口；根据端口号生成 Socket，将发送过来的 SLIP 数据包转换成 IPv6 数据包。其所需函数见表 12-1。

表 12-1 Tunslip6 函数

函 数 名	说 明
void slip_send(int fd, unsigned char c);	将数据打包成 SLIP 数据包
void write_to_serial(int outfd, void *inbuf, int len);	向串口写入指定 len 长度的数据
int tun_to_serial(int infd, int outfd);	读取 TUN 虚拟网络设备的 SLIP 数据包并转发到串口
void serial_to_tun(FILE *inslip, int outfd);	读取串口的 SLIP 数据包并转发到 TUN 虚拟网络设备

tunslip6.c(contiki-2.6\tools\tunslip6.c)读取串口数据并转发到 TUN 虚拟设备，同时读取 TUN 虚拟网络设备数据并转发到串口，关键代码实现如下：

```c
/*读取串口数据转发到TUN虚拟网络设备*/
void serial_to_tun(FILE *inslip, int outfd)
{   static union { unsigned char inbuf[2000]; } uip;
    static int inbufptr=0;
    int ret,i;
    unsigned char c;
#ifdef linux
    ret=fread(&c, 1, 1, inslip);
    if(ret==-1||ret==0)  err(1, "serial_to_tun: read");
    goto after_fread;
#endif
read_more:
    if(inbufptr>=sizeof(uip.inbuf)) {
        if(timestamp) stamptime();
           fprintf(stderr, "*** dropping large %d byte packet\n",inbufptr);
      inbufptr=0; }
    ret=fread(&c, 1, 1, inslip);
#ifdef linux
    after_fread:
#endif
    if(ret==-1) err(1, "serial_to_tun: read");
    if(ret==0) {clearerr(inslip); return; }
    switch(c) {
      case SLIP_END:
        if(inbufptr>0) {
          if(uip.inbuf[0]=='!') {
             if(uip.inbuf[1]=='M') {
         /* Read gateway MAC address and autoconfigure tap0 interface */
                char macs[24];
                int i, pos;
                for(i=0, pos=0; i<16; i++) {
                   macs[pos++]=uip.inbuf[2+i];
                   if((i&1)==1&&i<14) macs[pos++]=':';
                }
         if(timestamp) stamptime();
         macs[pos]='\0';
         fprintf(stderr,"*** Gateway's MAC address: %s\n", macs);
         if(timestamp) stamptime();
         ssystem("ifconfig%s down", tundev);
```

```c
        if(timestamp) stamptime();
        ssystem("ifconfig %s hw ether %s", tundev, &macs[6]);
        if(timestamp) stamptime();
        ssystem("ifconfig %s up", tundev);
      }
    } else if(uip.inbuf[0]=='?') {
        if(uip.inbuf[1]=='P') {
           struct in6_addr addr;
           int i;
           char *s=strchr(ipaddr, '/');
          if(s!=NULL)*s='\0';
      inet_pton(AF_INET6, ipaddr, &addr);
      if(timestamp) stamptime();
     fprintf(stderr,"*** Address:%s => %02x%02x:%02x%02x:%02x%02x:%02x%02x\n",
      ipaddr, addr.s6_addr[0], addr.s6_addr[1], addr.s6_addr[2], addr.s6_addr[3],
      addr.s6_addr[4], addr.s6_addr[5], addr.s6_addr[6], addr.s6_addr[7]);
     slip_send(slipfd, '!'); slip_send(slipfd, 'P');
       for(i=0; i<8; i++)
         slip_send_char(slipfd, addr.s6_addr[i]); /* need to call the slip_send_char
for stuffing */
      slip_send(slipfd, SLIP_END);
     }
#define DEBUG_LINE_MARKER '\r'
    } else if(uip.inbuf[0]==DEBUG_LINE_MARKER) {
      fwrite(uip.inbuf+1, inbufptr-1, 1, stdout);
    } else if(is_sensible_string(uip.inbuf, inbufptr)) {
     if(verbose==1) { /* strings already echoed below for verbose>1 */
      if (timestamp) stamptime();
        fwrite(uip.inbuf, inbufptr, 1, stdout);
      }
    } else {
    if(verbose>2) {
       if (timestamp) stamptime();
       printf("Packet from SLIP of length %d-write TUN\n", inbufptr);
    if (verbose>4) {
#if WIRESHARK_IMPORT_FORMAT
     printf("0000");
     for(i=0; i<inbufptr; i++) printf("%02x",uip.inbuf[i]);
#else
```

```c
        printf(" ");
       for(i=0; i<inbufptr; i++) {
          printf("%02x", uip.inbuf[i]);
        if((i & 3)==3) printf(" ");
          if((i & 15)==15) printf("\n "); }
#endif
         printf("\n"); }
        }
     if(write(outfd, uip.inbuf, inbufptr)!= inbufptr) err(1, "serial_to_tun: write");
       }
       inbufptr=0;
     }
   break;
     case SLIP_ESC:
      if(fread(&c, 1, 1, inslip)!= 1) { clearerr(inslip); ungetc(SLIP_ESC, inslip);
return; }
       switch(c) {
       case SLIP_ESC_END:
         c=SLIP_END; break;
       case SLIP_ESC_ESC:
         c=SLIP_ESC; break; }
     default:
       uip.inbuf[inbufptr++]=c;
       if((verbose==2)||(verbose==3)||(verbose>4)) {
        if(c=='\n') {
          if(is_sensible_string(uip.inbuf, inbufptr)) {
            if (timestamp) stamptime();
            fwrite(uip.inbuf, inbufptr, 1, stdout);
             inbufptr=0;}
        }
   } else if(verbose==4) {
     if(c==0||c=='\r'||c=='\n'||c=='\t'||(c>=' '&&c<='~')) {
      fwrite(&c, 1, 1, stdout);
      if(c=='\n') if(timestamp) stamptime(); }
     }
     break;
     }
     goto read_more;
}
```

```
/* 读取 TUN 虚拟网络设备数据到串口 */
int tun_to_serial(int infd, int outfd)
{   struct{ unsigned char inbuf[2000]; } uip;
    int size;
    if((size=read(infd, uip.inbuf, 2000))==-1) err(1, "tun_to_serial: read");
    write_to_serial(outfd, uip.inbuf, size);
    return size;
}
```

4．无线模块网络地址的实现与计算

uip_ds6_set_addr_iid（uip_ipaddr_t *ipaddr, uip_lladdr_t *lladdr）实现802.15.4无线模块、蓝牙模块、WiFi模块的网络地址生成。当UIP_LLADDR_LEN（无线模块的MAC地址长度）为8时，表示该地址是802.15.4无线模块的MAC地址，此时802.15.4无线模块网络地址生成如下：

802.15.4 网关网络地址+802.15.4 无线模块 MAC 地址的第 1 个字节与 0x02 取异或+802.15.4 无线模块 MAC 地址的第2～8个字节（如图12-9所示）。

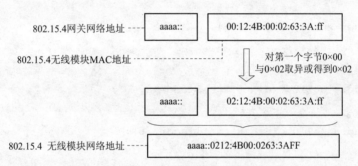

图12-9　802.15.4无线模块网络地址计算

当UIP_LLADDR_LEN（无线模块的MAC地址长度）为6时，表示该地址是蓝牙/WiFi无线模块的MAC地址，此时蓝牙/WiFi无线模块网络地址生成如下：

蓝牙/WiFi 网关网络地址+0x02+0xfe+蓝牙/WiFi 无线模块 MAC 地址的第 1～6 个字节（如图12-10和图12-11所示）。

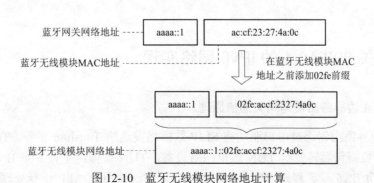

图12-10　蓝牙无线模块网络地址计算

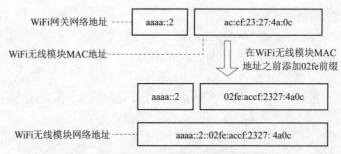

图 12-11　WiFi 无线模块网络地址计算

无线模块网络地址生成实现方法如下（contiki-2.6\core\net\uip-ds6.c）：

```
void uip_ds6_set_addr_iid(uip_ipaddr_t *ipaddr, uip_lladdr_t *lladdr)
{ /* We consider only links with IEEE EUI-64 identifier or IEEE 48-bit MAC addresses */
#if (UIP_LLADDR_LEN==8)
    memcpy(ipaddr->u8+8, lladdr, UIP_LLADDR_LEN);
    ipaddr->u8[8]^=0x02;
#elif (UIP_LLADDR_LEN==6)
#if 0
    memcpy(ipaddr->u8+8, lladdr, 3);
    ipaddr->u8[11]=0xff;
    ipaddr->u8[12]=0xfe;
    memcpy(ipaddr->u8+13, (uint8_t *)lladdr+3, 3);
#else
    memcpy(ipaddr->u8+10, (uint8_t *)lladdr, 6);
#endif
    ipaddr->u8[9]=0xfe;
    ipaddr->u8[8]=0x02;
#else
    #error uip-ds6.c cannot build interface address when UIP_LLADDR_LEN is not 6 or 8
#endif
}
```

12.2.3　网关 802.15.4 的 IPv6 网络实现

1. 802.15.4 边界路由器与网关通信原理

802.15.4 边界路由器通过串口驱动将 SLIP 数据包发送给 Tunslip6 服务，Tunslip6 服务将其转换为 IPv6 数据包后转发给 TUN 虚拟网络设备，TUN 虚拟网络设备将 IPv6 数据包上报到 Linux 内核的 IPv6 层，经过 TCP/UDP 协议层后发送给用户 APP 进行处理；反之，用户

APP 将 IPv6 数据包请求发送给 TUN 虚拟网络设备，Tunslip6 服务将 TUN 虚拟网络设备发过来的 IPv6 数据包转换成 SLIP 数据包后通过串口驱动发送给 802.15.4 边界路由器，继而通过 802.15.4 模块将 SLIP 数据包转发给网络上的其他 802.15.4 模块。802.15.4 边界路由器与网关通信原理如图 12-12 所示。

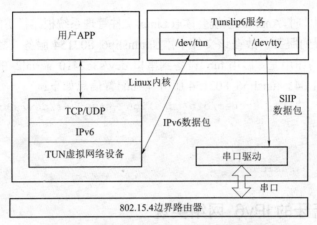

图 12-12　802.15.4 边界路由器与网关通信原理

2. 802.15.4 边界路由器与网关通信的实现

通常称智能网关上 802.15.4 的节点为边界路由器（border-router），它通过串口和网关相连。边界路由器与其他 802.15.14 节点有点不同，它会创建一个 DODAG，然后其他节点可以加入到这个 DAG 中。

边界路由器通过 set_prefix_64（uip_ipaddr_t* prefix_64）创建一个 DODAG，该方法的具体实现过程如下：边界路由器通过串口 SLIP 协议获取网络地址后，先通过 uip_ds6_set_addr_lld() 和 uip_ds6_addr_add() 来给自身配置一个 IPv6 地址，然后通过 rpl_set_root 创建一个新的 DODAG。set_prefix_64（uip_ipaddr_t* prefix_64）的代码实现如下（参见 contiki-2.6\zonesion\vendor\rplborder-router.c）：

```
void set_prefix_64(uip_ipaddr_t *prefix_64)
{   rpl_dag_t *dag;
    uip_ipaddr_t ipaddr;
    memcpy(&ipaddr, prefix_64, 16);
    prefix_set=1;
    uip_ds6_set_addr_iid(&ipaddr, &uip_lladdr);
    uip_ds6_addr_add(&ipaddr, 0, ADDR_AUTOCONF);
    /* Become root of a new DODAG with ID our global v6 address */
    dag=rpl_set_root(RPL_DEFAULT_INSTANCE, &ipaddr);
    if(dag!=NULL) {
        rpl_set_prefix(dag, &ipaddr, 64);
        PRINTF("Created a new RPL dag with ID: ");
        PRINT6ADDR(&dag->dag_id);
```

```
        PRINTF("\n");
    }
}
```

3. 802.15.4 网关服务配置

启动 S5PV210 网关时，Android 系统会读取 Linux 文件管理系统根路径下的 init.smdv210.rc 文件，并加载其中配置的服务，故在该文件中添加 tunslip6_802154 服务（默认网关 Linux 系统已经配置）。该服务的作用是：启用 tun 设备到串口/dev/s3c2410_serial2 的转发，并指定 tun0 的网络地址为 aaaa::1/64。tunslip6_802154 服务详细配置信息如下：

```
service tunslip6_802154 /system/bin/tunslip6 -ttun0 -s/dev/s3c2410_serial2
-B115200 aaaa::1/64
user root
group system root disabled
```

12.2.4 网关蓝牙的 IPv6 网络实现

1. 蓝牙模块与网关通信原理

Tunslip6 服务不仅能将 TUN 虚拟网络设备发过来的 IPv6 数据包转换成 SLIP 数据包后转发给串口，还可以将 TUN 虚拟网络设备发过来的 IPv6 数据包转换成 SLIP 数据包后转发到指定的服务程序，通过指定的服务程序所在的 IP 地址和端口将 SLIP 数据包转发给 BT 驱动/WiFi 驱动。

蓝牙设备通信正式基于这一核心思想实现。用户 APP 将 IPv6 数据包请求发送给 TUN 虚拟网络设备，Tunslip6 服务将 TUN 虚拟网络设备发过来的 IPv6 数据包转换成 SLIP 数据包，Tunslip6 服务与 BT Server 服务建立 TCP 连接后，通过 60001 端口转发给 BT Server，BT Server 通过该端口号将 SLIP 数据包转发给网关底层的 BT 驱动，继而通过蓝牙模块将 SLIP 数据包转发给网络上的其他蓝牙模块节点。蓝牙模块与网关通信原理如图 12-13 所示。

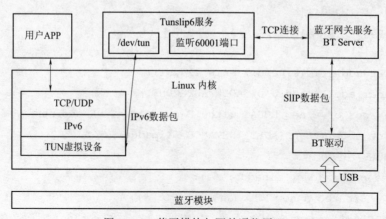

图 12-13 蓝牙模块与网关通信原理

2. 蓝牙网关服务配置

启动网关时，Android 系统会读取 Linux 文件管理系统根路径下的 init.smdv210.rc 文件，并加载其中配置的服务，故在该文件中添加 tunslip6_bt 服务（默认网关 Linux 系统已经配置）。该服务指定了蓝牙子网的网关名为 tun1，网关的网络地址为 aaaa:1::1/64（即 aaaa:1::1 的前 64 位）。tunslip6_bt 服务的具体配置信息如下：

```
service tunslip6_bt /system/bin/tunslip6 -ttun1 -a127.0.0.1 -p60001 aaaa:1::1/64
user root
group system root
disabled
```

12.2.5 网关 WiFi 的 IPv6 网络实现

1. WiFi 模块与网关通信原理

WiFi 模块可以工作在 AP 模式或 STA 模式下，在 IPv6 组网中 WiFi 无线节点工作在 STA 模式下，网关的 WiFi 工作在 AP 模式下。这样就可以将多个无线节点组成一个网络。

WiFi 网络的工作流程与蓝牙网络类似。APP 将 IPv6 数据包请求发送给 TUN 虚拟网络设备，Tunslip6 服务将 TUN 虚拟网络设备发过来的 IPv6 数据包转换成 SLIP 数据包，Tunslip6 服务与 WiFi Server 服务建立 TCP 连接后，通过 8899 端口转发给 WiFi Server，后者通过该端口号将 SLIP 数据包转发给网关底层 WiFi 驱动，继而通过 WiFi 模块将 SLIP 数据包转发给网络上的其他 WiFi 模块节点。WiFi 模块与网关通信原理如图 12-14 所示。

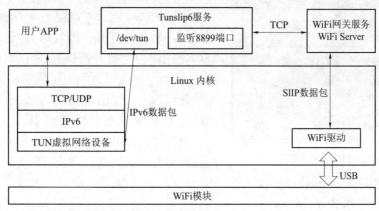

图 12-14 WiFi 模块与网关通信原理

2. WiFi 网关服务配置

启动网关时，Android 系统会读取 Linux 文件管理系统根路径下的 init.smdv210.rc 文件，并加载其中配置的服务，故需在该文件中添加 tunslip6_WiFi 服务（默认网关 Linux 系统已经配置），该服务指定 WiFi 子网的网关名为 tun2，网关的网络地址为 aaaa:2::1/64（即 aaaa:1::1 的前 64 位）。tunslip6_wifi 服务的具体配置信息如下：

```
service tunslip6_wifi /system/bin/tunslip6 -ttun2 -a127.0.0.1 -p8899 aaaa:2::1/64
```

```
user root
group system root
disabled
```

12.2.6　IPv6 网络实例

1. 实例内容

依据 TUN/TAP 虚拟网络设备的工作原理,实现 Tunslip6 服务的有关 IPv6 数据包与 SILP 数据包的相互转换;依据网关 802.15.4、蓝牙、WiFi 等 IPv6 网络实现原理,实现多网融合网关。

2. 操作步骤

(1) 修改 802.15.4 网络 PANID 和 CHANNEL 并下载到对应协调器。

将 template 例程源码拷贝到 "D:/contiki-2.6/zonesion/example/iar" 目录中,打开工程文件 template/zx103.eww,在 "workspace" 下拉列表中选择工程 rpl-border-router,修改 802.15.4 网络 PANID 和 CHANNEL,即修改文件 contiki-conf.h(工程 zx103 ->rpl-border-router -> zonesion -> proj -> contiki-conf.h),将 IEEE802154_CONF_PANID 修改为学号后 4 位,RF_CONF_CHANNEL 可以不修改。

单击 "Project"->"Rebuild All",重新编译源码,编译成功后选择 "Project"->"Download and debug",将程序下载到 STM32W108 无线协调器中。

图 12-15　启动 IPv6 网关服务

(2) 配置网关网络参数。

启动网关,进入 "设置" -> "无线和网络" -> "蓝牙",将蓝牙打开(即勾选);进入 "设置" -> "以太网络" -> "打开网络",将以太网打开(即勾选);运行 "网关设置" 应用程序,将后 3 项服务选项都勾选上,如图 12-15 所示。设置完成后在通知栏会出现 WiFi 热点和蓝牙图标,退出程序。

用网线连接 PC 端与 S5PV210 网关,当 PC 端网线插槽与网关网线插槽处灯不停闪烁,表示 PC 机与网关已连接到同一个局域网内。

(3) 配置网关端 IPv6 网络。

查看 IPv6 网关以太网口 eth0 配置信息,串口终端输出如下信息表示网关端 IPv6 网络配置正确:

```
/ # busybox ifconfig eth0
eth0 Link encap:Ethernet HWaddr 00:09:C0:FF:EC:48
inet6 addr: fe80::209:c0ff:feff:ec48/64 Scope:Link
inet6 addr: bbbb::1/64 Scope:Global # 显示为 bbbb ::1/64 即表示正确
UP BROADCAST RUNNING MULTICAST MTU:1500 Metric:1
```

```
RX packets:179 errors:0 dropped:0 overruns:0 frame:0
TX packets:58 errors:0 dropped:0 overruns:0 carrier:0
collisions:0 txqueuelen:1000
RX bytes:20853 (20.3 KiB) TX bytes:17154 (16.7 KiB)
Interrupt:42 Base address:0x6300
```

（4）配置 PC 端 IPv6 网络。

① 在 PC 端依次选择"开始"->"运行"，键入"cmd"，输入配置 PC 端 IPv6 地址命令：

```
C:\Users\Administrator>netsh interface IPv6 add address "本地连接" bbbb::2
```

② 输入命令查看"本地连接"对应的接口号，易知当前 PC 端本地连接对应接口号为 12。

```
C:\Users\Administrator>netsh interface IPv6 show interface

Idx     Met     MTU             状态                 名称
---     ---     ---             ---                 ---
1       50      4294967295      connected           Loopback Pseudo-Interface 1
11      25      1500            connected           无线网络连接
15      50      1280            connected           Teredo Tunneling Pseudo-Interface
12      5       1500            disconnected        本地连接
19      50      1280            disconnected        isatap.{C81BD540-3F34-4559-A853-FD7F67EEB1FF}
18      50      1280            disconnected        isatap.{AEFE7937-8542-4638-83A4-1C35B2FED81A
```

③ 在 PC 端命令行终端为"本地连接"接口号 12 配置路由，每台 PC 机的"本地连接"接口号都不一样，输入命令时需根据接口号作相应修改，详细命令如下：

```
C:\Users\Administrator>netsh interface IPv6 add route aaaa::/16 12 bbbb::1
```

注意：本地 PC 只需要配置一次，重启 PC 后不需要再次配置。

④ 输入"ipconfig"命令查看 PC 端以太网口"本地连接"的配置信息，命令行终端输出如下信息，表示网关端 IPv6 网络配置正确：

```
C:\Users\Administrator>ipconfig
Windows IP 配置
以太网适配器 本地连接:
连接特定的 DNS 后缀 . . . . . . . . :
IPv6 地址 . . . . . . . . . . . . : bbbb::2
本地链接 IPv6 地址. . . . . . . . : fe80::293b:7512:ce68:d9f3%12
自动配置 IPv4 地址 . . . . . . . : 169.254.217.243
子网掩码 . . . . . . . . . . . . : 255.255.0.0
默认网关. . . . . . . . . . . . :
```

⑤ 输入"ping"命令测试 PC 端与网关端 IPv6 配置是否成功，命令行终端输出如下信息表示 PC 端连接网关端成功：

```
C:\Users\Administrator>ping bbbb::1
正在 Ping bbbb::1 具有 32 字节的数据:
来自 bbbb::1 的回复: 时间<1ms
来自 bbbb::1 的回复: 时间<1ms
```

来自 bbbb::1 的回复: 时间<1ms

来自 bbbb::1 的回复: 时间<1ms

bbbb::1 的 Ping 统计信息:

数据包: 已发送=4, 已接收=4, 丢失=0 (0%丢失),

往返行程的估计时间(以毫秒为单位):

最短=0ms, 最长=0ms, 平均=0ms

(5) 计算 802.15.4 边界路由器网络地址。

编译固化 802.15.4 网关工程, 通过 STM32W108 无线协调器 1.8 寸屏可查看到 802.15.4 边界路由器的 MAC 地址是: 00:80:E1:02:00:1D:46:38, 易根据 12.2.2 小节得到 802.15.4 边界路由器网络地址是 aaaa::0280:E102:001D:4638。

(6) 测试 PC 端与 IPv6 网关通信。

① 测试 PC 端与 802.15.4 子网通信。

802.15.4 子网网关地址为 aaaa::1, 输入"ping"命令测试 PC 端与 802.15.4 网关是否正常通信, 命令行终端输出如下信息表示 PC 端连接 802.15.4 子网网关成功:

C:\Users\Administrator>ping aaaa::1

正在 Ping aaaa::1 具有 32 字节的数据:

来自 aaaa::1 的回复: 时间<1ms

来自 aaaa::1 的回复: 时间<1ms

来自 aaaa::1 的回复: 时间<1ms

来自 aaaa::1 的回复: 时间<1ms

aaaa::1 的 Ping 统计信息:

数据包: 已发送=4, 已接收=4, 丢失=0 (0%丢失),

往返行程的估计时间(以毫秒为单位):

最短=0ms, 最长=0ms, 平均=0ms

在"计算 802.15.4 边界路由器网络地址"步骤中得到边界路由器网络地址是 aaaa::0280:E102:001D:4638, 输入"ping"命令测试 PC 端连接 802.15.4 边界路由器是否成功, 命令行终端输出如下信息表示 PC 端连接 802.15.4 边界路由器成功:

C:\Users\Administrator>ping aaaa::0280:E102:001D:4638

正在 Ping aaaa::280:e102:1d:4638 具有 32 字节的数据:

来自 aaaa::280:e102:1d:4638 的回复: 时间=17ms

来自 aaaa::280:e102:1d:4638 的回复: 时间=219ms

来自 aaaa::280:e102:1d:4638 的回复: 时间=14ms

来自 aaaa::280:e102:1d:4638 的回复: 时间=15ms

aaaa::280:e102:1d:4638 的 Ping 统计信息:

数据包: 已发送=4, 已接收=4, 丢失=0 (0%丢失),

往返行程的估计时间(以毫秒为单位):

最短=14ms, 最长=219ms, 平均=66ms

② 测试 PC 端与蓝牙子网通信。

蓝牙子网网关地址为 aaaa:1::1, 输入"ping"命令测试 PC 端与蓝牙子网网关是否正常通信，命令行终端输出如下信息表示 PC 端连接蓝牙子网网关成功：

```
C:\Users\Administrator>ping aaaa:1::1
正在 Ping aaaa:1::1 具有 32 字节的数据:
来自 aaaa:1::1 的回复: 时间<1ms
来自 aaaa:1::1 的回复: 时间<1ms
来自 aaaa:1::1 的回复: 时间<1ms
来自 aaaa:1::1 的回复: 时间<1ms
aaaa:1::1 的 Ping 统计信息:
数据包: 已发送=4, 已接收=4, 丢失=0 (0%丢失),
往返行程的估计时间(以毫秒为单位):
最短=0ms, 最长=0ms, 平均=0ms
```

③ 测试 PC 端与 WiFi 子网通信。

WiFi 子网网关地址为 aaaa:2::1，输入"ping"命令测试 PC 与 WiFi 子网网关是否正常通信，命令行终端输出如下信息表示 PC 端连接 WiFi 子网网关成功：

```
C:\Users\Administrator>ping aaaa:2::1
正在 Ping aaaa:2::1 具有 32 字节的数据:
来自 aaaa:2::1 的回复: 时间<1ms
来自 aaaa:2::1 的回复: 时间<1ms
来自 aaaa:2::1 的回复: 时间<1ms
来自 aaaa:2::1 的回复: 时间<1ms
aaaa:2::1 的 Ping 统计信息:
数据包: 已发送=4, 已接收=4, 丢失=0 (0%丢失),
往返行程的估计时间(以毫秒为单位):
最短=0ms, 最长=0ms, 平均=0ms
```

12.3 无线节点组网

12.3.1 802.15.4 节点 RPL 组网

基于 Contiki 系统的 802.15.4 节点 RPL 组网，主要涉及 RPL 协议和 6LoWPAN 协议。

1. RPL 协议

针对低功耗有损网络中的路由问题，IETF 的 ROLL 工作组定义了 RPL（Routing Protocol forLLN）路由协议，目前该协议还在设计之中。考虑到在特定应用的文档中列出的广泛需求，RPL 被设计成高度模块化。主要目标是设计一个高度模块化的协议，其路由协议的核心满足特定应用的路由需求的交集，而对于特定的需求，可以通过添加附加模块的方式满足。RPL 是一个距离向量协议，它创建一个 DODAG，其中路径从网络中的每个节点到 DODAG 根。使用距离向量路由协议而不是链路状态协议，是有很多原因的。其中主要原因是低功耗有损网络中节点资源受限的性质。链路状态路由协议更强大，但是需要大量的资源，例如内存和用于同步 LSDB 的控制流量。RPL 协议相关术语见表 12-2。

表 12-2 RPL 协议相关术语

术语	说明
DAG（Directed AcyclicGraph）	有向非循环图，一个所有边缘以没有循环存在的方式的有向图
DAG Root（DAG 根节点）	DAG 内没有外出边缘的节点。因为图是非循环的，所以按照定义所有的 DAGs 必须有至少一个 DAG 根，并且所有路径终止于一个根节点
DODAG（Destination OrientedDAG）	面向目的地的有向非循环图，以单独一个目的地生根的 DAG
DODAGRoot	DODAG 的 DAG 根节点，它可能会在 DODAG 内部担当一个边路由器，尤其是可能在 DODAG 内部聚合路由，并重新分配 DODAG 路由到其他路由协议内
Rank（等级）	一个节点的等级定义了该节点相对于其他节点关于一个 DODAG 根节点的唯一位置
OF（Objective Function）	目标函数。它定义了路由度量、最佳目的，以及相关函数如何被用来计算 Rank 值。此外，OF 指出了在 DODAG 内如何选择父节点从而形成 DODAG
RPLInstanceID	一个网络的唯一标识，具有相同 RPLInstanceID 的 DODAG 共享相同的 OF
RPL Instance（RPL 实例）	共享同一个 RPLInstanceID 的一个或者多个 DODAG 的集合
DIO（DODAG Information Object）	包含节点自身信息，比如 RANK、MAC 地址，邻居接收到了 DIO 以后才确定是否能给它
DAO（Destination Advertisement Object）	广告目标对象，父节点向子节点下传数据时使用的对象，子节点传给父节点报告其距离等消息
DIS（DODAG Information Solicitation）	征集 DIO 包时使用的对象

1）拓扑结构

RPL 中规定，一个 DODAG 是一系列由有向边连接的顶点，之间没有直接的环路。RPL 通过构造从每个叶节点到 DODAG 根的路径集合来创建 DODAG。与树形拓扑相比，DODAG 提供了多余的路径。在使用 RPL 路由协议的网络中，可以包含一个或多个 RPLInstance。在每个 RPLInstance 中会存在多个 DODAG，每个 DODAG 都有一个不同的 Root。一个节点可以加入不同的 RPLInstanace，但是在一个 Instance 内只能属于一个 DODAG。

RPL 规定 3 种消息，即 DODAG 信息对象（DIO）、DODAG 目的地通告对象（DAO）、DODAG 信息请求（DIS）。DIO 消息是由 RPL 节点发送的，来通告 DODAG 和它的特征，因此 DIO 用于 DODAG 发现、构成和维护。DIO 通过增加选项携带了一些命令性的信息。DAO 消息用于在 DODAG 中向上传播目的地消息，以填充祖先节点的路由表来支持 P2MP 和 P2P 流量。DIS 消息与 IPv6 路由请求消息相似，用于发现附近的 DODAG 和从附近的 RPL 节点请求 DIO 消息，DIS 消息没有附加的消息体。

2）路由建立

当一个节点发现多个 DODAG 邻居时（可能是父节点或兄弟节点），它会使用多种规则来决定是否加入该 DODAG。一旦一个节点加入到一个 DODAG 中，它就会拥有到 DODAG 根的路由（可能是默认路由）。

在 DODAG 中，数据路由传输分为向上路由和向下路由。向上路由指的是数据从叶子节点传送到根节点，可以支持 MP2P（多点到点）的传输；向下路由指的是数据从根节点传送到叶子节点，可以支持 P2MP（点到多点）和 P2P（点到点）传输。P2P 传输先通过向上路由到一个能到达目的地的祖先节点，然后再进行向下路由传输。对于不需要进行 P2MP 和 P2P 传输的网络来说，向下路由不需要建立。向上路由的建立通过 DIS 和 DIO 消息来完成。每个已经加入到 DAG 的节点会定时地发送多播地址的 DIO 消息，DIO 中包含了 DAG 的基本信息。新节点加入 DAG 时，会收到邻居节点发送的 DIO 消息，节点根据每个 DIO 中的 Rank 值，选择一个邻居节点作为最佳的父节点，然后根据 OF 计算出自己在 DAG 中的 Rank 值。节点加入到 DAG 后，也会定时地发送 DIO 消息。另外，节点也可以通过发送 DIS 消息，让其他节点回应 DIO 消息。向下路由建立通过 DAO 和 DAO-ACK 消息来完成。DAG 中的节点会定时向父节点发送 DAO 消息，里面包含了该节点使用的前缀信息。父节点收到 DAO 消息后，会缓存子节点的前缀信息，并回应 DAO-ACK。这样在进行路由时，通过前缀匹配就可以把数据包路由到目的地。

3）回路避免和回路检测机制

与传统网络不同，在物联网络中由于低速率流量和网络不稳定性的特点，回路可能存在。RPL 不能从根本上保证消除回路，这意味着要在控制层面上使用开销很大的机制，并且这可能不太适合有损耗的和不稳定的环境。RPL 使用通过数据路径验证的回路检测机制作为替代，尽量避免回路。RPL 中两条基本的回路避免规则为：

第一，如果一个节点的邻节点的级别大于它的级别和 DAGMaxRankIncrease 的和，那这个节点不允许被选作邻节点的父节点。

第二，一个节点不允许是贪婪的并试着在 DODAG 中移动到更深的位置，以增加 DODAG 父节点的选择，这样可能造成回路和不稳定性。RPL 中的路由检测机制通过在数据包的包头设定标志位来附带路由控制数据。携带这些标志位的确切位置还没有定义（如流标签）。其主要思想是在包头里设定标志位，以验证正在转发的包是用于检测回路，还是用于检测 DODAG 的不一致性。

4）修复机制

RPL 规定两种互补的修复机制：全局修复技术和本地修复技术。也有很多其他的路由协议使用本地修复策略来快速发现替代路径，推迟整个拓扑上的全局修复。下面是 RPL 采用的方法：当一条路径被认为是不可用的而必须寻找替代路径时，节点触发一次本地修复以快速寻找一条替代路径，即使替代路径不是最优的。为网络上的所有节点重建 DODAG，这一过程可能被推迟。另外，RPL 定义一种被称为"下毒"的机制，它在执行本地修复同时需要避免回路时很有用。

5）RPL 定时器管理

RPL 使用的 DIO 定时器依赖于细流算法，并且其他 RPL 定时器在未来也可能会使用相同的算法。细流算法使用一个适应性的机制来控制层面发送速率，以使节点在不同情况下都能监听到足够的包以保持一致性。网络发生改变时，节点会发送更多的协议控制包，然后当网络开始稳定时，控制流的速率会减小。细流算法不需要在网络中有复杂的代码和状态。考虑到节点上受限的资源，这是一个重要的特性。RPL 把 DODAG 的创建看作一个持续性问题，会利用细流计时器决定什么时候多播 DIO 消息。当检测到不一致性时，RPL 消息会发送得更频繁，随着网络的稳定，RPL 消息会逐渐减少。

6）RPL 组网过程

（1）节点复位完成，首先发送 DIS 包，征集邻居节点信息。

（2）邻居点接收到 DIS，开始发送 DIO 包。

（3）收到 DIO 包的节点更新自身邻居表，并选择合适的节点发送数据包。

（4）同时节点会向选中的父节点发送 DAO 包，告知其是子节点。

（5）父节点更新自身的路由表后，再向父节点的父节点发 DAO，最后到达 sink 点，双向链路最终形成。

2. 6LoWPAN 概述

6LoWPAN 中 LoWPAN（Low Power Wireless Personal Area Network）的本意是指低功耗无线个域网。然而随着近年来研究的深入，LoWPAN 所涵盖的范围已远远超出了个域网的范畴，它包括了所有的无线低功耗网络，传感网即最典型的一种 LoWPAN 网络。6LoWPAN（IPv6 over LoWPAN）技术旨在将 LoWPAN 中的微小设备用 IPv6 技术连接起来，形成一个比互联网覆盖范围更广的物联网世界。

传感网本身与传统 IP 网络存在显著的差别。传感网中设备的资源都极其受限。在通信带宽方面，IEEE 802.15.4 的带宽为 250 kbit/s、40 kbit/s、20 kbit/s（分别对应 2.4 GHz、915 MHz 和 868MHz 频段）。在能量供应方面，传感网中的设备一般都使用电池供电，因此使用的网络协议都需要优先考虑能量有效性。设备一般处于长期睡眠状态以省电，在这段时间内不能与其通信。

传感网设备的部署数量一般都较大，要求成本低、生命期长，不能像手持设备那样经常充电，而要长期在无人工干预的情况下工作。设备位置是不确定的，可以任意摆放，并且可能移动。有时候，设备甚至布在人不能轻易到达的地方。设备本身及其工作环境也不稳定，需要考虑有时候设备会因为失效而访问不到，或者因为无线通信的不确定性失去连接，设备电池会漏电，设备本身会被捕获等各种现实中存在的问题。

传感网的这些特性，导致了长期以来传感网设备上使用的网络通信协议通常针对应用优先，而没有一个统一的标准。虽然目前绝大多数传感网平台都使用 IEEE 802.15.4 作为物理层和 MAC 层的标准，但是通信协议栈的上层仍然是私有的或由企业联盟把持，如 Zigbee 和 Z-Wave。各种各样的解决方案导致了传感网间的交互颇为困难。各协议间的区别也使传感网与现存 IP 网络间的无缝整合成为"不可能的任务"。学术界一度认为 IP 协议太大而不适合内存受限设备。然而近期的研究表明传感网也适合使用 IP 架构。首先，这是因为 IP 网络已存在多年，表现良好，可以沿用这个现成的架构。其次，IP 技术是开放的，其规范是可以自由获取的，与专有的技术相比，IP 技术更容易被大众所接受。另外，目前已存在不少 IP 网络分析、管理的工具可供使用。IP 架构还可以轻易地与其他 IP 网络无缝连接，不需要中间作协议转换的网关和代理。

目前，将现有 IP 架构沿用到传感网上时还存在一些技术问题。传感网设备众多，需要极大的地址空间，并且对每个设备逐个配置是不现实的，需要网络具有自动配置能力，而 IPv6 已有了这些方面的解决方法，这使它成为适用于大规模传感网部署的协议。然而，传感网中的数据包大小受限，需要添加适配层以承载长度较大的 IPv6 数据包，并且 IPv6 地址格式需要与 IEEE 802.15.4 地址一一对应。另外，在传感网中传输的 IPv6 包有大量冗余信息，可以对它进行压缩。传感网设备一般都没有输入和显示设备,所布的位置可能也不容易预测。所以传感网使用的协议应当自配置、自启动,并能在不可靠的环境中自愈合。网络管理协议的通信量应当尽可能少,但要足以控制密集的设备部署。另外,还需要有简单的服务发现协议用于发现、控制和维护设备提供的服务。传感网所有协议设计的共同目标是减少数据包开销、带宽开销、处理开销和能量开销。

为了解决这些问题,IETF 成立 6LoWPAN 工作组负责制定相应的标准。目前该工作组已完成"6LoWPAN 概述""IPv6 在 IEEE802.15.4 上传输的数据包格式"和"IPv6 报头压缩规范"3 个征求修正意见书(Request For Comments,RFC)。该工作组今后还将致力于标准化 6LoWPAN 邻居发现的优化、更紧凑的报头压缩方式、6LoWPAN 网络的架构和网络的安全分析等方面。目前已存在几种 6LoWPAN 协议栈实现,较为常用的是 TinyOS 中的 Blip 和 Contiki 中的 uIPv6。

3. 6LoWPAN 协议栈体系结构

6LoWPAN 协议栈体系结构与传统 IP 协议栈类似,如图 12-16 所示,6LoWPAN 协议栈需要实现的部分包括:

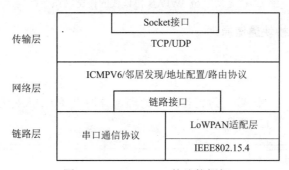

图 12-16　6LoWPAN 协议栈框架

(1)链路接口。传感网中的汇聚节点一般具备多个接口,通常使用串口与上位机进行点对点通信,而 IEEE 802.15.4 接口通过无线信号与传感网中的节点通信。链路接口部分就负责维护各个网络接口的接口类型、收发速率和 MTU 等参数,以便于上层协议根据这些参数作相应的优化以提高网络性能。

(2)LoWPAN 适配层。IPv6 对链路能传输的最小数据包要求为 1 280 字节,而 IEEE 802.15.4 协议单个数据包最大只能发送 127 字节,因此需要 LoWPAN 适配层负责将数据包分片重组,以便让 IPv6 的数据包可以在 IEEE 802.15.4 设备上传输。另外,LoWPAN 层也负责对数据包头进行压缩以减少通信开销。

(3)网络层。网络层负责数据包的编址和路由等功能。其中地址配置部分用于管理与配置节点的本地链路地址和全局地址。ICMPv6 用于报告 IPv6 节点数据包处理过程中的错误消息并完成网络诊断功能。邻居发现用于发现同一链路上邻居的存在、配置和解析本地链路地址、寻找默认路由和决定邻居可达性。路由协议负责为收到的数据包寻找下一跳路由。

(4)传输层。传输层负责主机间端到端的通信。其中 UDP 用于不可靠的数据报通信,TCP 用于可靠数据流通信。然而,由于资源的限制,传感网节点上无法完整实现流量控制、拥塞控制等功能。

（5）Socket 接口。Socket 接口用于为应用程序提供协议栈的网络编程接口，包含建立连接、数据收发和错误检测等功能。

采用 6LoWPAN 协议栈的传感网系统结构如图 12-17 所示。在这种结构下，互联网主机上的应用层程序只需知道感知节点的 IP 地址即可与它进行端到端的通信，而不需要知道网关和汇聚节点的存在，从而极大地简化了传感网系统的网络编程模型。

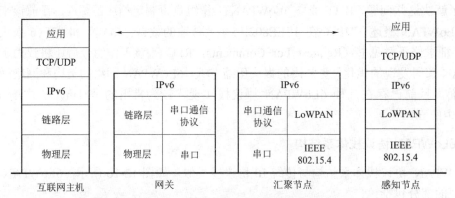

图 12-17 采用 6LoWPAN 协议栈的传感网系统结构

4．802.15.4 无线模块通信原理

802.15.4 节点接收到传感器模块采集的数据之后，通过 TCP/UDP 协议层，将数据发送到 IPv6 层，在 IPv6 层通过 RPL 路由协议将 IP 数据包封装成具有路由功能的 RPL 数据包，同时通过 6loWPAN 协议将 RPL 数据包进行压缩处理，并通过 802.15.4 无线模块发送给网关的 802.15.4 无线模块，如图 12-18 所示。

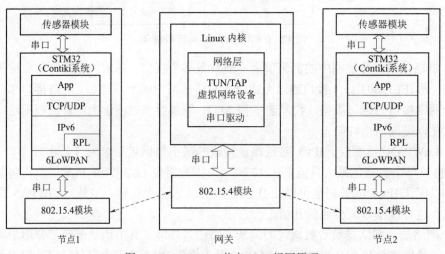

图 12-18 802.15.4 节点 IPv6 组网原理

因此完成 802.15.4 节点 RPL 组网实验需要配置 Contiki 的 RPL 路由协议支持，同时配置 Contiki 的 6LoWPAN 协议对 RPL 数据包进行数据压缩处理，完成上述配置之后还需完成 802.15.4 无线模块驱动的实现。

5. Contiki 的 RPL 组网实现

打开工程"rpl"->"core"->"net"->"rpl"查看完整的 rpl 组网实现完整源码，该部分实现 RPL 的组网，如图 12-19 所示。

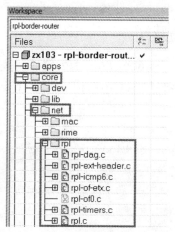

图 12-19　RPL 组网实现目录架构

6. 配置 Contiki 的 RPL 支持

Contiki 提供对 RPL 的支持，在 Contiki 配置文件 contiki-conf.h 中增加对 RPL 的配置（默认已经配置），详细配置见文件 contiki-2.6\zonesion\example\contiki-conf.h。关键代码如下：

```
//#ifdef WITH_RPL
    #define UIP_CONF_IPV6_RPL 1
    #define UIP_CONF_ROUTER 1
#ifdef RPL_LEAFONLY
    #define RPL_CONF_LEAF_ONLY 1
#endif
    #define RPL_CONF_DAO_ACK 1
    #define RPL_CONF_STATS 0
    #define RPL_CONF_MAX_DAG_ENTRIES 1
    #ifndef RPL_CONF_OF
    #define RPL_CONF_OF rpl_of_etx
#ifdef WITH_RPL_BORDER_ROUTER
    #define UIP_FALLBACK_INTERFACE slip_interface
#endif //WITH_RPL_BORDER_ROUTER
```

7. Contiki 的 6LoWPAN 协议实现

sicslowpan.c（contiki-2.6\core\net\sicslowpan.c）实现了将 RPL 数据包进行报文压缩和 6LowPAN 报文压缩后的报文解压缩，具体由下面两个方法实现：

```
static uint8_t output(uip_lladdr_t *localdest);   //将RPL数据包进行数据压缩处理
static void input(void);      //将经过6LowPAN协议压缩处理的RPL数据包解压缩
```

8. 配置 Contiki 的 6LowPAN 协议支持

对于 6LowPAN 协议 Contiki 中的实现对应 core/net 目录下的 sicslowpan.c 文件，在 contiki-conf.h 文件中增加如下配置使 uip 的底层接口使用 sicslowpan 模块：

```
#define NETSTACK_CONF_NETWORK sicslowpan_driver
```

9. Contiki 系统无线模块驱动接口

完成 contiki-conf.h 相关 RPL 和 6LowPAN 的配置后，接下来就要在 Contiki 系统里实现无线模块的驱动。Contiki 系无线模块驱动由结构体 struct radio_driver 来表示，其定义如下：

```
struct radio_driver {
int (*init)(void);  //驱动模块初始化函数
int (*prepare)(const void *payload, unsigned short payload_len);  //将待发送的数据写入发送缓存
int (*transmit)(unsigned short transmit_len);  //启动发送，将发送缓存中的数据发送出去
int (*send)(const void *payload, unsigned short payload_len);  /* Prepare & transmit a packet. */
int (*read)(void *buf, unsigned short buf_len);  //从接收缓存读取数据到 buf 中
/** Perform a Clear-Channel Assessment (CCA) to find out if there isa packet in the air or not. */
int (*channel_clear)(void);
int (*receiving_packet)(void);  //检测无线模块当前是否正在接收数据
int (*pending_packet)(void);  //检查接收缓存是否有数据需要读取
int (*on)(void);  //打开无线模块电源
int (*off)(void);  //关闭无线模块电源
};
```

10. 802.15.4 无线模块驱动的实现

编写 802.15.4 无线模块驱动，可参考 contiki-2.6\zonesion\vendor\rf\6lowpan-net.c。

（1）uart_rf_slip_process 线程主要监听串口，处理 802.15.4 模块接收到的数据包，如果成功接收到数据包就通过 NETSTACK_RDC.input()函数通知上层模块。核心代码如下：

```
PROCESS_THREAD(uart_rf_slip_process, ev, data)
{   int len;
    PROCESS_BEGIN();
    _radio_active=1;
    while(1) {
        PROCESS_YIELD_UNTIL(ev==PROCESS_EVENT_POLL);
        leds_on(2);
        if(_radio_pending_pkg) {
            _radio_pending_pkg = 0;
            packetbuf_clear();
```

```
        len=uart_rf_slip_poll_handler(packetbuf_dataptr(), PACKETBUF_SIZE);
        if(len>0) { packetbuf_set_datalen(len);NETSTACK_RDC.input(); }
    } else { /* check other data */
        uip_len=uart_rf_slip_poll_handler(&uip_buf[UIP_LLH_LEN],UIP_BUFSIZE - UIP_LLH_LEN);
        uip_len=0; }
      leds_off(2);
    }
    PROCESS_END();
}
```

（2）prepare()函数将上层需发送的数据打包成 802.15.4 的数据指令格式，然后放在发送缓存。transmit()函数启动发送程序，直接将发送缓存中的数据通过串口发送给 802.15.4 模块，然后数据包由 802.15.4 模块发送给目标节点。核心代码如下：

```
static int prepare(const void *payload, unsigned short payload_len)
{   int pkg_len;
    uip_buf[0]='!';
    uip_buf[1]='S';
    pkg_len=0;
    pkg_len+=2;
    memcpy(&uip_buf[pkg_len], payload, payload_len);
    uip_len=pkg_len + payload_len;
    return 1;
}
static int transmit(unsigned short transmit_len)
{   uart_rf_slip_write(uip_buf, uip_len);
    uip_len=0;
    return RADIO_TX_OK;
}
```

（3）init()函数中首先通过 uart2_init 初始化通信串口，然后发送 "?M" 指令从无线模块读取模块的 MAC 地址，并设置模块的 PANID 和 CHANNEL，最后启动 uart_rf_slip_process 监听线程。核心代码如下：

```
static int init(void)
{   struct timer tm;
    printf("uartradio init()\r\n");
    uart2_init(115200);
    uart2_set_input(_uart_input_byte);
    while (rimeaddr_cmp(&arch_rime_addr, &rimeaddr_null)) {
        printf("send rime addr request!\r\n");
        uart_rf_slip_write("?M", 2);
```

```
    timer_set(&tm, CLOCK_SECOND*2);
    while (!timer_expired(&tm));
  }
  while (radio_panid!=IEEE802154_CONF_PANID) {
    char cmd[] = {'!', 'P', (IEEE802154_CONF_PANID>>8), IEEE802154_CONF_PANID&0xff};
    uart_rf_slip_write(cmd, 4);
    timer_set(&tm, CLOCK_SECOND);
    while (!timer_expired(&tm));
  }
  while (radio_channel!=RF_CONF_CHANNEL) {
    char cmd[]={'!', 'C', RF_CONF_CHANNEL};
    uart_rf_slip_write(cmd, 3);
    timer_set(&tm, CLOCK_SECOND);
    while (!timer_expired(&tm));
  }
  process_start(&uart_rf_slip_process, NULL);
  return 0;
}
```

11. RPL 组网实例

1）实例内容

（1）实现和配置 Contiki 的 RPL，实现 802.15.4 无线节点 RPL 组网的完整过程。

（2）实现和配置 Contiki 的 6LoWPAN 协议，实现 6LoWPAN 协议对 RPL 数据包的压缩。

（3）实现基于 Contiki 系统的 802.15.4 无线模块驱动接口。

2）操作步骤

（1）部署 802.15.4 子网网关环境。

（2）编译固化无线节点 rpl 工程源代码。

正确连接 JLINK 仿真器、串口线到 PC 机和 STM32W108 无线节点，设置波特率为 115 200。打开工程文件 zx103.eww（D:\contiki-2.6\zonesion\example\iar\template\zx103.eww），在 IAR Workspace"窗口的下拉菜单中选择 rpl 工程，修改 PANID 和 Channel，并保持与 STM32W108 无线协调器一致，然后单击"Project"->"Rebuild All"，重新编译源码。通过 5V 电源适配器给 STM32W108 无线节点通电，然后打开 J-Flash ARM 软件，单击"Target"->"Connect"，连接成功后，LOG 窗口会提示"Connected Successfully"，选择"Project"->"Download and debug"，将程序烧写到 STM32W108 无线节点中。下载完后可以单击"Debug"->"Go"让程序全速运行。也可以将 STM32W108 无线节点重新上电或者按下复位按钮让刚才下载的程序重新运行。

（3）查看 802.15.4 节点 RPL 组网信息。

STM32W108 无线节点重新上电后，无线节点屏幕显示可查看到无线节点的 MAC 地址是 00:80:E1:02:00:1D:57:FD，进而计算得到无线节点的网络地址是 aaaa::0280:e102:001D:57FD。

输入"ping"命令测试 PC 端连接无线节点是否成功。

```
C:\Users\Administrator>ping aaaa::0280:e102:001D:57FD
正在 Ping aaaa::280:e102:1d:57fd 具有 32 字节的数据：
来自 aaaa::280:e102:1d:57fd 的回复：时间=57ms
来自 aaaa::280:e102:1d:57fd 的回复：时间=54ms
来自 aaaa::280:e102:1d:57fd 的回复：时间=266ms
来自 aaaa::280:e102:1d:57fd 的回复：时间=53ms
aaaa::280:e102:1d:57fd 的 Ping 统计信息：
数据包：已发送=4，已接收=4，丢失=0 (0%丢失)，
往返行程的估计时间(以毫秒为单位)：
最短=53ms，最长=266ms，平均=107ms
```

以上终端输出信息表示 PC 端连接无线节点成功，无线节点 RPL 组网成功。

12.3.2 蓝牙节点 IPv6 组网

1. 蓝牙无线模块通信原理

节点接收到传感器模块采集的数据之后,将数据通过串口发送到 Contiki 系统的 IPv6 层，继而将 IPv6 层的 IP 数据包封装成 SLIP 数据包，并通过串口发送给节点蓝牙模块，节点蓝牙模块以透传的方式将 SLIP 数据包传输给网关蓝牙模块；同时，节点的蓝牙模块可以接收网关蓝牙模块发过来的 SLIP 数据包，并通过串口发送给 Contiki 系统的 IPv6 层处理。蓝牙节点 IPv6 组网原理如图 12-20 所示。

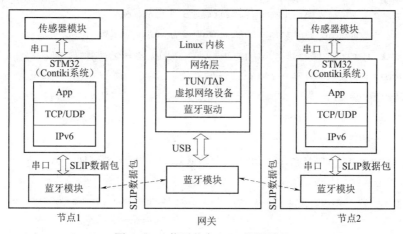

图 12-20 蓝牙节点 IPv6 组网原理

2. 蓝牙无线模块通信实现

蓝牙无线模块通信实现的详细代码参考 bt-hc05.c 文件和 slip-net-normal.c 文件。bt-hc05.c 主要实现蓝牙模块驱动接口，初始化蓝牙模块，读取模块的 MAC 地址；slip-net-normal.c 文件完成蓝牙模块与 IP 网络层的交互处理，实现 IP 数据包与 SLIP 数据包的相互转换。

1）蓝牙模块初始化实现

hc05_init()函数是蓝牙模块初始化函数，该函数的主要功能是：配置蓝牙工作模式、读取蓝牙 MAC 地址。代码位于 contiki-2.6\zonesion\vendor\hal\bt-hc05.c。

```c
void hc05_init(void)
{   int ret=-1, i;
    uart2_init(38400);    //与蓝牙模块交互的串口初始化
    uart2_set_input(uart_recv_call);
    hc05_gpio_init();   //配置蓝牙模块控制I/O端口
    hc05_enter_at();    //使蓝牙模块进入at配置模式
    delay(1000);
    for(i=0; ret!=0 && i<10; i++)  //检测蓝牙模块是否进入at模式
        ret=hc05_command_response("AT\r\n", "OK\r\n");
    if(ret != 0){printf("error enter at command.\r\n"); goto _out; }
        ret=-1;
    for(i=0; ret!=0&&i<10; i++)  //设置蓝牙模块led极性
        ret=hc05_command_response("AT+POLAR=0,0\r\n", "OK\r\n");
    if(ret!=0) {printf("error at+polar=0,.\r\n"); goto _out; }
        ret=-1;
    for(i=0; ret!=0&&i<10; i++)  //配置蓝牙模块透传通信速率
        ret=hc05_command_response("AT+UART=115200,0,0\r\n", "OK\r\n");
    if(ret!=0) { printf("error at+uart=115200,0,0.\r\n"); goto _out; }
        ret=-1;
    for(i=0; ret!=0&&i<10; i++)  //设置蓝牙工作在从模式
        ret=hc05_command_response("AT+ROLE=0\r\n", "OK\r\n");
    if(ret!=0) {printf("error at+pole=0.\r\n"); goto _out; }
    hc05_command("AT+UART?\r\n");
    recv_line(500000);
    printf("uart : %s", _recv_buf);
    for(i=0; i<10; i++) {
        hc05_command("AT+ADDR?\r\n");  //读取蓝牙模块的MAC地址
        ret=recv_line(500000);
        if(ret!=0&&strncmp(_recv_buf, "+ADDR:", 6)==0)  break;
    }
    printf(_recv_buf);
    if(i<10) {
        memset(_hc05_mac_addr, 0, 8);
        unsigned char volatile *p=_recv_buf+6;
        unsigned char volatile *e=p;
        while(*e!=':')  ++e;
```

```
    int i=e-p;
    if(i==1) _hc05_mac_addr[1]=c2h(p[0]);
    if(i==2) _hc05_mac_addr[1]=c2h(p[0])<<4|c2h(p[1]);
    if(i==3) {_hc05_mac_addr[0]=c2h(p[0]); _hc05_mac_addr[1]= c2h(p[1])<<4 |
c2h(p[2]); }
    if(i==4) {_hc05_mac_addr[0]=c2h(p[0])<<4|c2h(p[1]);
        _hc05_mac_addr[1]=c2h(p[2])<<4|c2h(p[3]);}
    ++e;
    p=e;
    while(*e!=':') ++e;
    i=e-p;
    if(I==1) _hc05_mac_addr[2]=c2h(p[0]);
    if(i==2) _hc05_mac_addr[2]=c2h(p[0])<<4 | c2h(p[1]);
    ++e;
    p=e;
    while(!(*e=='\r'||*e=='\n')) e++;
    *e=0;
    i=e-p;
    if(I==1) _hc05_mac_addr[5]=c2h(p[0]);
    if(I==2) _hc05_mac_addr[5]=c2h(p[0])<<4|c2h(p[1]);
    if(i==3) {_hc05_mac_addr[4]=c2h(p[0]);
        _hc05_mac_addr[5]=c2h(p[1])<<4|c2h(p[2]);}
    if(i==4) {_hc05_mac_addr[4]=c2h(p[0])<<4|c2h(p[1]);
        _hc05_mac_addr[5]=c2h(p[2])<<4|c2h(p[3]);}
    if(i==5) {_hc05_mac_addr[3]=c2h(p[0]);
        _hc05_mac_addr[4]=c2h(p[1])<<4|c2h(p[2]);
        _hc05_mac_addr[5]=c2h(p[3])<<4|c2h(p[4]);}
    if(i==6) { _hc05_mac_addr[3]=c2h(p[0])<<4|c2h(p[1]);
        _hc05_mac_addr[4]= c2h(p[2])<<4|c2h(p[3]);
        _hc05_mac_addr[5]= c2h(p[4])<<4|c2h(p[5]);}}
_out:
    hc05_exit_at(); /*配置好后蓝牙模块退出 at 模式，进入透传模式，以后发送给蓝牙模块的数据
都直接交付给蓝牙网关处理。*/
    uart2_set_input(NULL);  //重新配置通信串口
    uart2_init(115200);
}
```

2）IPv6 层 IP 数据包与 SLIP 数据包的相互转换

tip_output()函数是 IP 网络层接口函数，该函数的主要功能是将 IP 数据包通过 SLIP 协议打包，通过 STM32 串口发送给蓝牙模块，代码位于 contiki-2.6\zonesion\vendor\rf\slip-net.c。

```
static uint8_t tip_output(uip_lladdr_t *localdest)
{   uint16_t i;
    uint8_t *ptr, uint8_t c;
    if(localdest==NULL) { //rimeaddr_copy(&dest, &rimeaddr_null); }
     else {
    //rimeaddr_copy(&dest, (const rimeaddr_t *)localdest);}
    return slip_send();
}
void slipnet_init(void)
{   tcpip_set_outputfunc(tip_output); //设置 IP 网络层数据出口函数为 tip_output()
    slip_set_input_callback(slip_input_call); //设置 SLIP 解析到数据包后的处理函数
slip_input_call()
    //slip_arch_init(115200);
    uart2_set_input(slip_input_byte); //设置串口收到数据后的处理函数为
slip_input_byte()
    process_start(&slip_process, NULL); //启动 SLIP 模块
    process_start(&req_perfix_process, NULL); //启动网络地址请求线程
}
```

3. 蓝牙无线模块通信实例

1) 实验内容

通过测试 PC 端访问蓝牙无线节点成功与否判断蓝牙无线节点 IPv6 组网是否成功,完成蓝牙节点 IPv6 组网。

2) 操作步骤

(1) 部署蓝牙子网网关环境,确保 PC 端与蓝牙子网网关进行正常通信。

(2) 连接 JLINK 仿真器、串口线到 PC 机和蓝牙无线节点,打开串口调试助手,设置波特率为 115 200。打开工程文件 D:\contiki-2.6\zonesion\example\iar\template\zx103.eww,在 "IAR Workspace"窗口的下拉菜单中选择 normal-bt 工程,单击 "Project" -> "Rebuild All",重新编译源码,编译成功后,选择 "Project" -> "Download and debug" 将程序烧写到蓝牙无线节点中。

3) 查看蓝牙节点 IPv6 组网信息

蓝牙无线节点重新上电后,节点屏幕显示节点的 MAC 地址是 00:13:04:07:00:70,进而可得节点的网络地址是 aaaa:1::02fe:0013:0407:0070。屏幕显示 LINK:0ff 表明目前蓝牙无线节点没有成功组网,此时模块 D4 红灯一直闪烁,D3 蓝灯熄灭。

在 S5PV210 网关单击 "网关设置",选择 "配置蓝牙网络"选项,如图 12-21 所示。

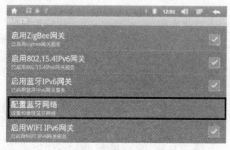

图 12-21 配置蓝牙网络

在弹出的对话框中单击 "搜索设备",在搜索到

的蓝牙设备列表中单击 MAC 地址为"00:13:04:07:00:70"的蓝牙设备,约 10 秒钟后弹出匹配对话框,输入蓝牙无线节点匹配码"1234",单击"确定"按钮,匹配成功后节点屏幕显示 LINK:on,蓝牙模块 D5 长亮。输入"ping"命令测试 PC 端连接蓝牙无线节点是否成功。

```
C:\Users\Administrator>ping aaaa:1::02fe:0013:0407:0070
正在 Ping aaaa:1::2fe:13:407:70 具有 32 字节的数据:
来自 aaaa:1::2fe:13:407:70 的回复: 时间=305ms
来自 aaaa:1::2fe:13:407:70 的回复: 时间=65ms
来自 aaaa:1::2fe:13:407:70 的回复: 时间=65ms
来自 aaaa:1::2fe:13:407:70 的回复: 时间=49ms
aaaa:1::2fe:13:407:70 的 Ping 统计信息:
数据包: 已发送=4,已接收=4,丢失=0 (0%丢失),
往返行程的估计时间(以毫秒为单位):
最短=49ms,最长=305ms,平均=121ms
```

以上终端输出信息表示 PC 端连接蓝牙无线节点成功,蓝牙无线节点 IPv6 组网成功。

12.3.3 WiFi 节点 IPv6 组网

1. WiFi 无线模块通信原理

节点接收到传感器采集的数据后,将数据通过串口发送到 Contiki 系统的 IPv6 层,继而将 IPv6 层的 IP 数据包封装成 SLIP 数据包,并通过串口发送给节点的 WiFi 模块,WiFi 模块以透传方式将 SLIP 数据包传输给网关 WiFi 模块,同时节点 WiFi 模块可接收网关 WiFi 模块发过来的 SLIP 数据包,并通过串口发送给 Contiki 系统的 IPv6 层处理,如图 12-22 所示。

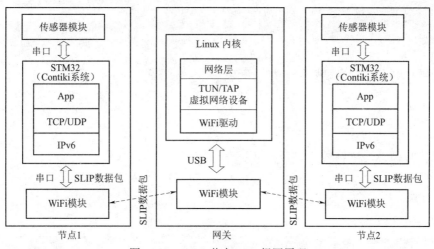

图 12-22 WiFi 节点 IPv6 组网原理

2. WiFi 无线模块通信实现

节点 WiFi 模块通信实现的代码参考 wifi-lap.c 和 slip-net-normal.c。wifi-lap.c 实现 WiFi

模块初始化；slip-net-normal.c 完成 WiFi 模块与 IPv6 网络层的交互处理，即实现 IP 数据包与 SLIP 数据包的相互转换。在工程配置上可看出 WiFi 节点和蓝牙节点使用了同一接口文件 slip-net-normal.c，IP 数据包与 SLIP 数据包的相互转换请参考"蓝牙无线模块通信实现"部分。WiFi 驱动位于 contiki-2.6\zonesion\vendor\hal\wifi-lpa.c 文件。

```c
void wifi_lpa_init(void)
{   char buf[128];
    int ret;
    uart2_init(115200);
    uart2_set_input(uart_recv_call);
    printf("wifi lpa init\r\n");
    if(wifi_lpa_enter_at() < 0) printf("error enter at mode!\r\n"); //使模块进入at模式
    if(wifi_lpa_disable_echo()<0) printf("wifi disable echo error\n"); //禁止at回显功能
    delay_ms(100);
    if(wifi_lap_command_response("AT+WMODE=STA\r\n", "+ok")<0) //设置WiFi模块工作在STA模式下
        printf("wifi set wmode sta error!\n");
    delay_ms(500);
    /* config ssid */
    printf("set ssid : AT+WSSSID="CFG_SSID"\r\n");
    if(wifi_lap_command_response("AT+WSSSID="CFG_SSID"\r\n", "+ok")<0)
        //配置WiFi模块连接到AP的名称
        printf("err:""AT+WSSSID="CFG_SSID"\r\n%s", _recv_buf);
    delay_ms(500);
    /* config auth encry key*/
    sprintf(buf, "AT+WSKEY=%s,%s", CFG_AUTH, CFG_ENCRY);
    if(strlen(CFG_KEY)>0) sprintf(&buf[strlen(buf)], ",%s", CFG_KEY); //配置网络密码
    strcat(buf, "\r\n");
    printf("set key: %s", buf);
    if(wifi_lap_command_response(buf, "+ok")<0) printf("err: %s, %s\r\n", buf, _recv_buf);
    delay_ms(500);
    printf("set server: ""AT+NETP=TCP,CLIENT,"CFG_SERVER_PORT","CFG_SERVER_IP"\r\n");
    if(wifi_lap_command_response("AT+NETP=TCP,CLIENT,"CFG_SERVER_PORT",
      "CFG_SERVER_IP"\r\n","+ok")<0)   //配置需要连接到的服务器地址和端口
       printf("err: %s, %s\r\n", "AT+NETP=TCP,CLIENT,"CFG_SERVER_PORT",
       "CFG_SERVER_IP, _recv_buf); }
```

```
    delay_ms(500);
    ret=-1;
    for(int i=0; ret<0&&i<10; i++) {
        ret=wifi_lpa_load_mac();   //读取 WIFI 模块 MAC 地址
        delay_ms(300);   }
    delay_ms(100);
    uart_send("AT+Z\r\n");   //重启 wifi 模块
    printf("wifi lpa init exit \r\n");
}
```

3. WiFi 无线模块通信实例

1)实验内容

通过测试 PC 端访问 WiFi 无线节点成功与否判断 WiFi 无线节点 IPv6 组网是否成功,完成 WiFi 节点 IPv6 组网。

2)操作步骤

(1)部署 WiFi 子网网关环境。

确保完成 6.2 IPv6 网关实验,保证 PC 端与 WiFi 子网网关进行正常通信。

(2)编译固化无线节点 wifi-bt 工程源代码。

正确连接 JLINK 仿真器、串口线到 PC 机和 WiFi 无线节点,打开串口调试助手,设置波特率为 115 200。打开工程文件 D:\contiki-2.6\zonesion\example\iar\6.1-template\zx103.eww,在"IAR Workspace"窗口的下拉菜单中选择 normal-wifi 工程;避免多套开发板实验时造成网络冲突需修改 WiFi 网络的 AP 属性,即修改文件 wifi-lpa.c(工程"zx103 normal-wifi"->"zonesion"->"vendor"->"hal"->"wifi-lpa.c"),将 CFG_SSID 的名称定义后面增加 3 位学号,其他相关密钥安全信息宏定义也可根据需要修改。

```
#define CFG_SSID "AndroidAP008"       // 如将 WiFi 热点的名称设置成"AndroidAP008"
#define CFG_AUTH AUTH_OPEN            // 开放式
#define CFG_ENCRY ENCRY_NONE          // 无密码
#define CFG_KEY " "                   // 无密码即将密码设置成空
```

如果修改 WiFi AP 名称,在网关中对热点名称也要修改,如图 12-23 所示。方法是:选择"设置"->"无线和网络设置"->"绑定与便携式热点"->"便携式 WiFi 热点设置"->"配置 WiFi 热点"。

单击"Project"->"Rebuild All",重新编译源码,编译成功后,选择"Project"->"Download and debug",将程序烧写到 WiFi 无线节点中。下载完后单击"Debug"->"Go"让程序全速运行。也可以将 WiFi 无线节点重新上电或按下复位按钮让刚才下载的程序重新运行。

图 12-23 网关修改 WiFi AP 名称

3）查看 WiFi 无线节点 IPv6 组网信息

WiFi 节点上电后，节点屏幕显示接入点 AndroidAP008，其 MAC 地址是 AC:CF:23:27:49:F6，计算得到 WiFi 节点的网络地址是 aaaa:2::02fe:accf:2327:49f6。输入"ping"命令测试 PC 端连接 WiFi 无线节点是否成功。

```
C:\Users\Administrator>ping aaaa:2::02fe:accf:2327:49f6

正在 Ping aaaa:2::2fe:accf:2327:49f6 具有 32 字节的数据:
来自 aaaa:2::2fe:accf:2327:49f6 的回复: 时间=300ms
来自 aaaa:2::2fe:accf:2327:49f6 的回复: 时间=187ms
来自 aaaa:2::2fe:accf:2327:49f6 的回复: 时间=98ms
来自 aaaa:2::2fe:accf:2327:49f6 的回复: 时间=193ms

aaaa:2::2fe:accf:2327:49f6 的 Ping 统计信息:
数据包: 已发送=4，已接收=4，丢失=0 (0% 丢失)，
往返行程的估计时间(以毫秒为单位):
最短=98ms，最长=300ms，平均=194ms
```

以上终端输出表明 PC 端连接 WiFi 无线节点成功，WiFi 无线节点 IPv6 组网成功。

12.4 节点间通信

12.4.1 节点间 UDP 通信

1. UDP 协议简介

用户数据包协议（User Datagram Protocol，UDP）是 OSI 参考模型中一种无连接的传输层协议，提供面向事务的简单不可靠信息传送服务。UDP 在网络中与 TCP 协议一样用于处理数据包。UDP 协议位于 OSI 模型传输层。UDP 协议有不提供数据报分组、组装和不能对数据包排序的缺点，也就是说，当报文发送之后，是无法得知其是否安全完整到达的。

UDP 协议用来支持那些需要在计算机之间传输数据的网络应用。包括网络视频会议系统在内的众多的客户/服务器模式的网络应用都需要使用 UDP 协议。UDP 协议从问世至今已经被使用了很多年，虽然其最初的光彩已经被一些类似协议所掩盖，但是即使在今天，UDP 协议仍然不失为一项非常实用和可行的网络传输层协议。

与所熟知的 TCP 协议（传输控制协议）一样，UDP 协议直接位于 IP（网际协议）协议的顶层。根据 OSI 参考模型，UDP 协议和 TCP 协议都属于传输层协议。UDP 协议的主要作用是将网络数据流量压缩成数据报的形式。一个典型的数据报就是一个二进制数据的传输单位。每一个数据报的前 8 个字节用来包含报头信息，剩余字节用来包含具体传输数据。

2. UDP 协议报头

UDP 协议报头由 4 个域组成，其中每个域各占用 2 个字节，信息分别为源端口号、目标端口号、数据报长度、校验值。

UDP 协议使用端口号为不同的应用保留其各自的数据传输通道。UDP 协议和 TCP 协议正是采用这一机制实现对同一时刻多项应用同时发送和接收数据的支持。数据发送一方（可以是客户端或服务器端）将 UDP 数据报通过源端口发送出去，而数据接收一方则通过目标端口接收数据。

数据报的长度是指包括报头和数据部分在内的总字节数。因为报头的长度是固定的，所以该域主要被用来计算可变长度的数据部分（又称为数据负载）。数据报的最大长度根据操作环境的不同而各异。从理论上说，包含报头在内的数据报的最大长度为 65 535 字节。不过，一些实际应用往往会限制数据报的大小，有时会降低到 8 192 字节。

UDP 协议使用报头中的校验值来保证数据的安全。校验值首先在数据发送方通过特殊的算法计算得出，在传递到接收方之后，还需要再重新计算。如果某个数据报在传输过程中被第三方篡改或者由于线路噪音等原因受到损坏，发送和接收方的校验计算值将不会相符，由此 UDP 协议可以检测是否出错。这与 TCP 协议是不同的，后者要求必须具有校验值。

许多链路层协议都提供错误检测，包括流行的以太网协议。为什么 UDP 协议也要提供错误检测呢？其原因是链路层以下的协议在源端和终端之间的某些通道可能不提供错误检测。虽然 UDP 协议提供错误检测，但检测到错误时，UDP 协议不作错误校正，只是简单地把损坏的消息段扔掉，或者给应用程序提供警告信息。

3. UDP 协议特性

（1）UDP 协议是一个无连接协议，传输数据之前源端和终端不建立连接，当它想传送时就简单地去抓取来自应用程序的数据，并尽可能快地把它扔到网络上。在发送端，UDP 协议传送数据的速度仅受应用程序生成数据的速度、计算机的能力和传输带宽的限制；在接收端，UDP 协议把每个消息段放在队列中，应用程序每次从队列中读一个消息段。

（2）由于传输数据不建立连接，因此也就不需要维护连接状态，包括收发状态等，因此一台服务机可同时向多个客户机传输相同的消息。

（3）UDP 协议信息包的标题很短，只有 8 个字节，相对于 TCP 协议的 20 个字节信息包其额外开销很小。

（4）UDP 协议的吞吐量不受拥挤控制算法的调节，只受应用软件生成数据的速率、传输带宽、源端和终端主机性能的限制。

（5）UDP 尽最大努力交付，即不保证可靠交付，因此主机不需要维持复杂的链接状态表（这里面有许多参数）。

（6）UDP 协议是面向报文的。发送方的 UDP 协议对应用程序交下来的报文，在添加首部后就向下交付给 IP 层，既不拆分也不合并，而是保留这些报文的边界，因此，应用程序需要选择合适的报文大小。

虽然 UDP 协议是一个不可靠的协议，但它是分发信息的一个理想协议，例如在屏幕上报告股票市场、在屏幕上显示航空信息等。UDP 协议也用在路由信息协议（Routing Information Protocol，RIP）中修改路由表。在这些应用场合下，如果有一个消息丢失，在几秒之后另一个新的消息就会替换它。UDP 协议广泛用于多媒体应用中，例如，Progressive Networks 公司开发的 RealAudio 软件，它是在因特网上把预先录制的音乐或者现场音乐实时传送给客户机的一种软件，该软件使用的 RealAudioaudio-on-demand protocol 协议就是运行在 UDP 协议之上的协议，大多数因特网电话软件产品也都运行在 UDP 协议之上。

4. Contiki 中 UDP 编程介绍

uip_udp_new()是用来建立一个 UDP 连接的，入口参数是远程的 IP 地址和远程的端口。

uip_udp_new()函数将远程 IP 和端口写入 uip_udp_conns 数组中的某一个位置，并返回它的地址。系统中支持的最大连接数量就是这个数组的大小，可通过宏 UIP_UDP_CONNS 来定义它的值。当网卡收到数据时，uip_process 会遍历 uip_udp_conns 数组，如果当前包的目的端口与本机端口不匹配，或者远程端口与 uip_udp_new()中的端口不匹配，那么系统会直接丢弃这个包。如果要创建一个服务器模式的 UDP 连接，则可以将远程 IP 地址设为 NULL，将端口设为 0，然后调用 udp_bind()函数绑定到本地端口。

uip_newdata()函数用来检查是否有数据需要处理，如果收到数据会存放在 uip_appdata 指向的地址中，通过 uip_datalen()函数可以知道收到的数据的长度。

5. 服务器和客户端程序运行流程

服务器程序位于 udp-ipv6\user\udp-server.c，客户端程序位于 udp-ipv6\user\udp-client.c。其流程如图 12-24 所示。

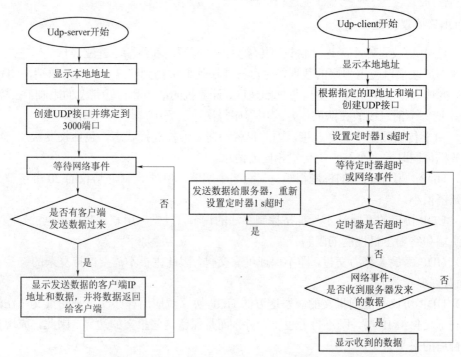

图 12-24 UDP 服务器（左）和客户端（右）程序运行流程

服务器程序 udp-server.c 解析如下：

```
PROCESS_THREAD(udp_process, ev, data)
{   PROCESS_BEGIN();
    PRINTF("UDP server started\n\r");
    Display_ASCII6X12_EX(0, LINE_EX(4), "udp server", 0); //在屏幕上显示"udp server"
```

```c
    Display_ASCII6X12_EX(0, LINE_EX(5), "A:", 0); //在屏幕上显示"A:"
    Display_ASCII6X12_EX(0, LINE_EX(6), "R:", 0); //在屏幕上显示"R:"
    print_local_addresses(); //显示本地地址
    server_conn=udp_new(NULL, UIP_HTONS(0), NULL); //分配一个UDP接口
    udp_bind(server_conn, UIP_HTONS(3000)); //将UDP接口绑定到本地的3000端口
    while(1) {
      PROCESS_YIELD();
      if(ev==tcpip_event) tcpip_handler(); //处理tcpip事件
    }
    PROCESS_END();
}
static void tcpip_handler(void)
{   if(uip_newdata()) {  // 检查是否有新的数据
    ((char *)uip_appdata)[uip_datalen()]=0;
    PRINTF("Server received: '%s' from ", (char *)uip_appdata); //显示发送数据客户
端IP地址
    PRINT6ADDR(&UIP_IP_BUF->srcipaddr);
    PRINTF("\n\r");
    sprintf(buf, "%02X:%02X", UIP_IP_BUF->srcipaddr.u8[14],
UIP_IP_BUF->srcipaddr.u8[15]);
    Display_ASCII6X12_EX(12, LINE_EX(5), (char *)buf, 0); //在屏幕显示client节点
MAC地址后两位
    Display_ASCII6X12_EX(12, LINE_EX(6), (char *)uip_appdata, 0);// 在屏幕显示服
务器端接收的数据
    //设置发送数据的目的地址为客户端IP地址和端口
    uip_ipaddr_copy(&server_conn->ripaddr, &UIP_IP_BUF->srcipaddr);
    server_conn->rport=UIP_UDP_BUF->srcport;
    delay_ms(200);
    uip_udp_packet_send(server_conn, uip_appdata, uip_datalen()); //将数据返回给
客户端
    //清除客户端信息,使得可以再次接收其他客户端数据
    memset(&server_conn->ripaddr, 0, sizeof(server_conn->ripaddr));
    server_conn->rport=0;
}
```

客户端程序 udp-client.c 解析如下:

```c
PROCESS_THREAD(udp_process, ev, data)
{   static struct etimer et;
    uip_ipaddr_t ipaddr;
    PROCESS_BEGIN();
```

```c
    PRINTF("UDP client process started\n");
    Display_ASCII6X12_EX(0, LINE_EX(4), " udp client", 0); //在屏幕上显示"udp client"
    Display_ASCII6X12_EX(0, LINE_EX(5), "S:", 0); //在屏幕上显示"S:"
    Display_ASCII6X12_EX(0, LINE_EX(6), "R:", 0); //在屏幕上显示"R:"
    print_local_addresses(); //显示本地地址
    set_connection_address(&ipaddr); //设置服务器IP地址
    //创建一个到服务器端口3000的UDP连接
    client_conn=udp_new(&ipaddr, UIP_HTONS(3000), NULL);
    PRINTF("Created a connection with the server ");
    PRINT6ADDR(&client_conn->ripaddr);
    PRINTF("local/remote port %u/%u\n\r",
    UIP_HTONS(client_conn->lport), UIP_HTONS(client_conn->rport));
    etimer_set(&et, SEND_INTERVAL); //设置定时器，定时间隔为1s
    while(1) {
        PROCESS_YIELD();
        if(etimer_expired(&et)) { //检测定时器是否超时
            timeout_handler(); //定时器超时处理，发送数据给服务器
            etimer_restart(&et); //重置定时器
        } else if(ev==tcpip_event) {
            tcpip_handler(); //处理tcpip事件(服务器回复的数据)
        }
    }
    PROCESS_END();
}
static void tcpip_handler(void)
{   char *str;
    if(uip_newdata()) {
      str=uip_appdata;
      str[uip_datalen()]='\0';
      printf("Response from the server: '%s'\n\r", str);
      //在屏幕上显示的"R:"后显示接收到的服务器端数据
      Display_ASCII6X12_EX(12, LINE_EX(6), str, 0);
    }
}
static void timeout_handler(void)
{   static int seq_id;
    printf("Client sending to: ");
    PRINT6ADDR(&client_conn->ripaddr); //打印地址
```

```
    sprintf(buf, "Hello %d from the client", ++seq_id);
    printf("(msg: %s)\n\r", buf);
    uip_udp_packet_send(client_conn, buf, UIP_APPDATA_SIZE);
    uip_udp_packet_send(client_conn, buf, strlen(buf));
    //在屏幕上显示的"S:"后显示客户端发送的信息
    Display_ASCII6X12_EX(12, LINE_EX(5), buf, 0);
}
```

6. 节点间 UDP 通信实例

1）实例内容

实现任意两个节点间的 UDP 通信，通信的两个节点一个为 UDP 服务器端，另一个为客户端。服务器端程序接收客户端程序发过来的数据后通过串口显示出来，然后回送给客户端。客户端程序运行后定时给服务器端发送数据，同时在串口显示收到服务器发过来的数据。

2）操作步骤

（1）部署 802.15.4 子网网关环境。

确保完成 6.2 IPv6 网关，保证 PC 端能与 802.15.4 子网网关及 802.15.4 边界路由器进行正常通信，选择两块 STM32W108 无线节点通信，一块作为客户端节点，另一块作为服务器端节点，实验时也可以选择其他无线节点通信。

（2）编译固化 udp-server 程序到服务端 STM32W108 无线节点。

正确连接 JLINK 仿真器、串口线到 PC 机和服务器端 STM32W108 无线节点，打开串口调试助手或者超级终端，设置波特率为 115 200。打开工程文件 D:\contiki-2.6\zonesion\example\iar\6.6-udp-IPv6\udp-server.eww，在"IAR Workspace"窗口的下拉菜单中选择 rpl 工程，修改 PANID 和 Channel，并保持与 STM32W108 无线协调器一致，然后单击"Project"->"Rebuild All"，重新编译源码，编译成功后给服务器端无线节点通电，选择"Project"->"Download and debug"，将程序烧写到服务器端无线节点中。下载完后可以单击"Debug"->"Go"让程序全速运行；也可以将服务器端无线节点重新上电或者按下复位按钮让刚才下载的程序重新运行。服务器端无线节点重新上电，屏幕显示服务器端无线节点的 MAC 地址为 00:80:E1:02:00:1D:57:FD，计算得到服务器端无线节点的网络地址是 aaaa::0280:e102:001d:57fd。

（3）编译固化 udp-client 程序到客户端 STM32W108 无线节点。

正确连接 JLINK 仿真器、串口线到 PC 机和服务器端 STM32W108 无线节点，打开串口调试助手或者超级终端，设置波特率为 115 200。打开工程文件 D:\contiki-2.6\zonesion\example\iar\6.6-udp-IPv6\udp-client.eww，在"IAR Workspace"窗口的下拉菜单中选择 rpl 工程，修改 udp-client.c 文件，将 UDP_SERVER_ADDR 修改为服务器端 STM32W108 无线节点网络地址，如下所示：

```
#define UDP_SERVER_ADDR aaaa::0280:e102:001d:57fd
```

然后单击"Project"->"Rebuild All"，重新编译源码，编译成功后给客户端 STM32W108 无线节点通电，然后选择"Project"->"Download and debug"，将程序烧写到客户端 STM32W108 无线节点中。下载完后单击"Debug"->"Go"让程序全速运行；也可以将客户端 STM32W108 无线节点重新上电或者按下复位按钮让刚才下载的程序重新运行。

（4）测试节点间组网是否成功。

对于 802.15.4 无线节点，通过无线节点屏幕显示的 RANK 值判断组网是否成功。重启客户端 STM32W108 无线节点、服务器端 STM32W108 无线节点、802.15.4 边界路由器无线节点。边界路由器屏幕 RANK 值显示 0.0（表示顶级节点），且客户端 STM32W108 无线节点、服务器端 STM32W108 无线节点屏幕 RANK 值显示 5.0 以下的值（值越小表示网络越稳定，若组网不成功，RANK 值显示：-.--），这表示客户端节点与服务器节点组网成功。

针对蓝牙节点和 WiFi 节点，通过节点屏幕的 LINK 值可判断组网是否成功。LINK 值为 off 表示组网不成功，LINK 值为 on 表示组网成功。

（5）查看节点间 UDP 通信信息。

客户端节点与服务器端节点屏幕分别显示发送与接收消息，节点组网成功后，服务端显示客户端的 MAC 地址，并不断接收客户端发送的信息"Hello i from the client"，其中 i 不断递增，服务端在接收到消息的同时，将接收消息"Hello i from the client"发送给客户端，其中 i 也不断递增，如图 12-25 所示。

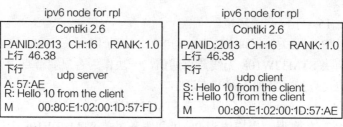

图 12-25　UDP 服务器端（左）和客户端（右）通信信息

12.4.2　节点间 TCP 通信

1. TCP 协议简介

传输控制协议（Transmission Control Protocol，TCP）是一种面向连接（连接导向）的、可靠的、基于字节流的运输层（Transport layer）通信协议。在简化的计算机网络 OSI 模型中，它完成第 4 层传输层所指定的功能。TCP 是面向连接的通信协议，通过 3 次握手建立连接，通信完成时要拆除连接，由于 TCP 是面向连接的，所以只能用于端到端的通信。

TCP 提供的是一种可靠的数据流服务，采用"带重传的肯定确认"技术来实现传输的可靠性。TCP 还采用一种称为"滑动窗口"的方式进行流量控制，所谓"窗口"实际表示接收能力，用以限制发送方的发送速度。

2. TCP 协议数据报头

（1）源端口、目的端口：16 位，标识出远端和本地的端口号。

（2）顺序号：32 位，表明了发送的数据报的顺序。

（3）确认号：32 位，希望收到的下一个数据报的序列号。

（4）TCP 协议数据报头的头长：4 位，表明 TCP 头中包含多少个 32 位字。

（5）接下来的 6 位未用。

（6）ACK：ACK 位置 1 表明确认号是合法的。如果 ACK 为 0，那么数据报不包含确认信息，确认字段被省略。

（7）PSH：表示是带有 PUSH 标志的数据。接收方因此请求数据报一到便可送往应用程序而不必等到缓冲区装满时才传送。

（8）RST：用于复位由于主机崩溃或其他原因而出现的错误连接，还可以用于拒绝非法的数据报或拒绝连接请求。

（9）SYN：用于建立连接。

（10）FIN：用于释放连接。

（11）窗口大小：16 位长。窗口大小字段表示在确认了字节之后还可以发送多少个字节。

（12）校验和：16 位长。它是为了确保高可靠性而设置的。它校验头部、数据和伪 TCP 头部之和。

（13）可选项：0 个或多个 32 位字，包括最大 TCP 载荷、窗口比例、选择重发数据报等选项。

（14）最大 TCP 载荷：允许每台主机设定其能够接受的最大的 TCP 载荷能力。在建立连接期间，双方均声明其最大载荷能力，并选取其中较小的作为标准。如果一台主机未使用该选项，那么其载荷能力缺省设置为 536 字节。

（15）窗口比例：允许发送方和接收方商定一个合适窗口比例因子，该因子使滑动窗口最大能够达到 232 字节。

（16）TCP 协议数据报头选择重发数据报：允许接收方请求发送指定一个或多个数据报。

3. TCP 功能介绍

当应用层向 TCP 层发送用于网间传输的、用 8 位字节表示的数据流时，TCP 把数据流分割成适当长度的报文段，最大传输段大小（MSS）通常受该计算机连接的网络的数据链路层的最大传送单元（MTU）的限制。之后 TCP 把数据包传给 IP 层，由它来通过网络将包传送给接收端实体的 TCP 层。

TCP 为了保证报文传输的可靠性，给每个包一个序号，同时序号也保证了传送到接收端实体的包的按序接收。然后接收端实体对已成功收到的字节发回一个相应的确认（ACK）；如果发送端实体在合理的往返时延（RTT）内未收到确认，那么对应的数据（假设丢失）将会被重传。

（1）在数据的正确性与合法性上，TCP 用一个校验和函数来检验数据是否有错误，在发送和接收时都要计算校验和，同时可以使用 MD5 认证对数据进行加密。

（2）在保证可靠性上，采用超时重传和捎带确认机制。

（3）在流量控制上，采用"滑动窗口"协议，协议中规定，对于窗口内未经确认的分组需要重传。

（4）在拥塞控制上，采用广受好评的 TCP 拥塞控制算法（也称 AIMD 算法）。该算法主要包括 3 个主要部分：加性增、乘性减；慢启动；对超时事件作出反应。

4. TCP 连接的建立

TCP 是因特网中的传输层协议，使用 3 次握手协议建立连接。当主动方发出 SYN 连接请求后，等待对方回答 SYN、ACK。这种建立连接的方法可以防止产生错误的连接，TCP 使用的流量控制协议是可变大小的"滑动窗口"协议。

第 1 次握手：建立连接时，客户端发送 SYN 包（SEQ=x）到服务器，并进入 SYN_SEND 状态，等待服务器确认。

第 2 次握手：服务器收到 SYN 包，必须确认客户的 SYN（ACK=x+1），同时自己也送一个 SYN 包（SEQ=y），即 SYN+ACK 包，此时服务器进入 SYN_RECV 状态。

第 3 次握手：客户端收到服务器的 SYN+ACK 包，向服务器发送确认包 ACK（ACK=y+1），此包发送完毕，客户端和服务器进入 Established 状态，完成 3 次握手。

5. TCP 与 UDP

UDP 协议和 TCP 协议的主要区别是两者在实现信息的可靠传递方面不同。TCP 协议中包含了专门的传递保证机制，当数据接收方收到发送方传来的信息时，会自动向发送方发出确认消息；发送方只有在接收到该确认消息之后才继续传送其他信息，否则将一直等待，直到收到确认信息为止。

与 TCP 协议不同，UDP 协议并不提供数据传送的保证机制。如果在从发送方到接收方的传递过程中出现数据报的丢失，协议本身并不能作出任何检测或提示。因此，通常把 UDP 协议称为不可靠的传输协议，将 TCP 协议称为可靠的传输协议。具体几点区别如下：

（1）TCP 协议面向连接，UDP 协议面向非连接；
（2）TCP 协议传输速度慢，UDP 协议传输速度快；
（3）TCP 协议有丢包重传机制，UDP 协议没有；
（4）TCP 协议保证数据的正确性，UDP 协议可能丢包。

6. Contiki 中 TCP 编程介绍

tcp_listen()函数用在服务器程序中时负责监听一个指定的端口，然后等待客户程序的连接。uip_newdata()函数用来判断是否收到新的数据，如果收到数据，数据将被存放在 uip_appdata()指向的内存中，其长度由 uip_datalen()函数指出。

tcp_connect()函数在客户端程序中用来连接到服务器，该函数接收 3 个参数：第 1 个是服务器的 IP 地址，第 2 个是服务器端口号，第 3 个是应用程序状态信息。当客户程序连接到服务器后客户程序会收到一个 tcpip_event 事件，通过 uip_connected()函数可以判断连接是否成功。如果连接成功就可以同服务器进行收发数据。uip_send()函数实现数据的发送，该函数接收 2 个参数：第 1 个参数是要发送数据的内存地址，第 2 个参数是要发送数据的长度。当 TC 收到数据后会通过 tcpip_event 事件来通知应用程序，应用程序通过 uip_newdata()函数来检查是否收到数据。TCP 服务器程序流程如图 12-26 所示。

TCP 服务器程序 tcp-ipv6\user\tcp-server.c 的详细解析如下：

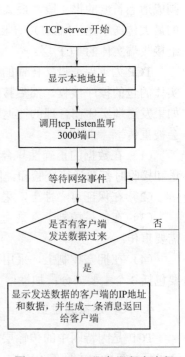

图 12-26　TCP 服务器程序流程

```c
PROCESS_THREAD(tcp_process, ev, data)
{   PROCESS_BEGIN();
    PRINTF("TCP server started\n\r");
    print_local_addresses(); //显示本地地址
    Display_ASCII6X12_EX(0, LINE_EX(4), " tcp server", 0); //在屏幕上显示"tcp server"
    Display_ASCII6X12_EX(0, LINE_EX(5), "A:", 0); //在屏幕上显示"A:"
    Display_ASCII6X12_EX(0, LINE_EX(6), "R:", 0); //在屏幕上显示"R:"
    tcp_listen(UIP_HTONS(3000)); //TCP 服务器监听 3000 端口
    while(1) {
        PROCESS_YIELD();
        if(ev==tcpip_event) //等待网络事件
            tcpip_handler(); //处理网络事件
    }
    PROCESS_END();
}
static void tcpip_handler(void)
{   static int seq_id;
    char buf[MAX_PAYLOAD_LEN];
    if(uip_newdata()) { //检查是否收到新的数据
        ((char *)uip_appdata)[uip_datalen()]=0;
        PRINTF("Server received: '%s' from ", (char *)uip_appdata); //显示发数据的客
户端的 IP 地址
        PRINT6ADDR(&UIP_IP_BUF->srcipaddr);
        PRINTF("\n\r");
        sprintf(buf, "%02X:%02X", UIP_IP_BUF->srcipaddr.u8[14],
UIP_IP_BUF->srcipaddr.u8[15]);
        Display_ASCII6X12_EX(12, LINE_EX(5), (char *)buf, 0); //在屏幕显示 client 节
点的 MAC 地址的后两位
        Display_ASCII6X12_EX(12, LINE_EX(6), (char *)uip_appdata, 0); // 在屏幕显示
服务器端接收的数据
        PRINTF("Responding with message: ");
        sprintf(buf, "Hello from the server! (%d)", ++seq_id); //生成返回给客户端的消息
        PRINTF("%s\n\r", buf);
        uip_send(buf, strlen(buf)); //将数据发送给客服端
    }
}
```

TCP 客户端程序 tcp-ipv6\user\ tcp-client.c 的详细解析如下：

```c
PROCESS_THREAD(tcp_process, ev, data)
{   PROCESS_BEGIN();
```

```
   PRINTF("TCP client process started\n");
   Display_ASCII6X12_EX(0, LINE_EX(4), " tcp client", 0); //在屏幕上显示"tcp client"
   Display_ASCII6X12_EX(0, LINE_EX(5), "S:", 0); //在屏幕上显示"S:"
   Display_ASCII6X12_EX(0, LINE_EX(6), "R:", 0); //在屏幕上显示"R:"
   print_local_addresses(); //显示本机IP地址
   uiplib_ipaddrconv(QUOTEME(TCP_SERVER_ADDR), &ipaddr); //设置服务器的IP地址
   tcp_connect(&ipaddr, UIP_HTONS(3000), NULL); //连接到服务器的3000端口
   PROCESS_WAIT_EVENT_UNTIL(ev==tcpip_event); //等待网络事件
   if(uip_aborted()||uip_timedout()||uip_closed()) { //如果连接不成功,串口显示提示信息
       printf("Could not establish connection\n");
   } else if(uip_connected()) { //连接成功
       printf("Connected\n");
   etimer_set(&et, SEND_INTERVAL); //设置定时器15s超时
   while(1) {
       PROCESS_YIELD(); //等待定时器超时,或网络事件
       if(ev==tcpip_event) tcpip_handler(); //如果是网络事件,处理网络事件
       }
   }
    PROCESS_END();
}
static void tcpip_handler(void)
{   char *str;
    if(uip_newdata()) { //检查是否收到新数据
       str=uip_appdata;
       str[uip_datalen()]='\0';
       printf("Response from the server: '%s'\n\r", str); //显示收到的数据
       //在屏幕上显示"R:"后显示接收到服务端发送的信息
       Display_ASCII6X12_EX(12, LINE_EX(6), str, 0);
    }
    if(uip_poll()) { //检查是否有数据需要发送
       static char buf[MAX_PAYLOAD_LEN];
       static int seq_id;
       if(stimer_expired(&t)) { //监测定时器是否超时
           sprintf(buf, "Hello %d from the client", ++seq_id);
           printf("(msg: %s)\n\r", buf);
           uip_send(buf, strlen(buf)); //发送数据给服务器
           //在屏幕上显示"S:"后显示客户端发送的信息
```

```
        Display_ASCII6X12_EX(12, LINE_EX(5), buf, 0);
        stimer_restart(&t);  //重置定时器
    }
  }
}
```

1)实验内容

实现任意两个节点间的 TCP 通信,一个节点作为 TCP 服务器端,另一个作为 TCP 客户端。服务器端程序接收客户端发过来的数据后通过串口显示,然后回送给客户端。客户端程序运行后定时给服务器端发送数据,同时在串口显示收到服务器端发过来的数据。

2)操作步骤

(1)选择两块 STM32W108 无线节点通信,一块作为客户端节点,另一块作为服务器端节点。

(2)部署 802.15.4 子网网关环境,确保 PC 端与 802.15.4 子网网关及 802.15.4 边界路由器进行正常通信。

(3)编译固化 tcp-server 程序到服务端 STM32W108 无线节点。

连接 JLINK 仿真器、串口线到 PC 机和服务端 STM32W108 无线节点,打开工程文件 D:\contiki-2.6\zonesion\example\iar\tcp-IPv6\tcp-server.eww,在"IAR Workspace"窗口的下拉菜单中选择 rpl 工程,修改 PANID 和 CHANNEL,并保持与无线协调器一致,然后单击"Project"->"Rebuild All",重新编译源码,编译成功后给无线节点上电,选择"Project"->"Download and debug",将程序烧写到无线节点中。下载完单击"Debug"->"Go"让程序全速运行。无线节点重新上电后,屏幕显示无线节点的 MAC 地址是 00:80:E1:02:00:1D:57:FD,计算得到无线节点的网络地址是 aaaa::0280:e102:001d:57fd。

(4)编译固化 tcp-client 程序到客户端 STM32W108 无线节点。

连接 JLINK 仿真器、串口线到 PC 机和服务器端 STM32W108 无线节点,打开工程文件 D:\contiki-2.6\zonesion\example\iar\tcp-IPv6\tcp-client.eww,在"IAR Workspace"窗口的下拉菜单中选择 rpl 工程,修改 PANID 和 CHANNEL,并保持与 STM32W108 无线协调器一致。修改 udp-client.c 文件,将 UDP_SERVER_ADDR 修改为 STM32W108 无线节点的网络地址,如"#define TCP_SERVER_ADDR aaaa::0280:e102:001d:57fd",然后单击"Project"->"Rebuild All",重新编译源码,编译成功后给客户端 STM32W108 无线节点通电,然后打开 J-Flash ARM 软件,单击"Target"->"Connect",连接成功后,LOG 窗口会提示"Connected Successfully",选择"Project"->"Download and debug",将程序烧写到客户端无线节点。下载完后单击"Debug"->"Go"让程序全速运行。也可以将客户端无线节点重新上电或者按下复位按钮让程序重新运行。最后测试 TCP 客户端节点与 TCP 服务器端节点组网是否成功。

(5)查看节点间 TCP 通信信息。

节点屏幕可显示 TCP 通信双方发送与接收的消息,TCP 客户端节点与 TCP 服务器端节点组网成功后,通过屏幕信息查看节点间 TCP 通信信息。服务器端显示客户端的 MAC 地址,并不断接收客户端发送的信息"Hello i from the client",其中 i 不断递增,服务器端在接收到消息的同时,将接收的消息发送给客户端;而客户端不断向服务器端发送消息"Hello i from the client",其中 i 不断递增,客户端在发送消息的同时,接收服务器端发送给客户端的消息,如

图 12-27 所示。

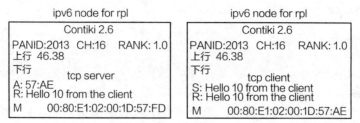

图 12-27　节点间 TCP 通信的显示信息

12.4.3　节点与 PC 间 UDP 通信

节点与 PC 间 UDP 通信主要通过 UDP 协议。PC 端程序流程如图 12-28 所示。

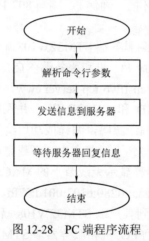

图 12-28　PC 端程序流程

PC 端程序 udp-pc\UDPClient.java 实现如下：

```java
import java.io.*;
import java.net.*;
class UDPClient {
 public static void main(String[] args)throws IOException {
    if(args.length < 3) {
      System.out.println("UDPClient <server ip> <server port> <message to send>");
      System.exit(0); }
    String server_ip=args[0];
    int server_port=Integer.parseInt(args[1]);
    String msg=args[2];
    DatagramSocket client=new DatagramSocket();  //创建 UDP socket
    byte[] sendBuf=msg.getBytes();
    InetAddress addr=InetAddress.getByName(server_ip);
```

```
        System.out.println(server_ip+" <<< "+msg);
        DatagramPacket sendPacket
           = new DatagramPacket(sendBuf ,sendBuf.length , addr , server_port); //发
送数据到服务器端
        client.send(sendPacket);
        byte[] recvBuf=new byte[1024];
        DatagramPacket recvPacket
            =new DatagramPacket(recvBuf , recvBuf.length); //接收服务器端返回的数据
        client.receive(recvPacket);
        String recvStr = new String(recvPacket.getData() , 0 ,recvPacket.getLength());
         System.out.println(server_ip+" >>> " + recvStr);
        client.close();
    }
}
```

节点与 PC 间 UDP 通信实例如下。

1. 实验内容

实现节点与 PC 间 UDP 通信，PC 作为 UDP 客户端，节点作为 UDP 服务器端，节点程序采用 12.4.1 节的 UDP 服务程序。PC 端通过命令行指定服务器端的地址和端口号，及要发送的数据，然后将数据发送给服务器端，并等待服务器端返回数据，然后退出。

2. 操作步骤

（1）选择一块 STM32W108 无线节点作为服务器端节点，PC 作为客户端。

（2）部署 802.15.4 子网网关环境，确保 PC 端能与 802.15.4 子网网关及 802.15.4 边界路由器进行正常通信。

（3）编译固化 udp-server 程序到服务器端 STM32W108 无线节点

服务器端 STM32W108 无线节点重新上电，屏幕显示 STM32W108 无线节点的 MAC 地址是 00:80:E1:02:00:1D:57:FD，计算得到无线节点的网络地址是 aaaa::0280:e102:001d:57fd。测试组网是否成功，即重启 802.15.4 边界路由器和服务器端 STM32W108 无线节点，在 PC 端依次选择 "开始" -> "运行"，键入 "cmd"，输入 "ping aaaa::0280:e102:001d:57fd" 命令。

```
C:\Users\Administrator>ping aaaa::0280:e102:001d:57fd
正在 Ping aaaa::280:e102:1d:57fd 具有 32 字节的数据:
来自 aaaa::280:e102:1d:57fd 的回复: 时间=379ms
来自 aaaa::280:e102:1d:57fd 的回复: 时间=56ms
来自 aaaa::280:e102:1d:57fd 的回复: 时间=231ms
来自 aaaa::280:e102:1d:57fd 的回复: 时间=471ms
aaaa::280:e102:1d:57fd 的 Ping 统计信息:
数据包: 已发送=4，已接收=4，丢失=0 (0%丢失)，
往返行程的估计时间(以毫秒为单位):
最短=56ms，最长=471ms，平均=284ms
```

以上终端输出表明 PC 端连接 UDP 服务器端 STM32W108 无线节点通信成功。

安装 Java 编译运行环境 JDK（PC 端客户端程序使用 Java 语言编写）的步骤如下：

（1）安装 jdk-6u33-windows-i586.exe，设置安装目录为"C:\Program Files\Java\jdk1.6.0_33\"。

（2）配置系统环境变量。在 PC 机桌面上用鼠标右键单击"我的电脑"，选择"系统属性"，在"系统属性"面板中选择"高级"，在单击"环境变量"，配置系统环境变量 PATH 和 CLASSPATH。编辑"系统变量"中的 PATH 变量，在原有变量后面添加"C:\Program Files\Java\jdk1.6.0_33\bin;"，编辑"系统变量"中的 CLASSPATH 变量，在原有变量后面添加（如果不存在该变量，则新建一个）"C:\Program Files\Java\jdk1.6.0_33\lib"。

（3）测试 JDK 安装是否成功。在 PC 端依次选择"开始"->"运行"，键入"cmd"，打开命令行终端。输入如下命令测试，若显示 JDK 版本信息表明 JDK 安装成功：

```
C:\Users\Administrator> java -version
java version "1.6.0_33"
Java(TM) SE Runtime Environment (build 1.6.0_33-b19)
Java HotSpot(TM) Client VM (build 24.60-b09, mixed mode, sharing)
C:\Users\Administrator> javac -version
javac 1.6.0_33
```

（4）编译运行 PC 端 UDPClient.java 程序。

在 PC 端依次选择"开始"->"运行"，键入"cmd"，打开命令行终端，信息如下：

```
#1、编译当前目录下的 UDPClient.java 程序
D:\udp-pc> javac UDPClient.java
#2、运行编译后的 UDPClient.class 文件,命令如下:java UDPClient <server ip> <server port> <message to
send>,其中参数<server ip>为服务器端STM32W108 无线节点网络地址,<server port>为3000,<message to
send>为发送消息;
D:\udp-pc > java UDPClient aaaa::0280:e102:001d:57fd 3000 "Hello from the client"
aaaa::0280:e102:001d:57fd <<< Hello from the client
aaaa::0280:e102:001d:57fd >>> Hello from the client
```

（5）查看 UDP 服务器端与 PC 客户端通信信息。

UDP 服务器端 STM32W108 无线节点屏幕显示客户端 MAC 地址的后两位，每次运行 PC 客户端 UDPClient.java 程序，服务器端 STM32W108 无线节点的 D5 灯会不断闪烁，其显示屏幕显示接收客户端发送的信息"Hello from the client"，服务器端在接收到消息的同时将其接收的消息发送给客户端，如图 12-29 所示。

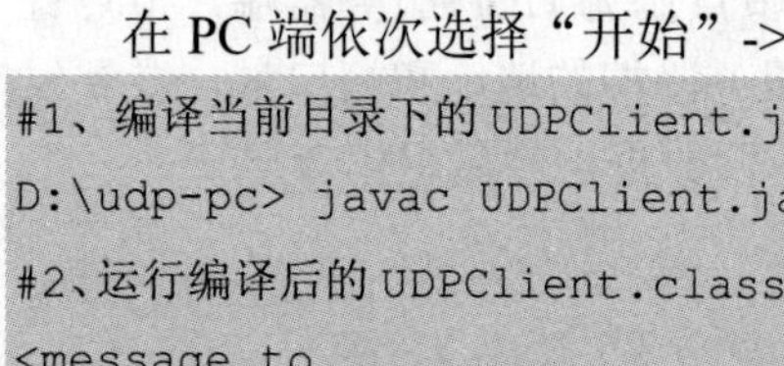

```
       ipv6 node for rpl
         Contiki 2.6
PANID: 2013   CH:16   RANK: 1.0
上行   46:38
下行
         udp server
A: 00:02
R: Hello from the client
M      00:80:E1:02:00:1D:57:FD
```

图 12-29 服务器端的显示信息

（6）用串口线连接 UDP 服务器端 STM32W108 无线节点与 PC 机。打开串口调试助手，设置接收波特率为 115 200。当运行 PC 客户端 UDPClient.java 程序时，若串口终端显示如下信息，表明 UDP 服务器端 STM32W108 无线节点与 PC 客户端通信成功：

```
Server received: 'Hello from the client' from bbbb::2
Server received: 'Hello from the client' from bbbb::2
Server received: 'Hello from the client' from bbbb::2
......
```

12.4.4 节点与 PC 间 TCP 通信

节点与 PC 间 TCP 通信主要是通过 TCP 协议，可参考 12.4.2 节，其流程如图 12-30 所示。

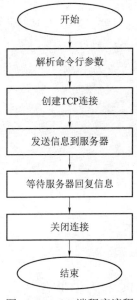

图 12-30　PC 端程序流程

PC 端程序 tcp-pc\TCPClient.java 主要代码实现如下：

```java
import java.io.BufferedReader;
import java.io.DataOutputStream;
import java.io.InputStream;
import java.io.InputStreamReader;
import java.io.OutputStream;
import java.net.InetAddress;
import java.net.Socket;
public class TCPClient {
    public static void main(String [] args) {
    try{
      if(args.length<3) {
        System.out.println("TCPClient <server ip> <server port> <message to send>");
        System.exit(0);}
      String server_ip=args[0];
```

```
        int server_port=Integer.parseInt(args[1]);
        String msg=args[2];
        //建立到服务器的连接
        Socket s=new Socket(InetAddress.getByName(server_ip), server_port);
        InputStream ips=s.getInputStream();
        OutputStream ops=s.getOutputStream();
        System.out.println("发送:"+msg);  //发送消息到服务器
        ops.write(msg.getBytes());
        byte[] buf=new byte[1024];
        int r=ips.read(buf, 0, buf.length);  //读取服务器的返回信息
        String rv=new String(buf, 0, r);
        System.out.println("收到:"+rv);
        ips.close();
        ops.close();
        s.close();  //关闭连接
    } catch(Exception e) {
        e.printStackTrace();}
    }
}
```

节点与 PC 间 TCP 通信实例如下。

1. 实验内容

实现节点与 PC 间 TCP 通信，PC 作为 TCP 客户端，节点作为 TCP 服务器端，PC 端通过命令行指定服务端的地址和端口，及要发送的数据，然后将数据发送给服务器端，并等待服务器端返回数据，然后退出。

2. 操作步骤

（1）选择一块 STM32W108 无线节点作为服务器端节点，PC 作为客户端节点，实验时也可以选择其他无线节点通信。

（2）部署 802.15.4 子网网关环境，确保 PC 端与 802.15.4 子网网关以及 802.15.4 边界路由器进行正常通信。

（3）编译固化 tcp-server 程序到服务器端 STM32W108 无线节点。

服务端 STM32W108 无线节点重新上电，屏幕显示服务器端 STM32W108 无线节点的 MAC 地址为 00:80:E1:02:00:1D:57:FD，计算得到服务器端 STM32W108 无线节点的网络地址为 aaaa::0280:e102:001d:57fd。测试 PC 端连接 TCP 服务器端 STM32W108 无线节点是否成功。

（4）编译运行 PC 端 TCPClient.java 程序。

将 tcp-pc 实例包拷贝到工作目录 D 盘根目录下，在 PC 端依次选择"开始"->"运行"，键入"cmd"，打开命令行终端，输入如下命令：

`#1、编译当前目录下的 TCPClient.java 程序`

```
D:\>tcp-pc> javac TCPClient.java
```
#2、运行编译后的 TCPClient.class 文件,命令如下:java TCPClient <server ip> <server port> <message to send>,其中参数<server ip>为服务器端 STM32W108 无线节点网络地址,<server port>为 3000,<message to send>为发送消息;

```
D:\>tcp-pc > java TCPClient aaaa::0280:e102:001d:57fd 3000 "hello from the client"
发送:hello from the client
收到:Hello from the server! (1)
```
#3、第二次运行客户端程序
```
D:\>tcp-pc > java TCPClient aaaa::0280:e102:001d:57fd 3000 "hello from the client"
发送:hello from the client
收到:Hello from the server! (2)
```
#4、第三次运行客户端程序
```
D:\>tcp-pc > java TCPClient aaaa::0280:e102:001d:57fd 3000 "hello from the client"
发送:hello from the client
收到:Hello from the server! (3)
```

(5) 查看 TCP 服务端 STM32W108 无线节点与 PC 客户端通信信息。

STM32W108 无线节点屏幕显示 PC 端 MAC 地址的后两位,每次运行 PC 端 TCPClient.java 程序,STM32W108 无线节点的 D5 灯会不断闪烁,且屏幕显示 PC 端发送的信息"Hello from the client",无线节点在接收到消息的同时,向 PC 端发送"Hello from the server",如图 12-31 所示。

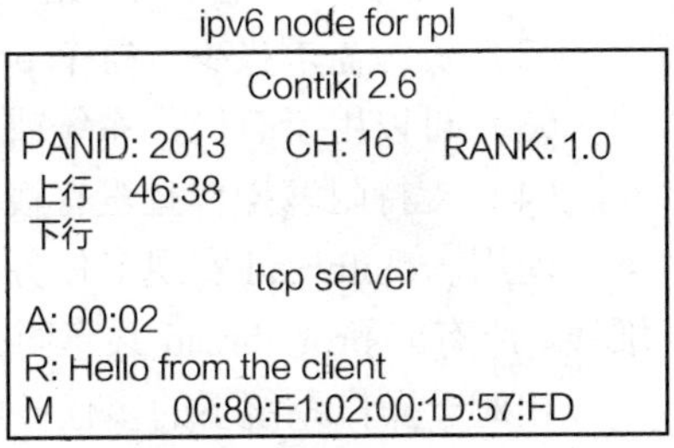

```
ipv6 node for rpl
     Contiki 2.6
PANID: 2013  CH: 16  RANK: 1.0
上行    46:38
下行
         tcp server
A: 00:02
R: Hello from the client
M         00:80:E1:02:00:1D:57:FD
```

图 12-31 服务器端的显示信息

其次,用串口线连接 TCP 服务器端 STM32W108 无线节点与 PC 机。在 PC 机上打开串口调试助手,设置波特率为 115 200。当运行 PC 客户端 TCPClient.java 程序时,串口终端显示如下:

```
Server received: 'hello from the client' from bbbb::2
Responding with message: Hello from the server! (1)
Server received: 'hello from the client' from bbbb::2
Responding with message: Hello from the server! (2)
Server received: 'hello from the client' from bbbb::2
Responding with message: Hello from the server! (3)
Server received: 'hello from the client' from bbbb::2
.......
```

以上信息表明 TCP 服务器端 STM32W108 无线节点与 PC 客户端通信成功。

12.5 protoSocket 编程

1. protoSocket 编程简介

Contiki 包含一个轻量级的 TCP/IP 协议栈，名为 uIP。它实现了 RFC 兼容的 IPv4、IPv6、TCP 和 UDP。后两者兼容 IPv4 和 IPv6。uIP 非常精简，仅实现最为重要的功能。例如，整个协议栈只有一个 buffer，用来接收和发送数据包。

基于 uIP 协议栈，有两种方式来编程：

（1）raw API：raw API 适合实现简单应用，例如一个能够监听一些 TCP 端口的简单回显服务器。随着不断的发展，利用它也可以编写功能复杂的网络程序。

（2）protoSocket API：protoSocket API 利用 protothread 库来实现更加灵活的 TCP/IP 应用程序。它提供类似于标准 BSN socket 的接口，允许在进程中编写应用。

protoSockets 仅仅为 TCP 连接使用。protoSocket 库使用 protothreads 来提供顺序控制流，这样内存使用较少，每一个 protoSocket 仅与一个单功能块共存，并不需要保留自动变量。局部变量将不会总被保存，所以在使用局部变量的时候应该格外小心。

protothread 是专为资源有限的系统设计的一种耗费资源特别少并且不使用堆栈的线程模型，其特点如下：

（1）以纯 C 语言实现，无硬件依赖性；

（2）资源需求极少，每个 protothread 仅需要 2 个额外的字节；

（3）可以用于有操作系统或无操作系统的场合；

（4）支持阻塞操作且没有栈的切换。

使用 protothread 实现多任务的好处在于它的轻量级。每个 protothread 不需要拥有自己的堆栈，所有的 protothread 共享同一个堆栈空间，这一点对于 RAM 资源有限的系统尤为有利。

相对于操作系统下的多任务而言，每个任务都有自己的堆栈空间，这将消耗大量的 RAM 资源，而每个 protothread 仅使用一个整型值变量保存当前状态。protoSocket 库发送数据函数无须处理重发和确认，因为每个 protoSocket 作为一个 protothread 运行，在函数开端 protoSocket 不得不以 PSOCK_BEGIN() 开始。同样，protothread 可以调用 PSOCK_EXIT() 来终止该程序。protoSocket 编程常用函数见表 12-3。

表 12-3 protoSocket 编程常用函数

函数	说明
PT_THREAD(name_args)	用于声明一个 protothread
PT_BEGIN(pt)	用于声明一个 protothread 的起点。其应被放置在 protothread 在其中运行的函数的开始。所有在 PT_BEGING() 上面的 C 语句都在 protothread 函数调用时被执行
PT_END(pt)	用于声明一个 protothread 结束，必须始终与宏 PT_BEGIN() 匹配
PSOCK_INIT(psock, buffer, buffersize)	初始化 protoSocket 和 protoSocket，使用前必须被调用。初始化还指定 protoSocket 输入缓冲器
PSOCK_BEGIN(psock)	在调用其他 protoSocket 函数之前，必须先调用该宏开始与 protoSocket 关联

函数	说 明
PSOCK_END(psock)	用于声明该 protoSocket 的 protothread 结束。必须始终与宏 psock_begin()匹配
PSOCK_DATALEN(psock)	返回当前缓存中需要读取数据的长度
PSOCK_READBUF_LEN(psock, len)	从缓存读取 len 个字节到 protoSocket 缓存
PSOCK_SEND(psock, data, datalen)	用一个 protoSocket 发送数据。protoSocket protothread 阻塞,直到所有数据都被发送并且确认对方已经收到后返回

protoSocket 服务器端关键代码位于 psocket-ipv6\user\example-psock-server.c。

```
PROCESS_THREAD(example_psock_process, ev, data)
{   PROCESS_BEGIN();
    print_local_addresses(); //显示本地地址
    Display_ASCII6X12_EX(0, LINE_EX(4), "protoSocket server", 0);
    Display_ASCII6X12_EX(0, LINE_EX(5), "A:", 0);
    Display_ASCII6X12_EX(0, LINE_EX(6), "R:", 0);
    tcp_listen(UIP_HTONS(3000)); //打开 3000 的 TCP 端口
    while(1) { //服务器端主循环,不会退出
        PROCESS_WAIT_EVENT_UNTIL(ev==tcpip_event); //等待网络事件
        if(uip_connected()) { //有客户端连接上
            PSOCK_INIT(&ps, buffer, sizeof(buffer)); //初始化 protoSocket 接口
            while(!(uip_aborted()||uip_closed()||uip_timedout())) { //当连接没有断开
                PROCESS_WAIT_EVENT_UNTIL(ev==tcpip_event); //等待 TCP 事件
                handle_connection(&ps); } //处理 TCP 事件
        }
    }
    PROCESS_END();
}
```

handle_connection()实现如下:

```
static PT_THREAD(handle_connection(struct psock *p))
{   PSOCK_BEGIN(p); //psocket 处理开始
    while(1)
    {   PSOCK_READBUF_LEN(p, PSOCK_DATALEN(p)); //读取收到的数据
        printf("Got the following data: %s \n\r", buffer);
        PSOCK_SEND(p, buffer, PSOCK_DATALEN(p)); //将数据返回给对方
    }
    printf("close client socket\r\n");
    PSOCK_CLOSE(p); //关闭 TCP 连接
    PSOCK_END(p);
}
```

2. protoSocket 编程实例

1）实验内容

用 Contiki 提供 protoSocket 库建立一个 TCP 服务器端程序，然后使用 12.4.4 节的 PC 端 TCP 客户端程序来连接服务器端程序，完成 protoSocket 编程。

2）操作步骤

（1）选择一块 STM32W108 无线节点作为服务器端，PC 端 TCPClient.java 作为客户端。

（2）部署 802.15.4 子网网关环境，确保 PC 与 802.15.4 子网网关以及 802.15.4 边界路由器进行正常通信。

（3）编译固化 psocket-server 程序到服务器端 STM32W108 无线节点。

连接 JLINK 仿真器，用串口线连接 PC 机 STM32W108 服务端节点，打开串口调试助手，设置波特率为 115 200。打开 D:\contiki-2.6\zonesion\example\iar\psocket-IPv6\psocket-server.eww 工程文件，在"IAR Workspace"窗口的下拉菜单中选择 rpl 工程，修改 PANID 和 CHANNEL，并保持与无线协调器一致，然后单击"Project"->"Rebuild All"，重新编译源码，编译成功后给无线节点通电，然后打开 J-Flash ARM 软件，单击"Target"->"Connect"，连接成功后，LOG 窗口会提示"ConnectedSuccessfully"，选择"Project"->"Download and debug"，将程序烧写到无线节点。下载完后可以单击"Debug"->"Go"让程序全速运行，也可以将 STM32W108 无线节点重新上电或者按下复位按钮重新运行。屏幕显示服务端无线节点的 MAC 地址是 00:80:E1:02:00:1D:57:FD，进而计算得到服务端 STM32W108 无线节点的网络地址是 aaaa::0280:e102:001d:57fd。最后测试 PC 连接无线节点是否成功。

（4）编译运行 PC 端 TCPClient.java 程序。

将 tcp-pc 例程包拷贝到工作目录，如 D 盘根目录下。在 PC 端选择"开始"->"运行"，键入"cmd"，打开命令行终端。

```
#1、编译当前目录下的 TCPClient.java 程序
D:\tcp-pc> javac TCPClient.java
#2、运行编译后的 TCPClient.class 文件,命令如下:java TCPClient <server ip> <server port> <message to
send>,其中参数<server ip>为服务器端 STM32W108 无线节点网络地址,<server port>为 3000,<message to
send>为发送消息;
D:\tcp-pc> java TCPClient aaaa::0280:e102:001d:57fd 3000 "Hello from the client"
发送:Hello from the client
收到:Hello from the client
```

（5）查看 protoSocket 服务器端与客户端通信信息。

STM32W108 无线节点屏幕显示 PC 端 MAC 地址的后两位，每次运行 TCPClient.java 程序，无线节点的 D5 灯闪烁，屏幕显示接收 PC 端发送的信息"Hello from the client"，无线节点端在接收到消息同时，向 PC 端发送"Hello from the server"，如图 12-32 所示。

另外用串口线连接 STM32W108 无线节点与 PC 机。打开串口调试助手，设置波特率为 115 200。当运行 PC 端 TCPClient.java 程序时，串口终端显示如下信息：

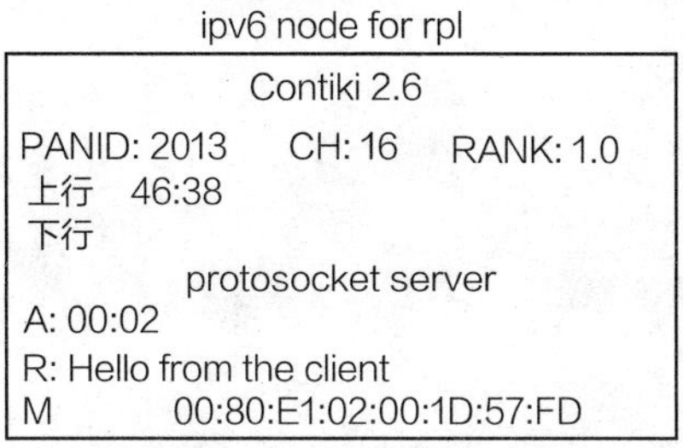

```
         ipv6 node for rpl
              Contiki 2.6
       PANID: 2013   CH: 16    RANK: 1.0
       上行    46:38
       下行
              protosocket server
       A: 00:02
       R: Hello from the client
       M       00:80:E1:02:00:1D:57:FD
```

图 12-32 protoSocket 服务器端与客户端通信信息

```
Got the following data: hello from the client
close client socket
Got the following data: hello from the client
close client socket
```

以上信息表明基于 protoSocket 的 STM32W108 无线节点与 PC 端通信成功。

第13章 6LoWPAN 物联网综合应用

物联网是一个集多种技术于一体的连接实物与网络的一个系统，其中嵌入式系统作为物联网的核心技术，已经变得非常成熟。物联网最典型的一个体系结构模型是 EPC（产品电子编码），RFID（射频识别）技术是 EPC 中的一项重要技术。嵌入式系统与物联网相互关联，而后者是对前者的继承与发展。本章结合 STM32 开发套件，围绕智能家居安防平台应用场景，介绍嵌入式物联网相关的感知、传输和应用技术。

13.1 6LoWPAN 多网融合框架

基于 STM32 和智能网关 S5PV210 开发套件的嵌入式物联网综合应用工作框架如图 13-1

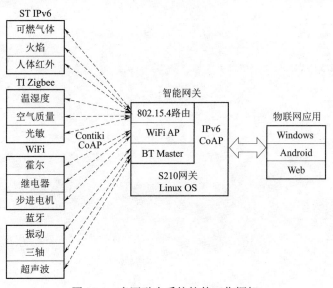

图 13-1　多网融合系统软件工作框架

所示，其基本思想是：在 STM32W108 IPv6、TI CC2530 Zigbee、WiFi HF-LPA、蓝牙 C05 四种类型的无线节点移植 Contiki 操作系统，支持 IPv6 协议，传感器采集信息通过 CoAP 协议进行传输；智能网关集成 802.15.4 路由、WiFi AP、蓝牙 Master 等模组，实现四种类型无线节点数据接入，且基于 Linux 操作系统的 IPv6 协议处理，对外提供应用服务接口；基于 CoAP 库，开发套件可以在 Windows、Android 和 Web 平台下综合开发物联网应用。

以下将构建一个完整的 IPv6 多网融合网络，同时可以在无线节点的 LCD 屏上显示网络信息和传感器信息。

1. 综合应用实例资源

（1）一台 S5PV210 嵌入式网关平台，确保网关已经安装 Android4.4 以上的操作系统。

（2）12 种无线节点及传感器，即 ST STM32W108 无线节点（可燃气体、火焰、人体红外）、TI CC2530 无线节点（温湿度、空气质量、光敏）、WiFi 无线节点（霍尔、继电器、步进电机）、蓝牙无线节点（振动、三轴、超声波），每个无线节点都由 STM32 控制主板及对应的无线核心模组构成，其中 Contiki 操作系统被烧写到 STM32 控制主板中，无线核心模组烧写相应的透传无线固件。

（3）调试扩展板 stm32_DEBUG_Ex、JLink ARM 仿真器、CC2530 仿真器各 1 套。

（4）针对 STM32 无线模组安装 JLINK 的烧写工具 J-Flash ARM，针对 CC2530 无线模组需安装 SmartRFProgrammer 烧写工具。

（5）无线节点镜像文件位于资源包的 02-出厂镜像\节点\IPv6 目录，信息如下：

```
sensor-802.15.4    # 802.15.4 节点传感器镜像文件夹(STM32F103，CC2530/STM32W108 通用)
sensor-bt    # 蓝牙节点传感器镜像文件夹(STM32F103 处理器)
sensor-wifi    # WiFi 节点传感器镜像文件夹(STM32F103 处理器)
rpl-border-router.hex    # 802.15.4 边界路由器镜像(STM32F103 处理器，CC2530/STM32W108 通用)
slip-radio-cc2530-rf-uart.hex    # CC2530 射频模块镜像(CC2530 处理器，当 CC2530 运行 IPv6 模式)
slip-radio-zxw108-rf-uart.hex    # STM32W108 射频模块镜像(STM32W108 处理器)
```

2. 修改无线节点网络信息

为避免多套 Zigbee、WiFi 网络同时实验时发生网络冲突，须对源码修改相应网络信息。

（1）准备 Contiki IPv6 源码包：DISK-IPv6\03-系统代码\contiki-2.6，拷贝到工作目录（尽量避免中文路径，此处示例选择 D 盘根目录），前面实验如果已经拷贝此处可略过。

（2）将资源包中的 iar-mesh-top 工程包拷贝到 D:\contiki-2.6\zonesion\example\iar 目录中。

（3）打开工程文件 D:\contiki-2.6\zonesion\example\iar\iar-mesh-top\zx103.eww。修改文件 contiki-conf.h，将 IEEE802154_CONF_PANID 修改为个人学号后 4 位，RF_CONF_CHANNEL 可以不修改，如图 13-2 所示。

（4）修改 WiFi 网络的 AP 属性。修改文件 wifi-lpa.c，将 CFG_SSID 的名称定义后面增加 3 位学号，其他相关密钥安全信息的宏定义也可根据需要修改，如图 13-3 所示。

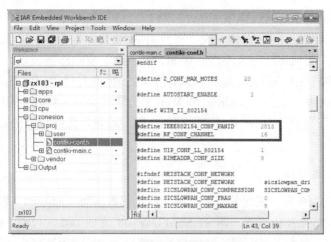

图 13-2　修改 PANID（一）

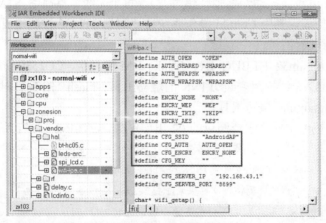

图 13-2　修改 PANID（二）

```
#define CFG_SSID "AndroidAP008"      // 将 WiFi AP 的名称设置成"AndroidAP008"
#define CFG_AUTH AUTH_OPEN            // 开放式
#define CFG_ENCRY ENCRY_NONE          // 无密码
#define CFG_KEY " "                   // 无密码即将密码设置成空
```

如果修改 WiFi AP 的名称，网关 Android 系统的热点名称也要修改，选择"设置"->"无线和网络设置"->"绑定与便携式热点"->"便携式 WiFi 热点设置"->"配置 WiFi 热点"，如图 13-3 所示。

图 13-3　修改网关 WiFi AP 名称

3. 编译无线节点 Contiki 工程源代码

（1）打开工程文件 D:\contiki-2.6\zonesion\example\iar\iar-mesh-top\zx103.eww，在工作区的"Workspace"窗口的下拉中菜单选择 rpl 工程。已有工程如下：

```
rpl                  # 802.15.4 节点工程(带路由功能)
normal-wifi          # WiFi 节点工程
normal-bt            # 蓝牙节点工程
rpl-border-router    # 802.15.4 网关工程
rpl-leaf             # 802.15.4 节点工程(不带路由功能)
```

（2）根据节点所携带的传感器，需要在工程"zx103"->"zonesion"->"proj"->"user"->"misc_sensor.h"文件中修改相应传感器定义。修改"步进电机"传感器定义如图 13-4 所示。

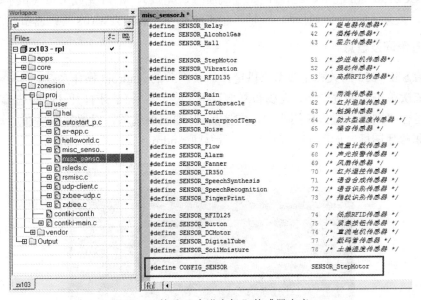

图 13-4 修改"步进电机"传感器定义

（3）单击 IAR 环境菜单栏的"Project"->"Rebuild All"，重新编译源码，编译成功后，在 contiki-2.6\zonesion\example\iar\iar-mesh-top\rpl\Exe 下已生成 zx103.hex，将该文件命名为可理解的名称。其他工程编译类似。

4. 固化无线节点镜像

如果修改网络信息重新编译无线节点镜像，需要重新将新的镜像固化到无线节点的 STM32 控制主板的 ARM 芯片内。

（1）确保 UIBee 无线节点的跳线连接正确，参照无线节点板跳线说明和无线协调器板跳线说明，将传感器设置为"底板 STM32F103 驱动传感器"的模式。

（2）UI-IOT-IPv6 实验平台开机上电，如果配置的无线节点部分是单独供电，需要接上 5V3A 电源适配器供电，将调试扩展板 stm32_DEBUG_Ex 接到协调器/无线节点的对应接口上，接上 JLINK 仿真器，将协调器/无线节点的电源开关打开，此时 Power LED 指示灯会点亮。

说明：连接 JLINK 仿真器到电脑，系统会自动识别仿真器，如果不能识别，驱动默认位置为 C:\Program Files (x86)\SEGGER\JLinkARM_V426\USBDriver。

（3）运行 J-Flash ARM 程序，在菜单栏单击"Options" -> "Project settings..."，在弹出窗口的"Target Interface"选项卡中选择"SWD"调试模式，"SWD speed before init"选择"5kHz"，在"CPU"选项卡的"Device"中选择"ST STM32W103CB"，设置好后单击"确认"按钮退出。

（4）在 J-Flash ARM 程序菜单栏中单击"File" -> "Open data file..."，选择需要固化的镜像文件，比如蓝牙节点的超声波传感器镜像"02-出厂镜像\节点\IPv6\超声波测距.hex"。

（5）在 J-Flash ARM 程序菜单栏中单击"Target" -> "Program & Verify"，开始固化镜像，参照上述步骤固化好其他节点镜像，比如 ST STM32W108 无线节点（可燃气体、火焰、人体红外）、TI CC2530 无线节点（温湿度、空气质量、光敏）、WiFi 无线节点（霍尔、继电器、步进电机）、蓝牙无线节点（振动、三轴、超声波）、ST STM32W108 协调器节点。

5. 查看组网及信息

（1）给 S5PV210 网关和无线节点供电，启动网关的 Android 操作系统。

（2）依次单击"设置" -> "无线和网络" -> "蓝牙"，将蓝牙打开（即勾选）。

（3）运行"网关设置"应用程序，勾选后 3 项服务选项，设置完成后在通知栏会出现 WiFi 热点和蓝牙图标，如图 13-5 所示，然后返回 Android 操作系统主界面。

图 13-5 启动 IPv6 网关服务

如果修改 WiFi AP 的名称，在网关的 Android 系统中对热点名称也要修改。

（4）将 STM32W108 无线协调器模块的电源开关打开，此时节点 LCD 上会显示网络信息。STM32W108 无线协调器模块开始组建 802.15.4 RPL 网络（IPv6），组网成功后，节点 LCD 上会显示节点级别为 0.0。

（5）依次将 STM32W108 无线节点、CC2530 无线节点（运行 Contiki IPv6 协议时）、WiFi 无线节点和蓝牙无线节点的电源开关打开。此时 STM32W108/CC2530 无线节点加入到 802.15.4 RPL 网络（IPv6）网络中，节点 LCD 显示对应的组网信息，当节点级别稳定在 10 以内时则入网成功。WiFi 无线节点加入到 WiFi IPv6 网络连接成功后 WiFi 无线核心板 D10 LINK 灯会长亮。蓝牙无线节点连接到蓝牙 IPv6 网络成功后蓝牙无线核心板的 D5 灯会长亮。

（6）每个无线节点都有一个 1.8 寸的 LCD 屏，屏上显示组网后的信息，如图 13-6 所示。

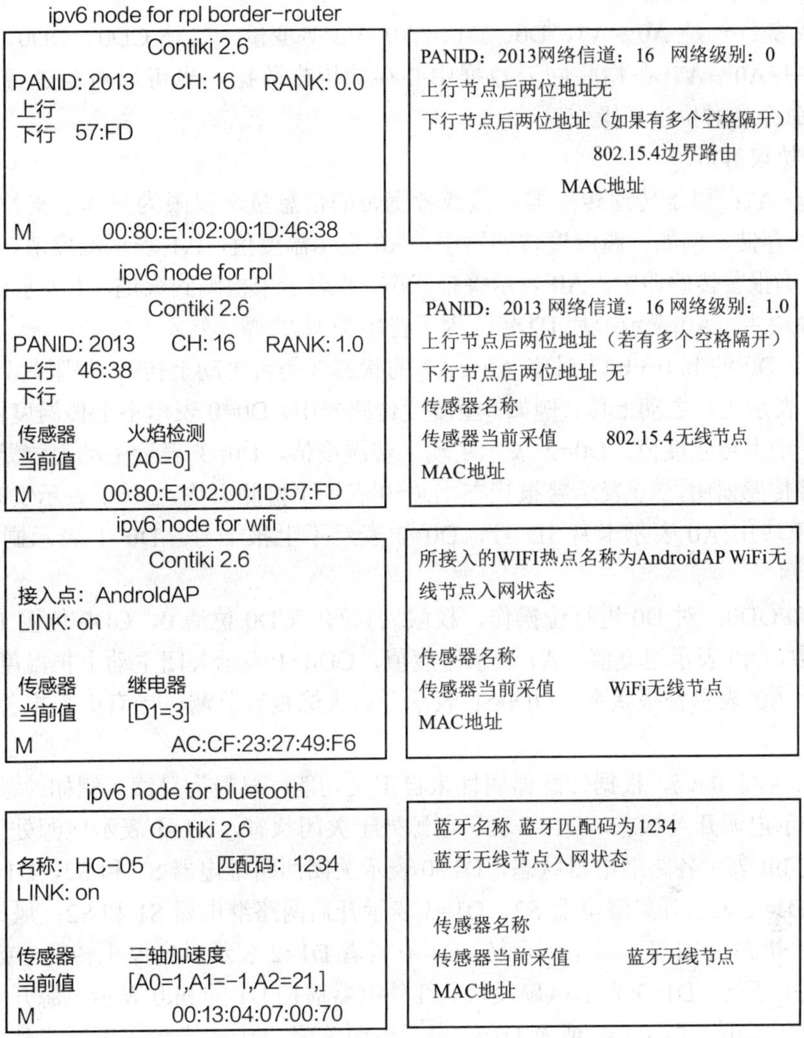

```
ipv6 node for rpl border-router
          Contiki 2.6
PANID: 2013    CH: 16    RANK: 0.0
上行
下行      57:FD


M          00:80:E1:02:00:1D:46:38
```

```
PANID：2013网络信道：16  网络级别：0
上行节点后两位地址无
下行节点后两位地址（如果有多个空格隔开）
                802.15.4边界路由
              MAC地址
```

```
ipv6 node for rpl
          Contiki 2.6
PANID: 2013    CH: 16    RANK: 1.0
上行      46:38
下行
传感器     火焰检测
当前值     [A0=0]
M          00:80:E1:02:00:1D:57:FD
```

```
PANID：2013 网络信道：16 网络级别：1.0
上行节点后两位地址（若有多个空格隔开）
下行节点后两位地址 无
传感器名称
传感器当前采值      802.15.4无线节点
MAC地址
```

```
ipv6 node for wifi
          Contiki 2.6
接入点：AndroidAP
LINK: on

传感器     继电器
当前值     [D1=3]
M          AC:CF:23:27:49:F6
```

```
所接入的WIFI热点名称为AndroidAP WiFi无
线节点入网状态

传感器名称
传感器当前采值      WiFi无线节点
MAC地址
```

```
ipv6 node for bluetooth
          Contiki 2.6
名称：HC-05     匹配码：1234
LINK: on

传感器     三轴加速度
当前值     [A0=1,A1=-1,A2=21,]
M          00:13:04:07:00:70
```

```
蓝牙名称 蓝牙匹配码为1234
蓝牙无线节点入网状态

传感器名称
传感器当前采值      蓝牙无线节点
MAC地址
```

图 13-6　节点组网成功后 LCD 上的显示信息

13.2　传感器 UIBee 数据通信协议

由于传感器的种类较多，外设种类也有很多，为每一种传感器、外设控制都实现相应数据通信格式变得尤为复杂，这也不利于理解源代码的实现，因此，结合开发套件，设计一套通用的传感器数据采集与传输协议，简称 UIBee 通信协议，以便于读者快速掌握基于 RPL、蓝牙、WiFi 网络的无线节点传感器信息采集以及外设控制技术。UIBee 协议给出了本章嵌入式物联网综合应用项目从底层到上层数据段的定义。

1. UIBee 通信协议

通信协议的一般数据格式：{[参数]=[值],{[参数]=[值],……}，即每条数据以"{}"作为起始字符；"{}"内参数多个条目以","分隔，例如：{CD0=1,D0=?}。

1）通信协议参数说明

参数分两类：一是 A0~A7、D0、D1、V0~V3 等变量，二是 CD0、OD0、CD1、OD1 等命令。其中 A0~A7 在物联网云数据中心存储历史数据，也可以对值进行查询，例如"{A0=?}"；命令是对位进行操作。

2）通信协议解析

（1）A0~A7：用于传递传感器数值或者携带的信息量，权限为只读，支持上传到物联网云数据中心存储，例如：温湿度传感器中，A0 表示温度值，A1 表示湿度值，为浮点型，0.1 精度；火焰报警传感器中，A0 表示警报状态，0 表示未检测到火焰，1 表示检测到火焰；高频 RFID 模块中，A0 表示卡片 ID 号，为字符串类型。

（2）D0：D0 的 bit0~bit7 对应 A0~A7 的状态（是否主动上传），权限为只读，0 表示禁止上传，1 表示允许主动上传，例如：温湿度传感器中，D0=0 表示不上传温度值和湿度值，D0=1 表示主动上传温度值，D0=2 表示主动上传湿度值，D0=3 表示主动上传温度值和湿度值；火焰报警传感器中，A0 表示警报状态，D0=0 表示不检测火焰，D0=1 表示实时检测火焰；高频 RFID 模块中 A0 表示卡片 ID 号，D0=0 表示不上报卡号，D0=1 表示刷卡响应上报 ID 卡号。

（3）CD0/OD0：对 D0 进行位操作，权限为只写，CD0 位清 0，OD0 位置 1。例如：温湿度传感器中，A0 表示温度值，A1 表示湿度值，CD0=1 表示关闭主动上报温度值；火焰报警传感器中，A0 表示警报状态，OD0=1 表示开启火焰报警监测，当有火焰报警时，主动上报 A0 的值。

（4）D1：控制编码，根据传感器属性来自定义功能，权限为只读。例如：温湿度传感器 D1 的 bit0 表示电源开关状态，D1=0 表示电源处于关闭状态，D1=1 表示电源处于打开状态；继电器 D1 的 bit 表示各路继电器状态，D1=0 表示关闭两路继电器 S1 和 S2，D1=1 表示开启继电器 S1，D1=2 表示开启继电器 S2，D1=3 表示开启两路继电器 S1 和 S2；风扇 D1 的 bit0 表示电源开关状态，bit1 表示正转、反转，D1=0 或者 D1=2 表示风扇停止转动（或电源断开），D1=1 表示风扇正转，D1=3 表示风扇反转。红外电器遥控 D1 的 bit0 表示电源开关状态，bit1 表示工作模式/学习模式，D1=0 或者 D1=2 表示电源关闭，D1=1 表示电源开启且为工作模式，D1=3 表示电源开启且为学习模式。

（5）CD1/OD1：对 D1 进行位操作，权限为只写，CD1 位清 0，OD1 位置 1。

（6）V0~V3 表示传感器参数，可根据传感器属性自定义功能，权限为可读写。例如：温湿度传感器中，V0 表示自动上传数据时间间隔；风扇中，V0 表示风扇转速；红外电器遥控中，V0 表示红外学习的键值；语音合成中，V0 表示需要合成的语音字符。

3）复杂数据通信示例

在实际应用中可能硬件接口比较复杂，比如一个无线节点携带多种不同类型的传感器数据。例如：某个设备具有一个燃气检测传感器、一个声光报警装置、一个排风扇，要求其满足如下功能：

设备可以开关电源；可以实时上报燃气浓度值；当燃气达到一定峰值时，声光报警装置会报警，同时排风扇会工作；根据燃气浓度不同，报警声波频率和排风扇转速会不同。

根据上述需求，当前复杂设备的 UIBee 通信协议定义见表 13-1。

表 13-1 复杂设备的 UIBee 通信协议定义

传感器	属性	参数	权限	说明
复杂设备	燃气浓度值	A0	R	燃气浓度值,浮点型,0.1 精度
	上报状态	D0(OD0/CD0)	R(W)	D0 的 bit0 表示燃气浓度上传状态,OD0/CD0 进行状态控制
	开关状态	D1(OD1/CD1)	R(W)	D1 的 bit0 为设备电源状态, bit1 为声光报警状态,bit2 为排风扇状态,OD0/CD0 进行状态控制
	上报间隔	V0	RW	修改主动上报的时间间隔
	声光报警频率	V1	RW	修改声光报警声波频率

本章综合实例部分传感器或执行器的 UIBee 通信协议定义见表 13-2。

表 13-2 部分传感器或执行器的 UIBee 通信协议定义

传感器	属性	参数	权限	说明
温湿度	温度值	A0	R	温度值
	湿度值	A1	R	湿度值
	上报状态	D0(OD0/CD0)	R(W)	D0 的 bit0 为上传温度状态, bit1 为上传湿度状态
	上报间隔	V0	RW	修改主动上报的时间间隔
光敏/空气质量/可燃气体/超声波/大气压力/酒精/雨滴/防水温度/流量计数	数值	A0	R	数值
	上报状态	D0(OD0/CD0)	R(W)	D0 的 bit0 表示上传状态
	上报间隔	V0	RW	修改主动上报的时间间隔
三轴	X 值	A0	R	X 值
	Y 值	A1	R	Y 值
	Z 值	A2	R	Z 值
	上报状态	D0(OD0/CD0)	R(W)	D0 的 bit0 表示 X 值上传状态,bit1 表示 Y 值上传状态,bit2 表示 Z 值上传状态
	上报间隔	V0	RW	修改主动上报的时间间隔
火焰/霍尔/人体红外/噪声/振动/触摸/紧急按钮/红外避障/土壤湿度	数值	A0	R	数值,0 或者 1 变化
	上报状态	D0(OD0/CD0)	R(W)	D0 的 bit0 表示上传状态
继电器	继电器开合	D1(OD1/CD1)	R(W)	D1 的 bit 表示各路继电器开关状态,OD1 为开,CD1 为关(bit0 为继电器 1,bit1 为继电器 2)
风扇	电源开关	D1(OD1/CD1)	R(W)	D1 的 bit0 表示电源状态,OD1 为开,CD1 为关
	转速	V0	RW	表示风扇转速
声光报警	电源开关	D1(OD1/CD1)	R(W)	D1 的 bit0 表示电源状态,OD1 为开,CD1 为关
	频率	V0	RW	表示发声频率
步进电机	转动状态	D1(OD1/CD1)	R(W)	D1 的 bit0 表示转动状态, bit1 表示正转/反转,X0:不转,01:正转,11:反转
	角度	V0	RW	表示转动角度,0 表示一直转动

续表

传感器	属性	参数	权限	说 明
直流电机	转动状态	D1(OD1/CD1)	R(W)	D1 的 bit0 表示转动状态,bit1 表示正转/反转,X0:不转,01:正转,11:反转
	转速	V0	RW	表示转速
红外电器遥控	状态开关	D1(OD1/CD1)	R(W)	D1 的 bit0 表示工作模式/学习模式,OD1=1 为学习模式,CD1=1 为工作模式
	键值	V0	RW	表示红外键值
高频/低频 RFID	ID 卡号	A0	R	ID 卡号,字符串
	上报状态	D0(OD0/CD0)	R(W)	D0 的 bit0 表示允许识别
语音识别	语音指令	A0	R	语音指令,字符串,不能主动去读取
	上报状态	D0(OD0/CD0)	R(W)	D0 的 bit0 表示允许识别并发送读取的语音指令
数码管	显示开关	D1(OD1/CD1)	R(W)	D1 的 bit0 表示是否显示码值
	码值	V0	RW	表示数码管码值
语音合成	合成开关	D1(OD1/CD1)	R(W)	D1 的 bit0 表示是否合成语音
	合成字符	V0	RW	表示需要合成的语音字符
指纹识别	指纹指令	A0	R	指纹指令,数值表示指纹编号,0 表示识别失败
	上报状态	D0(OD0/CD0)	R(W)	D0 的 bit0 表示允许识别

说明:表 13-2 部分 UIBee 通信协议的主动上报和上报时间间隔设定无效,见灰色部分,原因是 IPv6 多网融合框架采用 CoAP 通信时,只有应用端开始建立 CoAP 会话后,无线节点才和应用端进行连接,此时数据上传或者控制才有效。

13.3 传感器信息 UDP 采集及控制

下面基于表 13-2,以实例讲解传感器信息 UDP 采集及控制的关键技术。

实例要求:选择两个 STM32W108 无线节点作为客户端,一个充当按键,一个负责 LED 显示,通过与 PC 服务器端互联,实现一个按键无线节点 K1 控制另一个 LED 无线节点的 D4 灯。要求 PC 与 LED 无线节点通信采用 UDP 通信协议,而按键无线节点控制 LED 无线节点灯的开关命令采用 UIBee 通信协议。

1. 实例通信协议参数说明与实现

通信协议参数分变量参数和命令参数,前者可进行值查询,后者可进行位操作。
1) 变量参数的定义

D1 的 bit0 数据位用来控制无线节点的 D4 灯的点亮或者熄灭。例如。D1=0 表示 bit0 为 0,意为 D4 关闭;D1=1 表示 bit0 为 1,意为 D4 打开;{D1=?}表示查询 D4 的状态。
2) 命令参数的定义

{OD1=1}表示打开 D4 灯,{OD1=1}和{CD1=1}用来控制无线节点的 D4 灯的点亮和熄灭。例如:{OD1=1}打开 D4 灯;{CD1=1}关闭 D4 灯;{TD1=1}对 D4 灯进行翻转控制。

（1）按键无线节点的实现。

STM32W108 按键无线节点客户端通过 PC 的 IP、端口号 3000 与 PC 端建立 UDP 连接，并监听无线节点板的按键触发事件，一旦无线节点板的 K1 键被按下，则向 PC 服务器端发送 A0=0 命令，若 K1 键松开，则向 PC 服务器端发送 A1=1 命令，程序流程如图 13-7 所示。

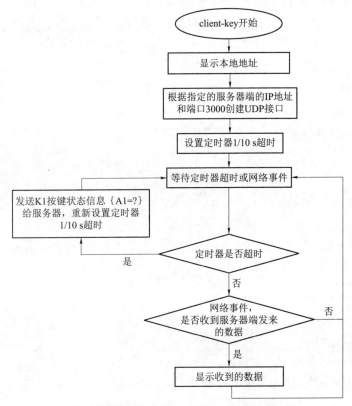

图 13-7 按键无线节点客户端程序流程

此过程的主要源码如下（参见配套资源包中 sensor-udp\iar-udp\user\client-key.c）：

```
PROCESS_THREAD(udp_ctrl_process, ev, data)
{   static struct etimer et; uip_ipaddr_t ipaddr;
    PROCESS_BEGIN();
    PRINTF("UDP client key process started\n");
    Display_ASCII6X12_EX(0, LINE_EX(4), "udp key client", 0);   //屏幕显示"udp key client"
    Display_ASCII6X12_EX(0, LINE_EX(5), "S:", 0);    //屏幕显示"S:"
    Display_ASCII6X12_EX(0, LINE_EX(6), "R:", 0);    //屏幕显示"R:"
    key_init();   //按键初始化
    print_local_addresses();//打印本地地址
    if(uiplib_ipaddrconv(QUOTEME(UDP_SERVER_ADDR), &ipaddr)==0)
      PRINTF("UDP client failed to parse address '%s'\n", QUOTEME(UDP_CONNECTION_ADDR));
    printf("connect to "); PRINT6ADDR(&ipaddr); printf("\r\n");
```

```c
/* new connection with remote host */
client_conn = udp_new(&ipaddr, UIP_HTONS(3000), NULL);   //连接到服务器端的3000端口
PRINTF("Created a connection with the server ");
PRINT6ADDR(&client_conn->ripaddr);
PRINTF(" local/remote port %u/%u\n\r",
UIP_HTONS(client_conn->lport), UIP_HTONS(client_conn->rport));
etimer_set(&et, CLOCK_SECOND/10);    //设置定时器
while(1) {
    PROCESS_YIELD();     //等待定时器超时或网络事件
    if(etimer_expired(&et)) {   //定时器超时
        timeout_handler();   //处理定时器超时
        _restart(&et);
    } else if(ev==tcpip_event)   //如果是网络事件
        tcpip_handler();     //处理网络事件
}
PROCESS_END();
}
static void tcpip_handler(void)  //处理网络事件
{   char *str;
    if(uip_newdata()) {  //检查是否收到新数据
        str = uip_appdata; str[uip_datalen()]='\0';
        printf("Response from the server: '%s'\n\r", str);   //显示收到的数据
        //在屏幕上显示"R:"后显示接收到的服务器端发送的信息
        Display_ASCII6X12_EX(12, LINE_EX(6), str, 0);
    }
}
static char buf[MAX_PAYLOAD_LEN];
static void timeout_handler(void)    //处理定时器超时
{
    static int st=-1; int cv;
    cv=GPIO_ReadInputDatabit(GPIOA, GPIO_Pin_0);
    if(cv!=st) {
        sprintf(buf, "{A0=%u}", cv);
        Display_ASCII6X12_EX(12, LINE_EX(5), buf, 0);//在屏幕上显示"S:"后显示客户端发送的信息
        uip_udp_packet_send(client_conn, buf, strlen(buf));
    }
    st=cv;
}
```

（2）LED 无线节点的实现。

LED 无线节点也是通过 3000 端口号与 PC 服务器端建立 UDP 连接，并不断向服务器发送 "D1=?" 消息（"?" 表示 D4 灯的开关状态：0 为关，1 为开），返回无线节点板 D4 灯的开关状态。同时接收 PC 端发送的 "TD1=1" 消息，控制 D4 灯的反转。程序流程如图 13-8 所示。

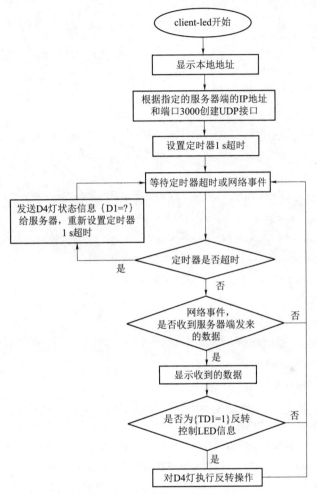

图 13-8　LED 无线节点程序流程

此过程的源码实现如下（参见配套资源包中 sensor-udp\iar-udp\user\client-led.c）：

```
PROCESS_THREAD(udp_ctrl_process, ev, data)
{   static struct etimer et; uip_ipaddr_t ipaddr;
    PROCESS_BEGIN();
    PRINTF("UDP client led process started\n");
    //在屏幕上显示"udp led client"
    Display_ASCII6X12_EX(0, LINE_EX(4), "   udp led client", 0);
    Display_ASCII6X12_EX(0, LINE_EX(5), "S:", 0);      //在屏幕上显示"S:"
    Display_ASCII6X12_EX(0, LINE_EX(6), "R:", 0);      //在屏幕上显示"R:"
    print_local_addresses();//打印本地地址
```

```c
    if(uiplib_ipaddrconv(QUOTEME(UDP_SERVER_ADDR), &ipaddr)==0) {
        PRINTF("UDP client failed to parse address '%s'\n",
        QUOTEME(UDP_CONNECTION_ADDR));}
    printf("connect to"); PRINT6ADDR(&ipaddr); printf("\r\n");
    /* new connection with remote host */
    //连接到服务器3000端口
    client_conn=udp_new(&ipaddr, UIP_HTONS(3000), NULL);
    PRINTF("Created a connection with the server ");
    PRINT6ADDR(&client_conn->ripaddr);
    PRINTF(" local/remote port %u/%u\n\r",
    UIP_HTONS(client_conn->lport), UIP_HTONS(client_conn->rport));
    etimer_set(&et, CLOCK_SECOND);   //设置定时器 1s 超时
    while(1) { PROCESS_YIELD();
        if(etimer_expired(&et)) {      //如果是定时器超时
            timeout_handler();         //处理定时器超时
            etimer_restart(&et);
        } else if(ev==tcpip_event)     //如果是网络事件
           tcpip_handler();    } //处理网络事件
    PROCESS_END();
}
static void tcpip_handler(void) //处理网络事件
{   char *str;
    if(uip_newdata()) {
        str=uip_appdata; str[uip_datalen()]='\0';
        printf("Response from the server: '%s'\n\r", str);
        Display_ASCII6X12_EX(12, LINE_EX(6), str, 0);
        //在屏幕上显示"R:"后显示接收到的服务器端发送的信息
        if(strcmp(str, "{TD1=1}")==0)         //如果接收到{TD1=1}命令
            leds_toggle(1);}   //对 D4 灯进行反转控制
}
static char buf[MAX_PAYLOAD_LEN];
static void timeout_handler(void)    //处理定时器超时事件
{   int st;
    st=leds_get();    //获取 D4 灯的状态
    sprintf(buf, "{D1=%d}", st&0x01);
    //在屏幕上显示"S:"后显示发送的 D1 状态信息
    Display_ASCII6X12_EX(12, LINE_EX(5), buf, 0);
    uip_udp_packet_send(client_conn, buf, strlen(buf)); //发送的 D1 状态信息
}
```

（3）PC 服务器端的实现。

PC 开启 3000 端口号，与按键和 LED 两个 STM32W108 无线节点建立连接，并不断接收无线节点发送的 A1 消息和 D1 消息，通过 A1 消息获取按键端的网络地址和端口号，通过 D1 消息获取到 LED 端的网络地址和端口号。PC 一旦接收到按键无线节点发送的按键被按下的消息（A1=0），立即向 LED 客户端发送"TD1=1"命令，LED 无线节点接收到"TD1=1"消息后执行 D4 灯的反转操作，同时返回 D4 的状态信息给 PC，程序流程如图 13-9 所示。

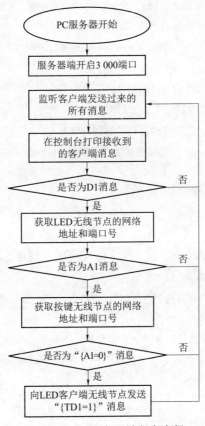

图 13-9　PC 服务器端程序流程

此过程源码实现如下（参见配套资源包中 sensor-udp\pc-udp\UDPServer.java）：

```java
class UDPServer {
    public static void main(String[] args) throws IOException{ InetAddress led_a=null;
        int led_port=0;
        InetAddress key_a=null; int key_port;
        System.out.println("UDP Server start at port 3000");
        DatagramSocket server=new DatagramSocket(3000);//服务器开启 3000 端口
        byte[] recvBuf=new byte[100];
        DatagramPacket recvPacket=new DatagramPacket(recvBuf , recvBuf.length);
        while(true)
```

```
        { server.receive(recvPacket);
          String recvStr=new String(recvPacket.getData(),0,recvPacket.getLength());
          InetAddress addr=recvPacket.getAddress();
          int port=recvPacket.getPort();
          System.out.println(addr +" >>> "+ recvStr);      //在控制台打印接收到的消息
          if(recvStr.contains("D1"))
          {    //处理LED客户端发送过来的LED灯状态消息，即D1消息
              led_a=addr;  //获取LED客户端的网络地址
              led_port=port;   //获取LED客户端的端口号
          }
          if(recvStr.contains("A0"))
          {    //处理按键客户端发送过来的A0消息
              key_a=addr;  //获取按键客户端的网络地址
              key_port=port;    //获取按键客户端的端口号
          }
          if(recvStr.equals("{A0=0}"))
          {  if(led_a!=null)
             {
                 String sendStr="{TD1=1}"; //控制灯的反转命令
                 byte[] sendBuf;
                 sendBuf=sendStr.getBytes();
                 System.out.println(led_a +" <<< "+ sendStr);//在控制台打印发送的消息
                 //接收到按键端发送过来的A0消息后，控制LED端的D4灯反转
                 DatagramPacket sendPacket = new DatagramPacket(sendBuf ,
sendBuf.length , led_a ,
                 led_port );
                 server.send(sendPacket); }}}
        //server.close();
    }
}
```

2. 实例操作步骤

（1）选择两块STM32W108无线节点作为客户端（一块为按键端、一块为LED端），PC作为服务器端。

（2）部署802.15.4子网网关环境，确保PC与802.15.4子网网关以及802.15.4边界路由器进行正常通信。

（3）运行PC服务器端。

把pc-udp例程包sensor-udp\pc-udp拷贝到工作目录，如D盘根目录。在PC端依次执行"开始"->"运行"，键入"cmd"，进入命令行终端。

```
#1、设置当前目录
C:\Users\Administrator>D:
D:\>cd 7.3.2-pc-udp
#2、编译当前目录下的UDPServer.java程序
H:\pc-udp>javac UDPServer.java
#3、运行编译后的UDPServer.class程序
D:\pc-udp>java UDPServer
UDP Server start at port 3000
.....
```

(4) 编译LED端无线节点镜像

连接JLINK仿真器、串口线，通过调试扩展板stm32_DEBUG_Ex到PC机和LED无线节点，打开串口调试助手，设置波特率为115 200。将sensor-udp目录下的iar-udp例程源码包拷贝到Contiki源码对应目录。打开D:\contiki-2.6\zonesion\example\iar\iar-udp\zx103-client-led.eww工程文件，在"IAR Workspace"窗口的下拉菜单中选择rpl工程，修改PANID和CHANNEL，并保持与STM32W108无线协调器一致。

修改zx103-client-key-rpl->zonesion->proj->user->client-key.c文件，将UDP_SERVER_ADDR改为PC端IPv6网络地址，如下所示：

```
#define UDP_SERVER_ADDR bbbb::2
```

然后单击"Project"->"Rebuild All"，重新编译源码，编译成功后给LED无线节点通电，然后打开J-Flash ARM软件，单击"Target"->"Connect"，连接成功后LOG窗口会提示"Connected Successfully"，选择 "Project"->"Download and debug"，将程序烧写到LED无线节点中。

(5) 编译固化按键端无线节点镜像

连接JLINK仿真器、串口线，通过调试扩展板stm32_DEBUG_Ex到PC机和按键无线节点，打开串口调试助手，设置波特率为115 200。将sensor-udp目录下的iar-udp例程源码包拷贝到Contiki源码对应目录。打开D:\contiki-2.6\zonesion\example\iar\iar-udp\zx103-client-key.eww工程文件，在"IAR Workspace"窗口的下拉菜单中选择rpl工程，修改PANID和CHANNEL，并保持与STM32W108无线协调器一致。

修改zx103-client-led-rpl->zonesion->proj->user->client-led.c文件，将UDP_SERVER_ADDR改为PC器端IPv6网络地址，如下所示：

```
#define UDP_SERVER_ADDR bbbb::2
```

然后单击"Project"->"Rebuild All"，重新编译源码，编译成功后给按键无线节点通电，打开J-Flash ARM软件，单击"Target"->"Connect"，连接成功后LOG窗口会提示"Connected Successfully"，选择"Project"->"Download and debug"将程序烧写到按键无线节点中。

(6) 测试节点间组网是否成功。

① LED端无线节点、按键端无线节点组网成功后，PC端不断接收到LED端无线节点发送的D4灯状态，如下所示：

```
/aaaa:0:0:0:280:e102:1d:57fd >>> {D1=0}
/aaaa:0:0:0:280:e102:1d:57fd >>> {D1=0}
.......
```

② PC 端不断接收 LED 端发送的 D4 灯状态信息"{D1=0}",即此时 LED 无线节点的 D4 灯处于熄灭状态。按下按键无线节点 K1,按键端无线节点发送"A1=0"命令给 PC 端,后者接收到"{A0=0}"消息,同时向 LED 端无线节点(a aaa:0:0:0:280:e102:1d:57fd)发送"{TD1=1}"消息。LED 端无线节点执行完 D4 灯反转操作后,返回"{D1=1}"状态信息给 PC 端,如下所示:

```
/aaaa:0:0:0:280:e102:1d:57fd >>> {D1=0}
/aaaa:0:0:0:280:e102:1d:57ae >>> {A0=0}
/aaaa:0:0:0:280:e102:1d:57fd <<< {TD1=1}
/aaaa:0:0:0:280:e102:1d:57ae >>> {A0=1}
/aaaa:0:0:0:280:e102:1d:57fd >>> {D1=1}
```

③ 当 LED 无线节点的 D4 灯处于熄灭状态时,屏幕显示"S:{D1=0} R:{TD1=1}",按下按键无线节点 K1,屏幕显示"S:{A0=0}",同时 LED 无线节点的 D4 灯被翻转且屏幕显示"S:{D1=1} R:{TD1=1};"。松开按键端无线节点 K1,屏幕又显示"S:{A0=1}",如图 13-10 所示。

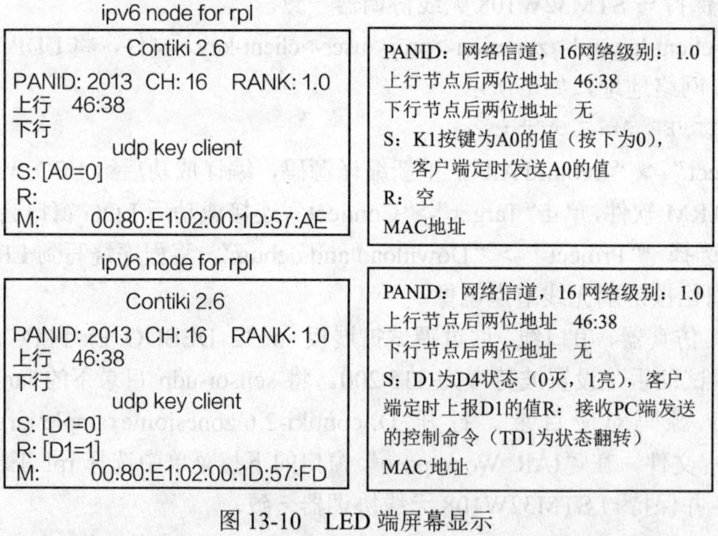

图 13-10 LED 端屏幕显示

13.4 传感器信息 CoAP 采集及控制

13.4.1 CoAP 工作原理

1. CoAP 协议介绍

在众多应用领域中,互联网 Web 服务已经非常普及,该服务依赖于 Web 的基本 REST (Representational State Transfer)式架构。REST 是指表述性状态转换架构,是互联网资源访问协议的一般性设计风格。REST 提出了一些设计概念和准则:网络上的所有对象都被抽象为资源；每个资源对应一个唯一的资源标识；将所有资源链接在一起；使用标准的通用方法；对资源的所有操作是无状态的。HTTP 协议就是一个典型的符合 REST 准则的协议，但在受限网络（Constrained Network）中，数据包长度受限，还可能会出现大量丢包，也可能会有大量的设备在任何时间点关机，但是又会在短暂的时间内定期地"苏醒"。网络以及网络中的节点严重受限于吞吐量、可用的功率，特别是每个节点的代码空间和存储空间小，无法支持复杂协议的实现。HTTP 协议显得过于复杂，开销过大，因此需要为受限网络上运行的面向资源的应用设计一种符合 REST 准则的协议。2010 年 3 月，属于 IETF 应用领域的 CoRE（Constrained RESTful Environment）工作组正式成立，为受限网络和节点制定相关的 REST 形式的应用协议，这就是 CoAP 协议（Constrained Application Protocol）。

CoAP 协议是一种面向网络的协议，采用了与 HTTP 类似的特征，核心内容为资源抽象、REST 式交互以及可扩展的头选项等。其主要目标就是设计一个通用 Web 协议，满足受限环境的特殊需求。CoAP 协议不是盲目地压缩 HTTP 协议，而是实现一个针对 M2M 进行优化的与 HTTP 协议有共同的 REST 形式的子集。虽然 CoAP 协议可以用于压缩简单的 HTTP 接口，更重要的是提供针对 M2M 的特性，例如内置发现、多播支持和异步消息交换。CoAP 可以轻易地翻译到 HTTP，以在满足对受限环境和 M2M 应用的特殊需求如多播支持、低开销和简单性的同时整合现有 Web 协议。

2. CoAP 协议与 6LoWPAN 的关系

由于 TCP/IP 协议栈不适用于资源受限的设备，因此人们提出一种 6LoWPAN 协议栈，6LoWPAN 使 IPv6 可用于低功耗的有损网络，它基于 IEEE 802.15.4 标准。CoAP 协议是 6LoWPAN 协议栈中的应用层协议。

3. CoAP 协议分析

CoAP 协议是为物联网中资源受限设备制定的一种面向网络的应用层协议。它具有与 HTTP 协议类似的特征，核心内容为资源抽象、REST 式交互及可扩展头选项等。应用程序通过 URI 标识来获取服务器上的资源，即可像 HTTP 协议那样对资源进行 GET、PUT、POST 和 DELETE 等操作。CoAP 协议具有如下特点。

1）报头压缩

CoAP 包含一个紧凑的二进制报头和扩展报头，只有 4 字节的基本报头，基本报头后面跟扩展选项。一个典型请求报头为 10～20 字节。CoAP 协议的格式如图 13-11 所示。

0 1 2 3 4 5 6 7 8 9 0 1 2 3 4 5 6 7 8 9 0 1 2 3 4 5 6 7 8 9
V | T | OC | Code | Message ID
Payloads(If any)
Options(If any)

图 13-11　CoAP 协议的格式

其中，V（Version）表示 CoAP 协议版本号；T（Type）表示消息信息类型；OC（Option Count）表示报头后面的可选数量；Code 表示消息类型（请求消息、响应消息或空消息）；Message ID 表示消息编号，用于重复消息检测、匹配消息类型等。

2）方法和 URIs

为实现客户端访问服务器上的资源，CoAP 支持 GET、PUT、POST 和 DELETE 等方法。

CoAP 还支持 URIs，这是 Web 架构的主要特点。

3）传输层使用 UDP

CoAP 协议建立在 UDP 协议之上，以减少开销和支持组播功能。它也支持一个简单的停止和等待的可靠性传输机制。

4）支持异步通信

HTTP 对 M2M（Machine-to-Machine）通信不适用，这是由于事务总是由客户端发起。而 CoAP 协议支持异步通信，这对 M2M 通信应用来说是常见的休眠/唤醒机制。

5）支持资源发现

为了自主发现和使用资源，它支持内置的资源发现格式，用于发现设备上的资源列表，或者用于设备向服务目录公告自己的资源。它支持 RFC5785 中的格式，在 CoRE 中用"/.well—known/core"路径表示资源描述。

6）支持缓存

CoAP 协议支持资源描述的缓存以优化其性能。

7）订阅机制

CoAP 使用异步通信，订阅机制实现从服务器端到客户端的消息推送，它是请求成功后自动注册的一种资源后处理程序，由默认 PERIODIC_RESOURCEs 和 EVENT_来进行配置，其事件和轮询处理程序用 EST.notify_subscri bers()函数来发布。

4. CoAP 协议栈

CoAP 协议传输层使用 UDP 协议。由于 UDP 传输不可靠性，CoAP 协议采用双层结构，定义带有重传的事务处理机制，并且提供资源发现和资源描述等功能。CoAP 采用尽可能小的载荷，从而限制了分片。事务层（Transaction Layer）用于处理节点之间的信息交换，同时提供组播和拥塞控制等功能。请求/响应层（Request/Response Layer）用于传输对资源进行操作的请求和响应信息。CoAP 协议的 REST 构架是基于该层的通信。CoAP 的双层处理方式，使 CoAP 即使没有采用 TCP 协议，也可以提供可靠的传输机制。其利用默认的定时器和指数增长的重传间隔时间实现 CON（Confirmable）消息的重传，直到接收方发出确认消息。另外，CoAP 的双层处理方式支持异步通信，这是物联网和 M2M 应用的关键需求之一。

5. CoAP 的订阅机制

HTTP 的请求/响应机制是假设事务都是由客户端发起的，通常叫作拉模型。这导致客户端效率很低，设备都是无线低功耗的，这些设备大部分时间处于休眠状态，因此不能响应轮询请求。而 CoRE 认为支持本地的推送模型是一个重要的需求，也就是由服务器初始化事务到客户端。推送模型需要一个订阅接口，用来请求响应关于特定资源的改变。而由于 UDP 的传输是异步的，所以不需要特殊的通知消息。CoAP 的订阅机制如图 13-12 所示。

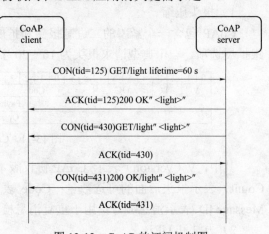

图 13-12　CoAP 的订阅机制图

6. CoAP 的交互模型

CoAP 使用类似于 HTTP 的请求/响应模型，终端节点作为客户端向服务器端发送一个或多个请求，服务器端回复客户端的请求。不同于 HTTP，CoAP 请求和响应在发送之前不需要事先建立连接，而是通过 CoAP 信息来进行异步信息交换。CoAP 协议使用 UDP 进行传输。这是通过信息层选项的可靠性来实现的。其定义 4 种类型信息：可证实的 CON（Confirmable）信息、不可证实的 NON（Non-Confirmable）信息、可确认的 ACK（Acknowledgement）信息和重置信息 RST（Reset）。方法代码和响应代码包含在这些信息中，实现请求和响应功能。这 4 种类型的信息对于请求/响应的交互来说是透明的。

CoAP 的请求/响应语义包含在 CoAP 信息中，其中分别包含方法代码和响应代码。CoAP 选项中包含可选的（或默认的）请求和响应信息，例如 URI 和负载内容类型。令牌选项用于独立匹配底层的请求到响应信息。请求/响应模型中，请求包含在可证实的或不可证实的信息中，如果服务器端是立即可用的，它对请求的应答包含在可证实的确认信息中。

虽然 CoAP 协议目前还在制定当中，但 Contik 嵌入式操作系统已经支持 CoAP 协议。Contiki 是一个多任务操作系统，并带有 uIPv6 协议栈，适用于嵌入式系统和无线传感器网络，它占用系统资源少，适用于资源受限的网络和设备。目前，火狐浏览器已经集成了 Copper 插件，从而实现了 CoAP 协议。

7. CoAP 协议的火狐浏览器实现

基于 CoAP 协议的系统由用户浏览器、Web 服务器、IPv6 智能网关、IPv6 无线节点组成。用户浏览器通过 HTTP 协议访问 Web 服务器，IPv6 无线节点通过 CoAP 协议和 IPv6 智能网关进行通信，从而实现用户浏览器访问节点上资源的功能，系统结构如图 13-13 所示。

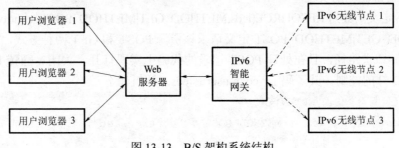

图 13-13　B/S 架构系统结构

图中实线表示有线连接，虚线表示无线连接。

13.4.2　传感器 CoAP 实例

无线节点 CoAP 服务器端的实现
1）CoAP REST 引擎的实现

CoAP REST 引擎的作用是将所有网络对象（无线节点 LED 资源）抽象为网络资源，然后将这些资源提供给客户端（PC 或 Android），后者通过 Web 浏览器、CoAP 命令来访问或者控制这些网络资源，REST 服务进程源码 sensor-coap \iar-coap\user\er-app.c 解析如下：

```c
PROCESS(rest_server_er_app, "Erbium Application Server");
AUTOSTART_PROCESSES(&rest_server_er_app);    //定义REST服务进程
PROCESS_THREAD(rest_server_er_app, ev, data)
{   PROCESS_BEGIN();
    PRINTF("Starting Erbium Application Server\n");
    Display_ASCII6X12_EX(0, LINE_EX(4), "coap server", 0);  //在LCD屏上显示"coap server"
    er_poll_event = process_alloc_event(); rest_init_engine();  //初始化REST引擎
    rest_activate_resource(&resource_leds); //激活LED资源
    /* 定义应用所要的事件*/
    while(1) {
    PROCESS_WAIT_EVENT();
    if(ev==er_poll_event) {
      #if REST_RES_SEPARATE && WITH_COAP>3
     /* Also call the separate response example handler. */
      separate_finalize_handler();
       #endif
       }
    } /* while (1) */
    PROCESS_END();
}
```

2）LED资源驱动的实现

LED资源定义函数为RESOURCE(leds,METHOD_GET|METHOD_POST,"control/led", "")，其中METHOD_GET|METHOD_POST定义请求该资源POST和GET两种方式，"control/led"定义LED资源请求路径，且在处理POST请求的代码中实现打开、关闭、翻转LED命令的解析和对LED灯的控制。其源码\iar-coap\user\rsleds.c解析如下：

```c
//led资源定义，赋予POST、GET方法
RESOURCE(leds, METHOD_GET | METHOD_POST , "control/led", "");  //LED资源事件处理方法
void leds_handler(void* request, void* response, uint8_t *buffer, uint16_t preferred_size, int32_t *offset)
{   size_t len=0;
    uint8_t led=1;  static char buf[64];
    if(METHOD_GET==coap_get_rest_method(request)) {     //处理GET请求
        Display_ASCII6X12_EX(0, LINE_EX(5), "GET LED", 0);  //在LCD上显示"GET LED"
        snprintf(buf, sizeof(buf), "{D1=%d}", leds_get()&led);    //获取LED的状态
        REST.set_header_content_type(response, REST.type.TEXT_PLAIN);
        REST.set_response_payload(response, buf, strlen(buf));    //发送LED的状态给客户端
```

6LoWPAN 物联网综合应用 第13章

```
       return;
    }
    if(METHOD_POST==coap_get_rest_method(request)) {//处理 POST 请求
       Display_ASCII6X12_EX(0, LINE_EX(5), "POST LED", 0); //在 LCD 上显示"POST LED"
        char *payload=NULL;
       len = REST.get_request_payload(request, &payload); memcpy(buf, payload, len);
       buf[len]=0;
       Display_ASCII6X12_EX(0, LINE_EX(6), buf, 0); //在 LCD 上显示接收的指令
       //根据指令的内容判断执行相应的 LED 的控制方法
       if(len>0&&payload[0]=='{'&& payload[len-1]=='}')
        { if(memcmp(&payload[1], "OD1=1", 4)==0) {    //打开 LED
             leds_on(led);
         } elseif(memcmp(&payload[1], "CD1=1", 4)==0) {    //关闭 LED
             leds_off(led);
         } elseif(memcmp(&payload[1], "TD1=1", 4)==0) {    //翻转 LED
             leds_toggle(led);
         } else{
             REST.set_response_status(response, REST.status.BAD_REQUEST);
             return;
         }
         snprintf(buf, sizeof(buf), "{D1=%d}", leds_get()&led);
       REST.set_header_content_type(response, REST.type.TEXT_PLAIN);
       REST.set_response_payload(response, buf, strlen(buf));    //发送 LED 的状态
给客户端
      } else {
        REST.set_response_status(response, REST.status.BAD_REQUEST);
      }
     return;
   }
}
```

3）PC 端 CoAP 控制无线节点的实现

PC 端通过 CoAP 控制节点 LED 灯的开与关的源码 sensor-coap\pc-coap\CoapOP.java 如下：

```
public class CoapOP
{
   public static void main(String[] argv) throws Exception {
     if(argv.length<2) {
       System.out.println("Coap <GET|POST> [data] <url>"); //CoAP 命令运行参数格式
       System.exit(1);
     }
```

```
    Log.setLevel(Level.OFF); Log.init();
    Request r=null;
    if(argv[0].equalsIgnoreCase("GET")) {     //处理 GET 请求
         r=new GETRequest();
    } elseif(argv[0].equalsIgnoreCase("POST")) {      //处理 POST 请求
         r=new POSTRequest();
    } else {
    System.out.println("Unknow operator '"+argv[0]+"'"); System.exit(1);
    }
    String url=null;
    if(argv.length>=3) {//获取命令的 URL 参数
       r.setPayload(argv[1]); url=argv[2];
      } else {
       url=argv[1];
    }
    r.setURI(url);    //设置请求的 URL 参数
    r.enableResponseQueue(true);
    r.execute(); //执行请求的发送
    Response response=r.receiveResponse();    //获取无线节点返回的响应
    if(response==null) {
       throw new Exception("sensor response time out");
    }
    if(response.getCode()!=CodeRegistry.RESP_CONTENT) {
       throw new Exception(CodeRegistry.toString(response.getCode()));
    }
    System.out.println("OK");
    System.out.println(response.getPayloadString());      //打印无线节点返回的响应
    }
}
```

4）Android 端通过 CoAP 控制无线节点的实现

Android 端通过 CoAP 控制节点 LED 灯的开与关，其源码 sensor-coap\android-coap\src\com\zonesion\ipv6\ex77\ctrl \coap \MainActivity.java 如下：

```
public class MainActivity extends Activity implements OnClickListener
{   String mDefServerAddress="aaaa:2::02fe:accf:2320:7399";
    Button mBtnOn; Button mBtnOff; Button mBtnSt;
    TextView mTVInfo; EditText mETAddr;
    /*发送命令单击事件实现*/
    @Override
    public void onClick(View v) {
```

```java
        // TODO Auto-generated method stub String msg=null;
        Request request=null;
        if(v==mBtnOn) { //处理打开 LED 命令单击事件 msg="{OD1=1}"; //打开 LED 命令
            request=new POSTRequest();
        }
        if(v==mBtnOff) {    //处理关闭 LED 命令单击事件
            msg="{CD1=1}";   //关闭 LED 命令
            request=new POSTRequest();
        }
        if(v==mBtnSt) {//处理获取 LED 状态单击事件 msg="{D1=?}";    //获取 LED 状态命令
            request=new GETRequest();
        }
        if(request==null) return;
        String uri="coap://["+mETAddr.getText().toString()+"]/control/led";//拼接 URL 字符串
        request.setURI(uri);//设置 Request 消息的 URL
        request.setPayload(msg);//设置 Request 消息的命令参数
        request.enableResponseQueue(true); try {
        request.execute();        //发送 Request 消息
        Response response=request.receiveResponse();    //接收 Response 响应
        if(response==null) {
            throw new Exception("sensor response time out");
        }
        if(response.getCode()!=CodeRegistry.RESP_CONTENT) {
            throw new Exception(CodeRegistry.toString(response.getCode()));
        }
        mTVInfo.setText("节点状态:"+response.getPayloadString());     //打印 Response 消息
        } catch (Exception e) {
            // TODO Auto-generated catch block e.printStackTrace();
        }
    }
}
```

13.4.3 实例操作步骤

1. 部署 802.15.4 子网网关环境

选择一块 STM32W108 无线节点作为服务器端,PC(或 Android)作为客户端,确保 PC 端与 802.15.4 子网网关以及 802.15.4 边界路由器进行正常通信。

2. 编译固化 STM32W108 无线节点镜像

正确连接 JLINK 仿真器、串口线到 PC 和 STM32W108 无线节点，打开串口调试助手，设置波特率为 115 200。将 sensor-coap 目录下的 iar-coap 实验例程源码包拷贝到 Contiki 源码对应的 H:\contiki-2.6\zon esion\ example\iar\目录中。

打开 D:\contiki-2.6\zonesion\example\iar\iar-coap\zx103.eww 文件，在"IAR Workspace"窗口的下拉菜单中选择 rpl 工程，修改 PANID 和 CHANNEL，并保持与 STM32W108 无线协调器一致，然后单击"Project"->"Rebuild All"，重新编译源码，编译成功后给无线节点通电，然后打开 J-Flash ARM 软件，单击"Target"->"Connect"，连接成功后，LOG 窗口会提示"Connected Successfully"，选择"Project"->"Download and debug"，将程序烧写到无线节点中。

3. 查看服务器端 STM32W108 无线节点的网络地址

STM32W108 协调器、STM32W108 无线节点重新上电，通过屏幕可查看服务端无线节点的 MAC 地址是 00:80:E1:02:00:1D:57:AE，进而计算得到服务器端 STM32W108 无线节点的网络地址是 aaaa::0280:E102:001D:57AE。

4. 测试节点间组网是否成功

测试 STM32W108 无线节点与 ST M32W108 协调器组网是否成功。

（1）将\sensor-coap\pc-coap 实验例程源码包拷贝到工作目录。在 PC 端依次选择"开始"->"运行"，键入"cmd"，打开命令行终端。

```
#1、设置当前目录
C:\Users\Administrator> D:
D:\> cd pc-coap
#2、编译当前目录下的CoapOP.java 程序,其中-cp 参数选项指定编译所需的
Californium-coap-z.jar 包
D:\ pc-coap > javac-cp Californium-coap-z.jar CoapOP.java
```

（2）运行编译后的 CoapOP.class 文件。运行命令为"java-cp .;Californium-coap-z.jar Coap <GET|POST> [data] <url>"，其中"-cp .;Californium-coap-z.jar"指定运行 CoapOP.class 文件所需的 Jar 文件；参数<GET|POST>指定发送 GET|POST 请求；[data]指定请求发送的数据（例如{OD1=1}、{CD1=1}、{D1=?}等）；<url>指定请求的目的地址，例如"coap://[aaaa::0280:E102:001D:57AE]/control/led"，其中"[]"内指定无线节点的网络地址 aaaa::0280:E102:001D:57AE，"/control/led"指定所要打开的资源。

```
#3、查看运行CoapOP.class 文件所需的参数选项
D:\ pc-coap >java-cp .;Californium-coap-z.jar CoapOP
Coap <GET|POST> [data] <url>
```

（3）开灯命令发送成功后，无线节点板上的 D4 灯点亮，同时命令窗口返回响应消息"{D1=1}"，即 D4 的最新状态为"开"。URL（即"coap://[aaaa::0280:E102:001D:57AE]/control/led"）内的网络地 址为服务端 STM32W108 无线节点的网络地址。查看所获得的地址。

```
#3、发送"{OD1=1}"命令执行点亮无线节点 D4 灯的操作
H:\ pc-coap> java-cp .;Californium-coap-z.jar CoapOP POST {OD1=1}
```

```
coap://[aaaa::0280:E102:001 D:57AE]/control/led
2016-10-20    14:55:03        [util.Log]        INFO
=[ START-UP ] =============== OK
{D1=1}
```

（4）关灯命令发送成功后，可以看到无线节点板上的 D4 灯熄灭，同时命令窗口返回响应消息 "{D1=0}"，即 D4 的最新状态为"关"。注意 URL（即"coap://[aaaa::0280:E102:001D:57AE]/control/led"）内的网络地址为服务端无线节点的网络地址。查看所获得的地址。

```
#4、发送"{CD1=1}"命令执行关闭无线节点 D4 灯的操作
H:\7.4.2-pc-coap> java-cp .;Californium-coap-z.jar CoapOP POST {CD1=1}
coap://[aaaa::0280:E102:001 D:57AE]/control/led
2016-10-20    14:59:13        [util.Log]        INFO
=[ START-UP ] ========== OK
{D1=0}
```

（5）查询命令发送成功后，窗口返回响应消息，"{D1=0}"表示当前 D4 灯的最新状态为"关"。特别注意，URL（即"coap://[aaaa::0280:E102:001D:57AE]/control/led"）内的网络地址为服务端 STM32W108 无线节点的网络地址。

```
#4、发送 GET 请求查询 D4 灯的状态。
D:\ pc-coap> java-cp .;Californium-coap-z.jar CoapOP GET
coap://[aaaa::0280:E102:001D:57AE]/co ntrol/led
2016-10-20    15:03:33        [util.Log]        INFO        -
==[ START-UP ]======== OK
{D1=0}
```

5. Android 客户端实验测试结果

（1）准备 Android-coap 例程包。将\sensor-coap\android-coap 实验例程源码包拷贝到工作目录下。准备 Android 开发环境，完成 Android 环境的安装与配置。

（2）编译 android-coap 工程。进行 android-coap 的导入和编译，生成 ctrl-coap.apk 并安装到 S5PV210 网关内。在网关 Android 系统上打开 "CoAP Android 库使用"，并在节点地址栏里面输入服务端无线节点的网络地址 "aaaa::0280:E102:001D:57AE"，如图 13-14 所示。

图 13-14 在 Android 端输入 STM32W108 无线节点的网络地址

在图 13-14 中单击"获取 LED 状态"按钮即可查询 D4 灯的状态，单击"打开 LED""关闭 LED"按钮就可以看到无线节点的 D4 灯点亮、熄灭。

（3）单击"获取 LED 状态"按钮，无线节点的 D5 灯不停闪烁，表示获取"D4 灯状态"消息已发送到无线节点，同时接收到 STM32W108 无线节点返回的响应消息 "{D1=0}"，其

表示 D4 灯的最新状态为"关",如图 13-15 所示。

图 13-15　Android 端 D1=0 时的显示页面

(4) 单击"打开 LED"按钮,无线节点的 D4 灯点亮,同时接收到无线节点返回的响应消息"{D1=1}",其表示 D4 灯的最新状态为"开",如下图 13-16 所示。

图 13-16　Android 端 D1=1 时的显示页面

(5) 单击"关闭 LED"按钮,无线节点的 D4 灯熄灭,同时接收到无线节点返回的响应消息"{D1=0}",其表示 D4 灯的最新状态为"关",其显示页面类似图 13-15。

13.5　传感器应用综合实训

13.5.1　无线节点信息采集与 LED 控制底层的实现

1) CoAP REST 引擎的实现

实现 CoAP REST 引擎的 mesh-top\iar- mesh-top\user\er-app.c 关键源码如下:

```
process_event_t   er_poll_event;
PROCESS(rest_server_er_app, "Erbium Application Server");   //定义 REST 服务进程
AUTOSTART_PROCESSES(&rest_server_er_app);
PROCESS_THREAD(rest_server_er_app, ev, data)
{   PROCESS_BEGIN();
    PRINTF("Starting Erbium Application Server\n");
    er_poll_event=process_alloc_event();
    /* Initialize the REST engine. */
    rest_init_engine(); //初始化 REST 引擎
    rest_activate_resource(&resource_leds); //激活 LED 资源
    rest_activate_event_resource(&resource_misc);   //激活 misc 资源(传感器资源)
    /* 定义应用所需要的事件*/
    while(1) {
    PROCESS_WAIT_EVENT();
```

```
    if(ev==er_poll_event) { //如果事件为传感器采集数据则改变事件
      if(data==&resource_misc)
      /* Call the event_handler for this application-specific event. */
      misc_event_handler(&resource_misc);   //调用misc_event_handler方法进行处理
      #if REST_RES_SEPARATE&&WITH_COAP>3
        separate_finalize_handler();
      #endif
    }
    /* Also call the separate response example handler. */
  } /* while(1) */
  PROCESS_END();
}
```

2）传感器信息采集资源驱动的实现

传感器信息采集线程 misc_app 开始执行后，首先调用 sensor_misc.config()完成传感器初始化配置，通过定时器每隔 1 s 调用 sensor_misc.getValue()方法对 LCD 屏信息进行实时更新，以及调用 sensor_misc.poll（tick++）方法对传感器数据进行动态更新。此处 sensor_misc.config()、sensor_misc.getValue()、sensor_misc.poll（tick++）方法为结构体定义的方法，各个传感器均有上述方法的具体实现。线程\iar-co ap\user\rsmisc.c 代码如下：

```
PROCESS_NAME(rest_server_er_app);   //声明 rest_server_er_app 线程
PROCESS(misc_app, "misc sensor app");   //定义 misc_app 线程
PROCESS_THREAD(misc_app, ev, data)
{  static struct etimer timer; static unsigned int tick = 0;
   PROCESS_BEGIN();
   sensor_misc.config();     //执行传感器初始化配置
   #if !defined(WITH_RPL_BORDER_ROUTER)
      Display_GB_12(1, 80, CO_TEXT, "传感器 "SENSOR_NAME); //LCD屏幕信息显示
      Display_GB_12(1, 80+14, CO_TEXT, "当前值");
   #endif
   etimer_set(&timer, CLOCK_CONF_SECOND);   //定义一个定时器
   while(1)
   {  PROCESS_WAIT_EVENT();
      if(ev==PROCESS_EVENT_TIMER) { //如果为定时器触发事件则执行
        #if !defined(WITH_RPL_BORDER_ROUTER)
          char buf[64];
          //调用 getValue 方法更新实时数据到 LCD 显示屏
          snprintf(buf, sizeof(buf), "%s  ", sensor_misc.getValue());
          Display_ASCII6X12_EX(55, 80+14, buf, 0);
        #endif
        sensor_misc.poll(tick++);   //每隔1s执行poll方法
```

```
      etimer_reset(&timer);
    }
  }
  PROCESS_END();
}
void misc_event_handler(resource_t *r)  //实时数据更新事件处理方法
{
  static uint16_t event_counter=0;
  char *pcontent;
  ++event_counter;
  PRINTF("TICK %u for /%s\n", event_counter, r->url);
  pcontent = sensor_misc.getValue();    //调用 getValue 方法更新实时数据
  /* Build notification. */
  coap_packet_t notification[1]; /* This way the packet can be treated as pointer as usual. */
  coap_init_message(notification, COAP_TYPE_NON, CONTENT_2_05, 0);
  REST.set_header_content_type(notification, REST.type.TEXT_PLAIN);
  coap_set_payload(notification, pcontent, strlen(pcontent));
  REST.notify_subscribers(r, event_counter, notification);
}
void misc_sensor_notify(void)
{
  extern process_event_t er_poll_event;
  process_post(&rest_server_er_app, er_poll_event, &resource_misc);
    /*通过 REST 引擎触发传感器采集数据改变事件。另外，在 rest_server_er_app 线程中监听了该事件，并在监听事件中调用 misc_event_handler(resource_t *r)方法执行更新事件处理。*/
}
```

另外，rsmisc.c 还实现对信息采集资源定义以及对信息采集资源进行 CoAP 访问的处理，sensor/misc 资源的实现如下所示：

```
EVENT_RESOURCE(misc, METHOD_GET|METHOD_POST, "sensor/misc", "obs");
void misc_handler(void* request, void* response, uint8_t *buffer, uint16_t preferred_size, int32_t *offset)
{  int length=0; char *pdat, *rdat;
   if((METHOD_POST==REST.get_method_type(request)))
   { //处理 POST 请求
     int len;
     len=REST.get_request_payload(request, &pdat);
     if(len>0) {
       rdat=UIBee_decode(pdat, len, sensor_misc.execute);
```

```
        length=strlen(rdat);
        if(length>preferred_size) length=preferred_size;
        memcpy(buffer, rdat, length); }
 }
 if(METHOD_GET==REST.get_method_type(request)) {   //处理 GET 请求
    char *pv;
    if(REST.get_query_variable(request, "q", &pv)) {
       if(pv!=NULL&&*pv=='t') {
         #ifdef WITH_RPL_BORDER_ROUTER
            Length=sprintf((char *)buffer, "%u", 3);
         #else
            Length=sprintf((char *)buffer, "%u", CONFIG_SENSOR);
         #endif }
    } else {
      rdat=sensor_misc.getValue();    //调用传感器资源获取当前传感器采集值
       if(rdat!=NULL&&(length=strlen(rdat))>0) {
          if(length>preferred_size) length=preferred_size;
          memcpy(buffer, rdat, length);
       } else { length=2; buffer[0]='{'; buffer[1]='}';}
    }
 }
 REST.set_header_content_type(response, REST.type.TEXT_PLAIN);
 /* text/plain is the default, hence this option could be omitted. */
 REST.set_header_etag(response, (uint8_t *) &length, 1);
 REST.set_response_payload(response, buffer, length);
}
```

其中"EVENT_RESOURCE(misc, METHOD_GET|METHOD_POST, "sensor/misc", "obs")"语句定义传感器信息采集资源，misc 定义资源名，METHOD_GET| METHOD_POST 定义请求 misc 资源的两种方式 POST 和 GET，""sensor/misc""定义请求路径，且在处理上层发送过来的 GET 请求时，通过调用 getValue 方法返回当前传感器信息采集值。

3）传感器信息采集资源的定义实现

在 misc_sensor.h 头文件中列出所有传感器资源（例如温湿度传感器、空气质量传感器、光敏传感器等），下面以空气质量传感器为例介绍该传感器信息采集所定义的方法实现，其中主要方法说明见表 13-3。

表 13-3 传感器信息采集所定义的方法

方 法 名	说　　明
static void AirGas_Config(void)	空气质量传感器初始化
static char* AirGas_GetTextValue(void)	获取空气质量传感器信息采集值

续表

方法名	说明
static void AirGas_Poll(int tick)	监测空气质量传感器信息采集值的改变
static char* AirGas_Execute(char* key, char* val)	响应上层发送的"{A0=?}"命令查询空气质量传感器值

其中 iar-coap\user\misc_sensor.c 代码实现部分如下：

```
#elif CONFIG_SENSOR==SENSOR_AirGas /* 空气质量传感器 */
static void AirGas_Config(void)  //空气质量传感器初始化
{ ADC_Configuration(); }
static char* AirGas_GetTextValue(void)  //获取空气质量传感器信息采集值
{ uint16_t v;
  v=ADC_ReadValue();    //读取传感器采集值
  snprintf(text_value_buf, sizeof(text_value_buf), "{A0=%u}", v);
  return text_value_buf;
}
static void AirGas_Poll(int tick)    //监测空气质量传感器信息采集值的改变
{ if(tick%5==0)misc_sensor_notify(); }
//响应上层发送的"{A0=?}"命令查询空气质量传感器信息采集值
static char *execute(char *key, char *val)
{ text_value_buf[0]=0;
   if(strcmp(key, "A0")==0&&val[0]=='?')
     snprintf(text_value_buf, sizeof(text_value_buf), "A0=%u",
ADC_ReadValue());
   return text_value_buf;
}
MISC_SENSOR(CONFIG_SENSOR, &AirGas_Config,
&AirGas_GetTextValue, &AirGas_Poll, &execute);  //将上述 4 种方法封装到宏
MISC_SENSOR
```

另外 misc_sensor.h 实现传感器资源和宏 MISC_SENSOR 的定义，并将封装在宏 MISC_SENSOR 里的方法填充到 sensor_t 结构体中，以方便在传感器信息采集资源实现中使用统一的结构体方法及调用相应传感器资源实现方法。其中空气质量传感器资源实现方法与结构体定义方法的对应关系见表 13-4。

表 13-4 传感器资源实现方法与结构体定义方法的对应关系

空气质量传感器资源实现方法	结构体定义方法
static void AirGas_Config(void)	void (*config)();
static char* AirGas_GetTextValue(void)	char* (*getValue)();
static void AirGas_Poll(int tick)	void (*poll)(int);
static char* AirGas_Execute(char* key, char* val)	char* (*execute)(char* key, char* val);

iar-coap\user\misc_sensor.h 核心代码实现如下：

```
#define SENSOR_HumiTemp           11      /* 温湿度传感器*/
#define SENSOR_AirGas             12      /* 空气质量传感器*/
#define SENSOR_Photoresistance    13      /* 光敏传感器 */
#define SENSOR_CombustibleGas     21      /* 可燃气体 */
#define SENSOR_Flame              22      /* 火焰*/
#define SENSOR_Infrared           23      /* 人体红外 */
//以上是资源定义
#define CONFIG_SENSOR    SENSOR_AirGas    //配置当前工程为SENSOR_AirGAS 传感器资源
typedef struct {      //sensor_t 结构体
   void (*config)(); char* (*getValue)();
   char* (*execute)(char* key, char* val); void (*poll)(int);
} sensor_t;
extern void misc_sensor_notify(void); extern sensor_t sensor_misc;
#define MISC_SENSOR(name, cg, gv, po, ex) sensor_t
sensor_misc={.config=##cg, .getValue=##gv,.poll=##po,.execute=##ex}
```

13.5.2　MeshTop 综合应用程序的实现

1. MehTop 综合应用程序 Top 图的构建

在 MeshTop 综合应用中，RPLNetTOPActivity.java 构建 RPL TOP 图，WIFINetTOPActivity.java 构建 WiFi TO 图，BTNetTOPActivity.java 构建 BT TOP 图，TOPActivity.java 构建 MeshTop 图。以下详细介绍 RPL TOP 图的构建过程。

1）RPLNetTOPActivity 界面 RPL TOP 图的构建

RPLNetTOPActivity.java 通过 new ConnectThread（3000）开启 3000 端口与所有无线节点建立连接，一旦某一无线节点与服务器端建立连接，则调用 onDataHandler（InetAddress a, byte [] b, int len）将该无线节点添加到 RPL TOP 图中，其中 byte b[]为无线节点发送给服务器端的路由数据包，通过解析路由数据包数据，将该节点的上行、下行、邻居节点信息分别填充到对应集合中，最后调用 mTopManage.handlerNDR(ma,b[0],ln,ld,lr)，根据该节点的集合数据信息将该节点绘到 RPL TOP 图中。

2）RPLNetTOPActivity 界面节点单击事件的实现

方法 mTopHandler.setNodeClickListener（new OnClickListener(){}）实现节点单击事件处理。该方法中通过 intent.putExtra（"mote", a.toString()）将传感器 MoteAddress 封装到 intent，而 intent.putExtra（"type",st）将传感器类型封装到 intent，BTNetTOPActivity.this.startActivity（intent）在跳转到 MiscActivity.class 的同时，将这些封装信息传递到 MiscActivity.class，后者根据 intent 封装的传感器 type 信息，动态生成标签（LED 标签、传感器标签），以使每次单击不同节点进入 MiscActivity 时看到的是特定节点的标签页面。

```
public class BTNetTOPActivity extends Activity implements DataHandler
```

```java
{
    TopManage mTopManage;
    TopHandler mTopHandler;
    ConnectThread mConnectThread=new ConnectThread(3000);   //服务器端开启3000端口
    HashMap<Short, MoteAddress>mNodes=new HashMap<Short, MoteAddress>();
    HashMap<Short, Integer>mNodeType=new HashMap<Short, Integer>();
@Override
public void onCreate(Bundle savedInstanceState) {
    super.onCreate(savedInstanceState);
    setContentView(R.layout.top);
    mTopHandler=new TopHandler(this, (DragLayout)findViewById(R.id.dragLayout));
    mTopManage=new TopManage(mTopHandler);
    // mTopHandler 实现节点单击事件
    mTopHandler.setNodeClickListener(new OnClickListener()
    { @Override public void onClick(View v) {
        MoteAddress a=(MoteAddress) v.getTag();
        String x=a.toString().toUpperCase();
        if(x.endsWith("AAAA:2::1") || x.equals("AAAA::1") || x.equals("AAAA:1::1"))
{ Toast.makeText(BTNetTOPActivity.this, "网关虚拟节点,不能进行此操作",
        Toast.LENGTH_LONG).show();
        return; }
    int t=mNodeType.get(a.getShortAddr());
    intent intent=new Intent();
    intent.putExtra("mote", a.toString());//将传感器MoteAddress信息封装到intent
    String st="0"; if(t!=3) st+=","+t;});
}
    intent.putExtra("type", st); //将传感器type信息封装到intent
    intent.setClass(BTNetTOPActivity.this,com.zonesion.mesh.node.misc.MiscActivity.class);
    BTNetTOPActivity.this.startActivity(intent); //跳转到MiscActivity.class
    mConnectThread.setOnDataHandler(this);
    mConnectThread.setDaemon(true);
    mConnectThread.start();
}
......
@Override public void onDataHandler(InetAddress a, byte[] b, int len)
{ //RPL TOP 构建消息处理
    if(!a.getHostAddress().contains("aaaa:1::")) return;
```

```
    MoteAddress ma=new MoteAddress(a);
    short sa=ma.getShortAddr();
  if(!mNodes.containsKey(sa))
     mNodes.put(sa, ma);
   ArrayList<MoteAddress> ln=new ArrayList<MoteAddress>(); //上行节点MoteAddress
集合
   ArrayList<MoteAddress> ld=new ArrayList<MoteAddress>(); //下行节点MoteAddress
集合
   ArrayList<MoteAddress> lr=new ArrayList<MoteAddress>(); //邻居节点MoteAddress
集合
   int rlen;
//分析无线节点发送给服务器的路由数据包,解析路由数据包数据,将节点分别填充到相应集合当中
  if(b[1]!=0) {
    for (int i=0; i<b[1]; i++)
    { short x=buildShortAddr(b[4+i*2], b[4+i*2+1]);
       if(mNodes.containsKey(x))  ld.add(mNodes.get(x));} }
  if(b[2]!=0) {
    for(int i=0; i<b[2]; i++) {
       short x=buildShortAddr(b[4+b[1]*2+i*2], b[4+(b[1]*2)+i*2+1]);
       if(mNodes.containsKey(x))  lr.add(mNodes.get(x));}}
  if(b[3]!=0) {
    for(int i=0; i<b[3]; i++) {
       short x=buildShortAddr(b[4+b[1]*2+b[2]*2+i*2],
b[4+b[1]*2+b[2]*2+i*2+1]);
       if(mNodes.containsKey(x))  ln.add(mNodes.get(x));}}
  }
  rlen=1+3+b[1]*2+b[2]*2+b[3]*2;
  if(b[0]!=1) {
    if(mNodes.containsKey(MoteAddress.BT_GW_SHORTADDR))
    ld.add(mNodes.get(MoteAddress.BT_GW_SHORTADDR));}
  mTopManage.handlerNDR(ma, b[0], ln, ld, lr);//通过填充后的集合数据绘画TOP图
  ........
  }
}
```

其他网络 TOP 图的构建方法与之类似,参见配套资源包中的 android-mesh-top\MeshTOP\src\com\zonesion\mesh\top\RPLNetTOPActivity.java 源码。

2. MeshTop 综合应用程序 LED 控制的实现

LedCtrlView.java 实现对指定传感器资源的 LED 灯控制。其中主要使用 RunCoapThread

类，该类发送 CoAP 请求线程，通过实例化 RunCoapThread（InetAddress addr,String uri,String method,String payload）构造方法，调用 CoapOP.moteControl（maddr,muri,mmethod,mpayload）方法向无线节点发送 CoAP 请求。

LedCtrlView.java 执行流程：LedCtrlView 启动后通过 RunCoapThread 线程发送 GET 请求获取 LED 灯当前的状态，在 RunCoapThread 中进行解析并通过 mHandler 改变 LED 图标反映 LED 当前状态。单击开关按钮触发按键事件，onClick（View arg0）方法处理对 LED 的开关控制，RunCoapThread 线程向无线节点发送 CoAP POST 请求。其源码 android-mesh-top\MeshTOP\src\com\zonesion\mesh\node\misc\LedCtrlView.java 实现如下：

```java
public class LedCtrlView extends MoteView implements OnClickListener {
//省略 Activity 资源初始化
mHandler=new Handler() {        //改变 LED 图标的亮、灭消息处理
@Override public void handleMessage(Message msg) {
   if(msg.what==1) {
      mLed1View.setImagebitmap(Resource.imageLedOn); led1=1;}
   else{led1=0; mLed1View.setImagebitmap(Resource.imageLedOff); }}
};
try{  // LedCtrlView 启动后发送 GET 请求查询 LED 灯当前的状态。
( new RunCoapThread(InetAddress.getByName(LedCtrlView.this.mMoteAddress.toString()),
    "/control/led", "GET", "")).start();
}
catch (UnknownHostException e) { e.printStackTrace();}
}
class RunCoapThread extends Thread {
   InetAddress maddr;
   String muri;
   String mmethod;
   String mpayload;
   //执行发送 CoAP 请求线程
   RunCoapThread(InetAddress addr, String uri, String method, String payload)
   { super();
     maddr=addr;       //传感器资源网络地址
     muri=uri;  //URL:指明操作的传感器资源
     mmethod=method;    //请求的方式:POST 或者 GET
     mpayload=payload;   //操作:打开或关闭
     this.setDaemon(true);}
   public void run() {
   String rs;
   try{ //发送 CoAP 请求，并返回 LED 状态信息
       rs=CoapOP.moteControl(maddr, muri, mmethod, mpayload);}
```

```
    catch (Exception e)
    {    // TODO Auto-generated catch block
        e.printStackTrace();
      return;
    }
  //省略解析LED状态信息
    }
  }
}
@Override public void onClick(View arg0) {   //LED开关单击事件处理
// TODO Auto-generated method stub
    String uri;
    String[] cmds={"{OD1=1}", "{CD1=1}"};
    String payload=cmds[led1];    //命令:指明操作的动作,打开或关闭
    if(arg0==mBtn1)
      uri="/control/led";    //URL:指明操作的资源是LED
    else
      return;
    try{
      new RunCoapThread(InetAddress.getByName(LedCtrlView.this.mMoteAddress.toString()),
        uri, "POST", payload).start(); //执行发送CoAP请求线程
    }
    catch (UnknownHostException e){ e.printStackTrace();}
  }
}
```

3. MeshTop 综合应用程序信息采集图表的实现

实时采集空气质量信息并动态更新到图表：通过调用 registerMoteHandler（InetAddress a, String rs,ResponseHandler h）方法向无线节点/sensor/misc 资源发送请求信息，获得相应消息后，解析得到传感器信息采集最新的值，通过 mHandler.obtainMessage（1, v1）.sendToTarget() 方法发送给 mHandler 进行更新图表处理。实现空气质量传感器信息并动态更新到图表的代码位于 android-mesh-top\ MeshTOP\src\com\zonesion\mesh\node\misc\ AirGasView.java。

```
public class AirGasView extends MoteView {
  public AirGasView(Context c, MoteAddress a) {
    //省略图表资源初始化
    mHandler=new Handler() {    //动态更新图表Handler实现
      @Override public void handleMessage(Message msg) {
        if(msg.what<0) {
```

```java
            mThread=new cThread();
            mThread.setDaemon(true);
            mThread.start();
        } else {
         int v=(Integer)msg.obj;
         mValueView.setText(""+v);
         updateChart(v); }    //更新最新数据 v 到图表
      }
   };
   mThread.setDaemon(true); mThread.start();
   }
  Thread mThread=new cThread();
  class cThread extends Thread {
  cThread() {super();}
    public void run() {
    try{
/*通过 CoapOP.registerMoteHandler()方法向无线节点/sensor/misc 资源发送请求信息，获得相
应消息后，解析响应消息得到传感器信息采集最新的值，通过 mHandler.obtainMessage(1,
v1).sendToTarget()发送给 mHandler 进行更新图表处理*/
CoapOP.registerMoteHandler(InetAddress.getByName(mMoteAddress.toString()),
"/sensor/misc", new ResponseHandler() {
@Override public void handleResponse(Response arg0) {
// TODO Auto-generated method stub
    String dat=arg0.getPayloadString();
    if(dat.charAt(0)=='{'&&dat.charAt(dat.length()-1)=='}') {
       dat=dat.substring(1, dat.length()-1);
       String[] vs=dat.split(",");
    for(String v:vs) {
       String[] tag=v.split("=");
       if(tag.length==2) {
          if(tag[0].equals("A0")) {
             int v1=Integer.parseInt(tag[1]);
             mHandler.obtainMessage(1, v1).sendToTarget();}}}}
});
} catch (Exception e) {mHandler.obtainMessage(-1, e.getMessage()).sendToTarget();}}
};
  int[] q=new int[100];
  int size=0;
   private void updateChart(int v1) {     //将最新的数据添加到图表实现
```

```
int addX=0;  //设置好下一个需要增加的节点
System.arraycopy(q, 0, q, 1, q.length-1);
q[0]=v1;
size++;
if(size>=100) size=100;
   // 将旧点集中 x 和 y 的数值取出来放入 backup 中,并且将 x 的值加 1,造成曲线向右平移的效果
   seriesQ.clear();       // 点集先清空,为了做成新的点集而准备
   // 将新产生的点首先加入到点集中,然后在循环体中将坐标变换后的一系列点都重新加入到点集中
   for(int k=0; k<size; k++) {
       seriesQ.add(k*5, q[k]);
   }
   chart.invalidate();    // 视图更新,使曲线呈现动态
}
}
```

其他传感器信息采集的实现方式与之类似,用户可自行分析其实现过程。

4. 无线节点 TOP 图构建的底层实现

Android 服务器端根据无线节点发送的路由数据包建立 TOP 图。其路由数据包格式见表 13-5。

表 13-5 路由数据包的格式

节点类型	父节点个数 np	子节点个数 nc	邻居个数 nn	地址	传感器类型
1Byte	1Byte	1Byte	1Byte	(np*2 + nc*2 + nn*2)Byte	1Byte

其中:

(1) 节点类型:值为 1 表示 board-router,值为 2 表示 rpl node,值为 3 表示 leaf node。

(2) 地址:表示"父节点、子节点、邻居节点地址",每个地址为 MAC 地址最后 2 字节。

(3) 传感器类型:无线节点所连接传感器类型(例如温湿度传感器、光敏传感器等)。

无线节点实现路由数据包的封装,通过 3000 端口号和网络地址与服务器端建立连接后,不断向服务器端发送路由数据包。该数据包包含网关、无线节点的节点类型、父节点个数、子节点个数、邻居节点个数、地址、传感器类型等信息,服务器端正是根据无线节点发送的路由数据包信息建立 TOP 图的。其\mesh-top\iar-mesh-top\user\udp-client.c 关键源码如下:

```
PROCESS_THREAD(udp_client_process, ev, data)
{  uip_ipaddr_t ipaddr;
   static struct etimer et;
   int dlen;
   PROCESS_BEGIN();
   //ADC_Configuration();
   //random_init(ADC_ReadValue());
```

```
  //ADC_Disable();
   printf("UDP client process started\n");
#ifdef WITH_RPL
  uip_ip6addr(&ipaddr,0xaaaa,0,0,0,0,0,0,1);   //RPL地址:指明其RPL网关地址为aaaa:1
#endif
#ifdef WITH_BT_NET
  uip_ip6addr(&ipaddr,0xaaaa,1,0,0,0,0,0,1);   //BT地址:指明其蓝牙网关地址为aaaa:1::1
#endif
#ifdef WITH_WIFI_NET
  uip_ip6addr(&ipaddr,0xaaaa,2,0,0,0,0,0,1);   //WIFI地址:指明其WiFi网关地址为aaaa:2::1
#endif
  l_conn=udp_new(&ipaddr, UIP_HTONS(3000), NULL);  //通过端口号3000和网络地址与服
务器端建立连接
  etimer_set(&et, CLOCK_SECOND*10+(random_rand()%10));
  while(1){
     PROCESS_YIELD();
    //if(!etimer_expired(&et)) continue;
    //实现路由数据包封装(节点类型、父节点、子节点、邻居节点、地址、传感器类型)
   }
  UDP_DATA_BUF[3]=n;
  dlen+=1+n*2;
#ifndef WITH_RPL_BORDER_ROUTER UDP_DATA_BUF[dlen]=CONFIG_SENSOR;
  dlen+=1;
#endif
  uip_udp_packet_send(l_conn, UDP_DATA_BUF, dlen);
  etimer_set(&et, CLOCK_SECOND*6);
  }
  PROCESS_END();
}
```

13.5.3 综合应用演示步骤

1. 无线节点端组网信息

首先依次完成：无线节点网络信息的修改；编译无线节点 Contiki 工程源代码；固化无线节点镜像；查看组网及信息。

2. Android 端组网信息 MeshTOP 图

（1）将\mesh-top\an droid-mesh-top\MeshTop 实验例程源码包拷贝到工作目录下，编译

MeshTop 工程，生成 MeshTop.apk 并安装到 S5PV210 网关的 Android 系统中。其中 MeshTop 应用程序支持查看 802.15.4 IPv6、WiFi 和蓝牙 3 种网络 TOP 图，WIFI TOP 应用程序用于 WiFi 网络 TOP 图，BlueTooth 应用程序用于蓝牙 TOP 图，RPL TOP 应用程序用于 802.15.4 网络 TOP 图，如图 13-17 所示。

图 13-17　MeshTop 应用程序

（2）无线节点组网成功后，分别单击 RPL TOP 应用程序、WIFI TOP 应用程序、BlueTooth 应用程序，可查看相应网络 TOP 图，若同时查看三网合一的 TOP 图，则单击桌面的 MeshTop 应用程序，查看三种网络融合的 TOP 图，如图 13-18 所示。

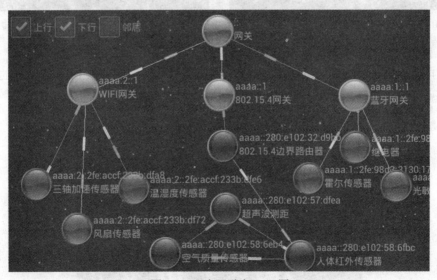

图 13-18　多网融合 TOP 图

（3）若单击某个无线节点，可以进入当前节点信息界面，节点包含两个选项卡，其中一个用于控制 STM32 节点板载的 D4 灯，如图 13-19 所示。

图 11-19　STM32 节点板载 LED 的控制（D4 灯左亮右灭）

（4）STM32W108 无线节点实例——空气质量传感器。

空气质量视图界面以曲线图的形式动态显示空气质量的值，并在右下角实时更新 STM32W108 无线节点采集的空气质量传感器的值，如图 13-20 所示。

（5）WiFi 无线节点实例——风扇传感器。

在风扇视图界面可通过 Spanner 控件滑动控制风扇传感器的风速，如图 13-21 所示。

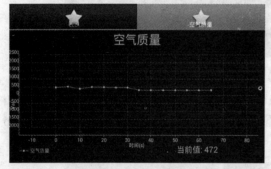

图 11-20　STM32W108 无线节点——空气质量　　　图 13-21　WiFi 无线节点——风扇传感器

（6）蓝牙无线节点实例——继电器传感器。

在继电器界面可通过开关按钮控制继电器的开合，即对应的节点 LED 指示灯的亮、灭且伴随有继电器吸合的"咔嚓"声，如图 13-22 所示。

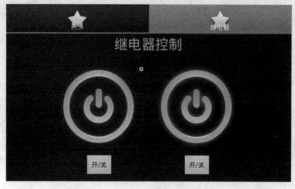

图 13-22　蓝牙无线节点——继电器控制（左开右关）

13.6 添加自定义传感器

在实际嵌入式物联网应用中，经常会遇到用户自定义的传感器，因此本节以一个灯光传感器为例介绍如何添加一个自定义灯光传感器。

13.6.1 基本思路和关键技术

添加一个自定义灯光传感器主要有 3 步：完成无线节点信息采集；实现 LED 控制的底层代码；实现 Android 应用层视图的代码。

基于 13.5 节现有的工程 iar-mesh-top，已完成无线节点 TOP 图的构建，CoAP REST 引擎、LED 驱动与传感器信息采集驱动。目前无线节点端仅需要完成灯光传感器资源定义，以及 Android 端灯光传感器的应用层视图的创建。

1. 节点端定义新传感器信息采集资源

（1）将 mesh-top\iar-mesh-top 例程源码包拷贝到 D:\contiki-2.6\zonesion\ example\iar\ 目录下。修改 D:\contiki-2.6\zonesion\ example\iar\iar-mesh-top\user\ misc_sensor.h，添加灯光传感器资源变量定义，修改后的代码如下：

```
//添加灯光传感器资源定义
#define SENSOR_Light    44    /* 灯光传感器*/
```

（2）修改文件 D:\contiki-2.6\zonesion\ example\iar\iar-mesh-top\user\misc_sensor.h，指定灯光传感器资源名，修改后的代码如下：

```
#elif CONFIG_SENSOR==SENSOR_DigitalTube
   #define SENSOR_NAME    "数码管传感器"
#elif CONFIG_SENSOR==SENSOR_SoilMoisture
   #define SENSOR_NAME    "土壤湿度传感器"
#elif CONFIG_SENSOR==SENSOR_Light
   #define SENSOR_NAME    "灯光传感器"
#else
   #define SENSOR_NAME    "未知"
#endif
```

（3）修改文件 D:\contiki-2.6\zonesion\example\iar\iar-mesh-top\user\misc_sensor.c，在 misc_sensor.c 末尾 "#endif" 之前添加灯光传感器方法，添加内容如下：

```
#elif CONFIG_SENSOR==SENSOR_Light
#define ACTIVE 0
/*灯光传感器*/
static void Light_Config(void)
{   RCC_APB2PeriphClockCmd(RCC_APB2Periph_GPIOB, ENABLE);
    GPIO_InitTypeDef GPIO_InitStructure; GPIO_InitStructure.GPIO_Pin =
```

```
GPIO_Pin_0|GPIO_Pin_5;
    GPIO_InitStructure.GPIO_Speed=GPIO_Speed_2MHz;
GPIO_InitStructure.GPIO_Mode=
    GPIO_Mode_Out_PP; GPIO_Init(GPIOB, &GPIO_InitStructure); GPIO_Writebit(GPIOB,
    GPIO_Pin_0, !ACTIVE); GPIO_Writebit(GPIOB, GPIO_Pin_5, !ACTIVE);
}
static char* Light_GetTextValue(void)
{   sprintf(text_value_buf, "{D1=%u}", (GPIO_ReadOutputDatabit(GPIOB, GPIO_Pin_0)
    ==ACTIVE) | (GPIO_ReadOutputDatabit(GPIOB, GPIO_Pin_5) == ACTIVE)<<1);
    return text_value_buf;
}
static void Light_Poll(int tick)
{ sprintf(text_value_buf, "{D1=%u}", (GPIO_ReadOutputDatabit(GPIOB, GPIO_Pin_0)
    ==ACTIVE) | (GPIO_ReadOutputDatabit(GPIOB, GPIO_Pin_5)==ACTIVE)<<1);
}
static char* execute(char* key, char* val)
{   int v; text_value_buf[0]=0;
    if(strcmp(key, "CD1")==0) {
        v=atoi(val);
      if(v&0x01) GPIO_Writebit(GPIOB, GPIO_Pin_0, !ACTIVE);
      if(v&0x02) GPIO_Writebit(GPIOB, GPIO_Pin_5, !ACTIVE); }
    if(strcmp(key, "OD1")==0) {
        v=atoi(val);
      if(v & 0x01) GPIO_Writebit(GPIOB, GPIO_Pin_0, ACTIVE);
      if(v & 0x02) GPIO_Writebit(GPIOB, GPIO_Pin_5, ACTIVE); }
    if(strcmp(key, "D1")==0&&val[0]=='?') {
        sprintf(text_value_buf, "D1=%u",
        (GPIO_ReadOutputDatabit(GPIOB, GPIO_Pin_0)==ACTIVE)|
        (GPIO_ReadOutputDatabit(GPIOB, GPIO_Pin_5)==ACTIVE)<<1);
    }
    return text_value_buf;
}
MISC_SENSOR(CONFIG_SENSOR, &Light_Config, &Light_GetTextValue, &Light_Poll,
execute);
```

2. 在 Android 端定义新的传感器信息采集资源

（1）将 mesh-top\android-mesh-top\MeshTop 源码包拷贝到工作目录下。在 D:\MeshTOP\src\com\zonesion\mesh\node\misc 包中添加 LightView.java 文件，其内容为：

```
package com.zonesion.mesh.node.misc;
```

```java
import java.net.InetAddress;
import android.content.Context; import android.os.Handler; import android.os.Message;
import android.view.LayoutInflater; import android.view.View;
import android.view.View.OnClickListener; import android.widget.Button;
import android.widget.ImageView; import android.widget.TextView;
import com.zonesion.mesh.R;
import com.zonesion.mesh.coap.CoapOP; import com.zonesion.mesh.top.MoteAddress;
public class LightView extends MoteView {
  Handler mHandler;
  ImageView mImageView1, mImageView2;
  int mv1=0, mv2=0;
  public LightView(Context c, MoteAddress a) {
  super(c, a);
  mView=LayoutInflater.from(c).inflate(R.layout.misc_relay, null);
  TextView tv=(TextView) mView.findViewById(R.id.tv_misc_relay_title);
  tv.setText("灯光控制");
  mImageView1=(ImageView) mView.findViewById(R.id.iv1_misc_relay_status);
  mImageView2=(ImageView) mView.findViewById(R.id.iv2_misc_relay_status);
  Button btn=(Button) mView.findViewById(R.id.btn1_onoff);
  btn.setOnClickListener(new OnClickListener() {
  @Override public void onClick(View arg0) {
  // TODO Auto-generated method stub
    new Thread() {
     public void run() {
      try { String cmd;
          if (mv1==0)  cmd="{OD1=1,D1=?}";
          else  cmd="{CD1=1,D1=?}";
          String rs = CoapOP.moteControl(InetAddress.getByName(mMoteAddress.toString()), "/sensor/misc", "POST", cmd);
          mHandler.obtainMessage(1, rs).sendToTarget();}});
   }}.start();
   }
  catch (Exception e) {;}
  btn=(Button) mView.findViewById(R.id.btn2_onoff);
  btn.setOnClickListener(new OnClickListener() {
   @Override public void onClick(View arg0) {
     new Thread() {
      public void run() {
```

```
            try { String cmd;
               if(mv2==0) cmd="{OD1=2,D1=?}";
               else cmd="{CD1=2,D1=?}";
             String rs=CoapOP.moteControl(InetAddress.getByName(mMoteAddress.
toString()),
                "/sensor/misc", "POST", cmd);
              mHandler.obtainMessage(1, rs).sendToTarget(); }});
    }}.start();
    } catch (Exception e) {;}
   mHandler=new Handler() {
   @Override public void handleMessage(Message msg) {
       String dat=(String) msg.obj;
       if(dat.length()==0) return;
     if(dat.charAt(0)=='{' && dat.charAt(dat.length()-1)=='}')
       { dat=dat.substring(1, dat.length()-1);
          String[] vs=dat.split(",");
          for(String v:vs) { String[] tag=v.split("=");
            if(tag.length==2) {
               if(tag[0].equals("D1")) {
                 int x=Integer.parseInt(tag[1]);
                 if((x&0x01)==0x01) {
                   mImageView1.setImageResource(R.drawable.power_on);
                    mv1=1;
               } else {mv1=0; mImageView1.setImageResource(R.drawable.
power_off);}
               if((x&0x02)==0x02) { mv2=1;
                 mImageView2.setImageResource(R.drawable.power_on);
               } else {mv2=0; mImageView2.setImageResource(R.drawable.power_
off);}}}}}}
      };
   mThread.setDaemon(true);
   mThread.start();}
   Thread mThread=new Thread() {
   public void run() {
    try {String rs = CoapOP.moteControl(InetAddress.getByName(mMoteAddress.
toString()),
      "/sensor/misc", "GET", "");
     mHandler.obtainMessage(1, rs).sendToTarget();
   } catch (Exception e) {mHandler.obtainMessage(-1,
```

e.getMessage()).sendToTarget();}}};
}

（2）修改文件 D:\MeshTOP\src\com\zonesion\mesh\node\misc\MiscActivity.java，添加资源类型和资源名称。修改后的代码如下，其中黑体部分为添加的内容：

```
int[] mSensorTypes={ 0,11, 12, 13,21, 22, 23,31, 32, 33,41, 42, 43,44,51, 52, 53,
        61, 62, 63, 64, 65, 66, 67, 68, 69,70, 71, 72, 73, 74, 75, 76, 77, 78, 79};
String[] mSensorNames={ "LED","温湿度", "空气质量", "光敏","可燃气体", "火焰", "人体红外", "三轴加速", "超声波测距", "压力检测","继电器", "酒精传感器", "霍尔传感器","灯光传感器","步进电机", "震动传感器", "高频RFID传感器","雨滴传感器", "红外避障传感器", "触摸传感器","防水型温度传感器","噪音传感器", "电阻式压力传感器","流量计数传感器", "声光报警", "风扇传感器", "红外遥控传感器", "语音合成传感器","语音识别传感器","指纹识别传感器","低频RFID传感器", "紧急按钮传感器", "直流电机传感器", "数码管传感器", "土壤湿度检测", "颜色传感器"};
```

（3）修改文件 D:\MeshTOP\src\com\zonesion\mesh\top\tool.java，添加 TOP 图中节点显示名称。修改后的代码如下，其中黑体部分为添加的内容：

```
final static int[] mSensorTypes = { 0, 1, 2, 3,11, 12, 13,21, 22, 23,31, 32, 33,41,
        42, 43,44,51, 52, 53,61, 62, 63, 64, 65, 66, 67, 68, 69,70, 71, 72, 73, 74,
        75, 76, 77, 78, 79};
final static String[] mSensorNames={ "网关", "蓝牙网关", "WIFI网关", "802.15.4边界路由器","温湿度传感器", "空气质量传感器", "光敏传感器","可燃气体","火焰传感器", "人体红外传感器","三轴加速传感器", "超声波测距", "气压传感器","继电器", "酒精传感器", "霍尔传感器", "灯光传感器","步进电机", "震动传感器", "高频RFID传感器","雨滴传感器", "红外避障传感器", "触摸传感器","防水型温度传感器","噪音传感器", "电阻式压力传感器","流量计数传感器", "声光报警", "风扇传感器", "红外遥控传感器", "语音合成传感器","语音识别传感器", "指纹识别传感器", "低频RFID传感器", "紧急按钮传感器", "直流电机传感器", "数码管传感器", "土壤湿度检测", "颜色传感器"};
```

13.6.2 自定义传感器演示操作步骤

1. 编译固化无线节点镜像

（1）确保完成 13.5 节的传感器应用综合实验。

（2）参考"编译无线节点 Contiki 工程源代码"的步骤修改传感器定义，设定编译的传感器类型为自定义传感器 SENSOR_Light（工程"zx103"->"zonesion"->"proj"->"user"->"misc_sensor.h"）：

```
#define CONFIG_SENSOR    SENSOR_Light    # 修改此处来确定使用的传感器类型
```

（3）在"IAR Wokspace"窗口中选择 rpl 工作空间，单击"Project"->"Rebuild All"，重新编译源码，编译成功后，将 contiki-2.6\zonesion\demo\iar\rpl\Exe 生成的 zx103.hex 重命名为"SENSOR_Light.hex"。

（4）参考"固化无线节点镜像"步骤重新固化 SENSOR_Light.hex 到 STM32W108 无线节点（连接继电器传感器）。

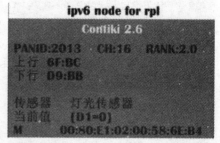

（5）组网成功后，灯光传感器屏幕显示信息如图 13-23 所示。

图 13-23　灯光传感器屏幕显示

2. 编译 Android 端的 MeshTop 工程

（1）导入 MeshTop 工程，编译生成 MeshTop.apk。

（2）用 Mini USB 线连接 PC 与 S5PV210 网关，安装 MeshTop.apk 到 S5PV210 网关平台。

（3）灯光传感器组网成功后，运行 RPL TOP 应用程序，可以看到灯光传感器已经成功加入 802.15.4 网络，如图 13-24 所示。

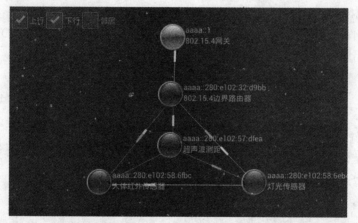

图 13-24　RPL TOP 图组网界面

（4）单击灯光传感器节点，进入灯光传感器控制界面，选择"LED"标签卡，单击"开/关"按钮，对 STM32 无线节点板载的 D4 灯进行开关控制，如图 13-25 所示。

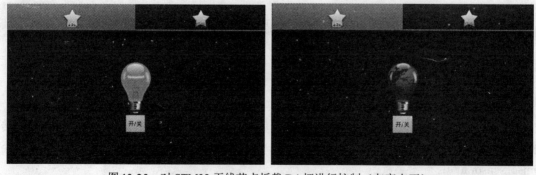

图 13-25　对 STM32 无线节点板载 D4 灯进行控制（左亮右灭）

（5）在灯光传感器控制界面选择"灯光控制"标签卡，左边的"开"/"关"按钮对继电器 D4 灯进行开关控制，右边的"开"/"关"按钮对继电器 D5 进行开关控制，效果如图 13-26 所示。

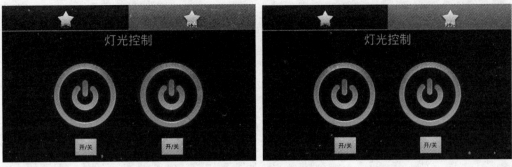

图 13-26 继电器板载 D4 灯（左）/D5 灯（右）开关控制

参 考 文 献

[1] 王宜怀，吴璟，张书奎，王林. 嵌入式技术基础与实践（第 3 版）[M]. 北京：清华大学出版社，2011.

[2] [芬] 谢尔比，等. 6LoWPAN：无线嵌入式物联网 [M]. 韩松，等，译. 北京：机械工业出版社，2015.

[3] [芬] 古铁雷兹，等. 低速无线个域网：实现基于 IEEE 802.15.4 的无线传感器网络 [M]. 王泉，等，译. 北京：机械工业出版社，2015.

[4] [芬] 姚文祥. ARM Cortex-M3 权威指南（第 2 版）[M]. 吴常玉，等，译. 北京：清华大学出版社，2014.

[5] Adam Dunkels 团队，瑞典计算机科学学院. 开源嵌入式操作系统 Contiki-2.6 [J/OL]. http://contiki.sourceforge.net/docs/2.6/，2014.

[6] 孙利民，等. 无线传感器网络 [M]. 北京：清华大学出版社，2005.

[7] 于彤，传感器原理及应用（第 3 版）[M]. 北京：机械工业出版社，2015.

[8] 联创中控（北京）科技有限公司.《6LowPan IPv6 无线传感网技术与应用系统设计》实验指导书，2014.